人工智能开发丛书

Scikit-learn
机器学习详解
（下）

潘风文　潘启儒　著

U0287983

化学工业出版社

·北京·

内容简介

本书主要内容包括普通最小二乘法回归、岭回归、Lasso回归、弹性网络回归、正交匹配追踪回归、贝叶斯回归、广义线性回归、随机梯度下降回归、被动攻击回归、鲁棒回归、多项式回归、支持向量机回归、核岭回归、最近邻回归、高斯过程回归、决策树、神经网络模型、保序回归、岭分类、逻辑回归分类、随机梯度下降分类、感知机、被动攻击分类、支持向量机分类、最近邻分类、高斯过程分类、朴素贝叶斯模型、决策树分类和神经网络分类、无监督学习、半监督学习等。全书结合具体实例和图表详细讲解，语言通俗，易于学习，适合机器学习和数据挖掘专业人员和人工智能爱好者阅读，也可作为高等院校人工智能专业教材。

图书在版编目（CIP）数据

Scikit-learn机器学习详解. 下/潘风文，潘启儒著.
—北京：化学工业出版社，2021.7
（人工智能开发丛书）
ISBN 978-7-122-38888-9

Ⅰ.①S⋯　Ⅱ.①潘⋯②潘⋯　Ⅲ.①机器学习
Ⅳ.①TP181

中国版本图书馆CIP数据核字（2021）第063329号

责任编辑：潘新文　　　　　　　　　　装帧设计：韩　飞
责任校对：王　静

出版发行：化学工业出版社（北京市东城区青年湖南街13号　邮政编码100011）
印　　装：北京建宏印刷有限公司
787mm×1092mm　1/16　印张19　字数439千字　2021年6月北京第1版第1次印刷

购书咨询：010-64518888　　　　　　　售后服务：010-64518899
网　　址：http://www.cip.com.cn
凡购买本书，如有缺损质量问题，本社销售中心负责调换。

定　　价：128.00元

　　Scikit-learn是基于Python的开源免费机器学习库，起源于发起人David Cournapeau在2007年参加的GSoC（Google Summer of Code）的一个项目，目前已经成为最受欢迎的机器学习库之一。为了帮助有志于从事人工智能，特别是机器学习的开发者和爱好者快速掌握Scikit-learn，我们试图通过上、下两册把这个内容丰富、功能强大的机器学习框架通过系统条理、通俗易懂的讲解展现给大家。上册已经于2020年由化学工业出版社出版，主要介绍了机器学习的基础知识以及学习Scikit-learn的预备知识，本书将以Scikit-learn提供的算法和模型为基础，讲解各种算法的原理、实现技术和应用案例，使读者在高效应用Scikit-learn技术方面更上一层楼。

　　回归是有监督学习中的两大分支之一。本书首先介绍了回归的基础知识、回归算法以及回归模型的各种度量模型性能的指标，紧接着介绍了Scikit-learn中实现的各种线性回归模型，重点包括普通最小二乘法回归、岭回归、Lasso回归、弹性网络回归、正交匹配追踪回归、贝叶斯回归、广义线性回归、随机梯度下降回归、被动攻击回归、各种鲁棒回归算法和多项式回归等。其中随机梯度下降回归实际上是一种模型训练的方法，是很多其他算法拟合过程中所使用的一种优化策略。本书继线性回归模型之后，介绍了Scikit-learn中实现的各种非线性回归模型，重点包括支持向量机回归、核岭回归、最近邻回归、高斯过程回归、决策树回归、神经网络回归和保序回归等。实际上很多非线性回归模型和线性回归模型同时具备回归和分类的功能。

　　分类是有监督学习中的两大分支之一。本书介绍了分类算法以及分类模型的各种度量模型性能的指标。同回归模型一样，分类模型可以分为线性分类和非线性分类两种模型，本书介绍了Scikit-learn中实现的各种线性分类模型和非线性分类模型，线性分类模型重点包括岭分类、逻辑线性回归、随机梯度下降分类、感知机和被动攻击分类等，其中逻辑线性回归从名称上看似乎是一个回归模型，但是实际上它是一种分类算法。非线性分类模型重点包括支持向量机分类、最近邻分类、高斯过程分类、各种朴素贝叶斯分类、决策树分类和神经网络分类等。最后，本书介绍了无监督学习、半监督学习的基础知识和各种度量性能指标，包括Scikit-learn中实现的各种无监督学习中最为常用的聚类、双聚类模型以及各种半监督学习模型。

本书对每种算法给出了具体的实例，加以详细讲解，由浅入深、循序渐进；全书尽量用通俗易懂的语言对知识难点进行描述，并配以大量的图片和代码，形象化地把技术内容呈现给读者，使读者快速理解、掌握每个知识点，有效降低学习门槛。本书内容丰富，轻松易学。我们相信，通过阅读本书，读者学到的不仅仅是Scikit-learn本身，更能够较为全面地理解各种模型的原理，掌握各种模型的应用，在大数据及人工智能领域大显身手。

本书给出的各个例子运行的Python版本号是Ver3.8.1，所有实例包都可以通过QQ：420165499或微信：13671359581联系笔者免费索取。读者在学习和使用过程中，若有任何问题，可通过QQ在线咨询，笔者将竭诚为您服务。最后，非常感谢您阅读本书，希望本书对您的工作和事业有所裨益。

著者
2021年2月

绪 论

人工智能是当前最为热门的计算机技术之一，而机器学习作为人工智能中训练机器拥有学习能力的一个子集，与大数据有着密不可分的关系。Python是人工智能学习的首选语言，2020年，Python赢得了年度TIOBE编程语言奖，被誉为2020年最受欢迎的编程语言，在历史上第四次创下最佳纪录。最近，著名数据科学网站KDnuggets（www.kdnuggets.com）发布了2020年最受欢迎的数据科学、数据可视化和机器学习的Python库排行榜，其中Scikit-learn在机器学习库中排名第一。Scikit-learn是基于Python的开源免费机器学习库，起源于发起人DavidCournapeau在2007年参加的GSoC（Google Summer of Code）的一个项目，目前已经成为最受欢迎的机器学习库之一，在很多商业应用中已经发挥了巨大的作用。在上册中，我们介绍了NumPy、Pandas、SciPy库、Matplotlib（可视化）四个基础模块以及Scikit-learn的基本框架知识等。在本书中，我们将以Scikit-learn提供的算法和模型为基础，结合实际应用案例，讲解各种算法的原理、实现技术，使读者在高效应用Scikit-learn技术方面更上一层楼。

解决一个机器学习问题，最困难是如何选择一个正确的算法或模型，不同的算法适合不同的数据和不同的问题。Scikit-learn给出了一个粗略的寻找合适算法的模型选择建议流程图，如图0-1所示。在面对一个机器学习的问题时，可以从"START"开始，根据要处理的数据量、问题的类型（分类/回归/降维）选择不同的方向，最后初步确定一个模型。

另外，Scikit-learn还提供了多种交叉验证生成器（cross-validation generators），交叉验证生成器是一个类族，把一个数据集分割成一个训练子集和测试子集的序列，用于交叉验证。每种交叉验证生成器都提供了一个split()方法，把一个数据集进行分割，获得交叉验证流程中每次迭代所需的训练/测试数据集的索引。交叉验证生成器属于sklearn.

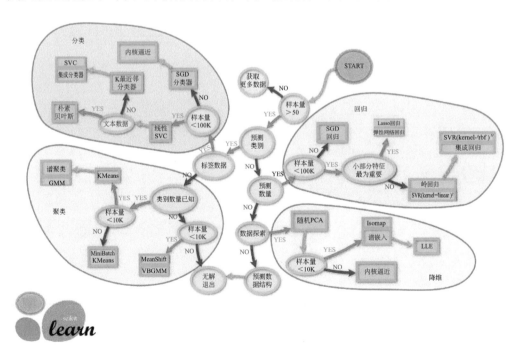

图0-1 scikit-learn 模型选择建议流程图

model_selection模块。表0-1列出了Scikit-learn中的交叉验证生成器。

表0-1 Scikit-learn中的交叉验证生成器

序号	交叉验证生成器	说明
1	KFold()，K折交叉验证	这种方法按照数据集中样本顺序进行K折划分，数据集分成K组，每次迭代使用K-1组作为训练集，剩余的1组用于验证测试
2	RepeatedKFold()，重复K折交叉验证	重复指定次数的K折交叉验证。用于需要运行多次K折交叉验证，且每次返回不同数据集划分的情况
3	StratifiedKFold()，分层K折交叉验证	与K折交叉验证一样，但在每组数据中保持了目标变量的分布
4	RepeatedStratifiedKFold()，重复分层K折交叉验证	重复指定次数的分层K折交叉验证
5	GroupKFold()，分组K折交叉验证	与K折交叉验证一样，但是能保证属于同一组的样本数据不会被拆成若干组。这种方法可以按照需求进行自定义划分
6	ShuffleSplit()，随机排列交叉验证	首先对数据集中样本顺序进行随机排序（打散），然后划分为给定比例的训练子集和测试子集
7	StratifiedShuffleSplit()，分层随机排列交叉验证	与随机排列交叉验证一样，但在每一组数据中保持了目标变量的分布。此法能够确保训练数据集和验证集中各个类别（标签）样本的比例与原始数据集中相同，适合目标变量是分类变量的情况
8	GroupShuffleSplit()，分组随机排列交叉验证	与随机排列交叉验证一样，但能够保证属于同一组的样本数据不会被拆成若干组。这种方法可以按照需求进行自定义划分
9	LeaveOneGroupOut()，留一组交叉验证	根据自定义分组信息对数据集进行训练子集和验证子集的划分，并且只保留一组作为验证子集
10	LeavePGroupsOut()，留P组交叉验证	与留一组交叉验证类似，区别是每次迭代以P组作为验证子集
11	LeaveOneOut()，留一交叉验证。也称为广义交叉验证	每次迭代只留下一个样本做测试子集，其他样本作为训练子集。如果原始数据集有N个样本，那么每个样本单独作为验证集，其余的N-1个样本作为训练集，所以会迭代N次，生成N个模型。留一交叉验证计算繁琐，但样本利用率最高，适合小样本情况
12	LeavePOut()，留P交叉验证	与留一交叉验证类似，区别是每次迭代以P个样本作为验证子集
13	PredefinedSplit()，预定义交叉验证	按照预先制定的划分方案进行训练子集和验证子集的划分，由参数test_fold指定，test_fold是形状（shape）为(n_samples,)的数组，当第i个元素test_fold[i]=-1时，其对应的样本会被排除在验证子集之外

现以K折交叉验证生成器KFold()为例说明交叉验证生成器的使用方法。KFold()的声明如下：

sklearn.model_selection.KFold(n_splits=5, *, shuffle=False, random_state=None)

参数n_splits表示把数据集分成n_splits组，必须大于等于2，当执行KFold的split()函数后，数据集被分成n_splits组，其中（n_splits-1）组为训练数据集，1组为验证数据集。

参数shuffle指定在进行划分训练数据集前，是否对训练数据集进行随机排序。

参数 random_state：用于在 shuffle 设置为 True 时控制随机索引的生成顺序。

KFold() 的 split() 函数的功能是执行 K 折划分训练数据集和验证数据算法，它返回的结果是一个生成器（generator, 一种迭代器）。下面的例子中使用了系统自带的糖尿病数据集，请看代码。

```python
1.
2.  # 寻找最优超参数
3.  import numpy as np
4.  from sklearn import datasets
5.  from sklearn.model_selection import KFold
6.  from sklearn.linear_model import Ridge
7.  import sklearn.metrics as metrics
8.
9.  print("使用KFold()，寻找最优超参数")
10. print("*"*30)
11. # 导入糖尿病数据
12. diabetes_Bunch = datasets.load_diabetes()
13. X = diabetes_Bunch.data
14. y = diabetes_Bunch.target
15.
16. kfold = KFold(n_splits=7, shuffle=True, random_state=0)
17.
18. # 岭参数集合
19. alphaSet = [0.001, 0.005, 0.01, 0.1, 1, 10, 100]
20. result_scores = []
21.
22. for alpha in alphaSet:
23.     R2_scores = []
24.
25.     for train, test in kfold.split(X,y):
26.         ridgeRegr = Ridge(alpha = alpha)    # 创建岭回归模型
27.         ridgeRegr.fit(X[train],y[train])    # 拟合模型
28.
29.         y_pred = ridgeRegr.predict(X[test])    # 预测
30.         y_test = y[test]
31.         # 计算拟合优度指标
32.         R2 = metrics.r2_score(y_test, y_pred)
33.         R2_scores.append( R2 )
34.     # end of for k ...
```

```
35.
36.    result_scores.append( np.mean(R2_scores) )   # 添加拟合优度均值
37.    print("alpha = %7.3f" %(alpha), ",R2 = ",np.mean(R2_scores))
38.    print("-"*30)
39. # end of for alpha ...
40.
41. # 这里以拟合优度指标均值最大时对应的岭参数alpha为最优超参数
42. r2_Max = max(result_scores)
43. iIndex = result_scores.index(r2_Max)
44. print()
45. print("最好的评分是: ", r2_Max)
46. print("对应的alpha : ", alphaSet[iIndex])
47.
```

运行后，输出结果如下（在 Python 自带的 IDLE 环境下）：

```
1.   使用KFold()，寻找最优超参数
2.   ***************************
3.   alpha =    0.001 ,R2 =  0.4807459852940692
4.   -----------------------------
5.   alpha =    0.005 ,R2 =  0.4808469130206129
6.   -----------------------------
7.   alpha =    0.010 ,R2 =  0.4807328905590586
8.   -----------------------------
9.   alpha =    0.100 ,R2 =  0.48079992115774367
10.  -----------------------------
11.  alpha =    1.000 ,R2 =  0.42074288398944065
12.  -----------------------------
13.  alpha =   10.000 ,R2 =  0.1596298387297273
14.  -----------------------------
15.  alpha = 100.000 ,R2 =  0.015199615681177605
16.  -----------------------------
17.
18.  最好的评分是:  0.4808469130206129
19.  对应的alpha :  0.005
```

在 Scikit-learn 中，使用交叉验证器的更为常用的方式是作为一个参数传入到具有交叉验证功能的模型（评估器）中使用的。我们将在后续的内容中继续体现这种使用交叉验证器的方式。后面各章我们正式进入 Scikit-learn 的各种具体模型的讲解。

1 回归模型

"回归"一词是由英国著名统计学家弗朗西斯·高尔顿爵士于19世纪后期提出的，他是著名的生物学家、进化论奠基人达尔文的表兄。图1-1为弗朗西斯·高尔顿爵士。高尔顿爵士从大量的父亲身高与其成年儿子身高的数据散点图中，发现了一条贯穿其中的直线，它可用于在已知父亲身高的情况下，预测其成年儿子的身高，并同时提出了"回归"这个名词，把贯穿其中的直线称为回归线，现在我们称之为回归模型。

图1-1 弗朗西斯·高尔顿爵士

在机器学习和数据挖掘中，回归问题属于有监督学习的范畴，它的目标是在给定输入变量，并且每一个输入向量都有与之对应的值的条件下，寻找到一个回归模型，根据这个模型来预测新的观测数据对应的目标值，帮助分析人员准确把握目标变量受各个特征变量影响的程度。例如驾驶员的不规范驾驶行为与道路交通事故数量之间的关系可以通过回归建模来研究。图1-2为一元线性回归示意图。

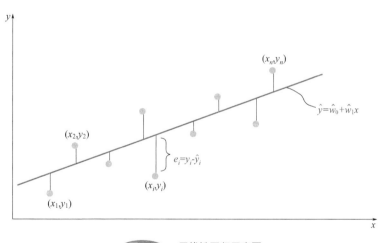

图1-2 一元线性回归示意图

在图1-2中，红色直线就是观测数据点的拟合直线，即回归线，所有观测数据点与直线对应点之间的距离的平方和最小。回归模型有很多种，可以按照特征变量的个数分为一元回归分析、多元回归分析，也可以按照目标变量与特征变量的关系分为线性回归、非线性回归，也可按照目标变量的分布类型，分为逻辑回归（logit）、泊松回归、Probit回归等多种模型，如图1-3所示。在实际应用中，一般都是混合型的模型，比如多元线性回归、多元逻辑回归等等。表1-1以一个特征变量x为例，列举了一些常用回归模型，其中β_i称为回归系数或权重。

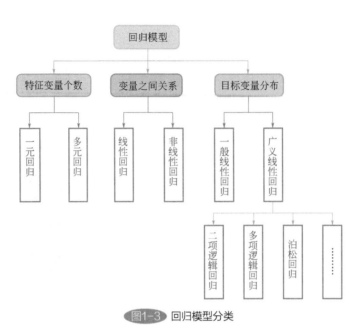

图1-3 回归模型分类

表1-1 常用回归模型

模型名称	回归方程	对应的线性回归方程
线性回归	$Y=w_0+w_1x$	$Y=w_0+w_1x$
二次多项式/抛物线回归	$Y=w_0+w_1x+w_2x^2$	$Y=w_0+w_1x_1+w_2x_2$
三次多项式回归	$Y=w_0+w_1x+w_2x^2+w_3x^3$	$Y=w_0+w_1x_1+w_2x_2+w_3x_3$
复合回归	$Y=w_0w_1^x$	$\ln Y=\ln(w_0)+\ln(w_1)x$
增长回归	$Y=e^{w_0+w_1x}$	$\ln Y=w_0+w_1x$
对数回归	$Y=w_0+w_1\ln(x)$	$Y=w_0+w_1x_1$
S形曲线回归	$Y=e^{w_0+w_1/x}$	$\ln Y=w_0+w_1x_1$
幂回归	$Y=w_0x^{w_1}$	$\ln Y=\ln(w_0)+w_1x_1$
指数回归	$Y=w_0e^{w_1*x}$	$\ln Y=\ln(w_0)+w_1x$
逆回归/双曲线回归	$Y=w_0+\dfrac{w_1}{x}$	$Y=w_0+w_1x_1$
逻辑回归	$Y=\dfrac{e^{(w_0+w_1x)}}{1+e^{(w_0+w_1*x)}}$	$\ln\left(\dfrac{Y}{1-Y}\right)=w_0+w_1x$

　　非线性回归可以通过某种变换，转换为线性回归来处理。线性回归分为一般线性回归（General Linear Model）和广义线性回归（Generalized Linear Model）。广义线性回归是对一般线性回归的扩展，不仅能够进行预测，还可以用来进行分类。表1-2对一般线性回归和广义线性回归的区别做了一个简要列举。

表1-2 一般线性回归和广义线性回归的区别

一般线性回归	广义线性回归
目标变量必须是连续型变量	目标变量可以为连续型变量，也可以为定序型、分类型变量
残差分布为正态分布（高斯分布）	残差分布不限于正态分布，也可以为其他分布
连接函数（目标变量的函数）为恒等关系	连接函数表达了目标变量的均值与特征变量的线性组合关系
使用普通最小二乘法估计模型参数	使用极大似然估计法(Maximum Likelihood Estimation）估计模型参数

下面是一个一般线性回归的例子：

房屋价格＝$w_0+w_1\times$房间数$+w_2\times$房屋面积$+w_3\times$是否有停车场(yes/no)$+\cdots+$白噪声(ε)

其中房间数、房屋面积、是否有停车场等等都称为预测变量（Predictor 或 Predictor Variable），也称为自变量（Independent Variable）、解释变量（Explanatory Variable）、控制变量（Control Variable）、协变量（Covariate）、因子（Factor），在机器学习中一般称为特征变量；房屋价格为响应变量（Response Variable），也称为因变量（Dependent Variable），在机器学习中一般称为目标变量。

1.1 回归算法分类

1.1.1 一般线性回归

一般线性回归模型的基本形式如下：

$$Y=w_0+w_1x_1+w_2x_2+\cdots+w_mx_m+\varepsilon$$

式中，w_0 为模型的回归常数，也称作截距；w_1、$\cdots$、w_m 为回归系数；x_1、x_2、$\cdots$、x_m 为特征变量；ε 为随机误差，是一个随机变量；目标变量 Y 由两部分组成：一是线性变化部分，即 $w_0+w_1x_1+w_2x_2+\cdots+w_mx_m$；二是由其他随机因素引起的变化部分，即 ε，称为随机误差。一般线性回归模型中目标变量和特征变量之间并非一对一的统计关系，但它们之间确实又是通过回归系数保持着密切的线性相关关系。假设随机误差 ε 满足正态分布，期望值为0，则有：$E(Y)＝w_0+w_1x_1+w_2x_2+\cdots+w_mx_m$，因而目标变量和特征变量之间的统计关系是在平均意义下描述的，而这也正是"回归"的本意。图1-4为一般线性回归的示意图。

一般线性回归隐含了以下假设：残差（目标变量的实际观测值与其预测值 $\hat{Y}$ 之间的差）是独立同分布的，符合正态分布，目标变量是独立同分布的随机变量，特征变量符合正态分布，目标变量与模型参数线性相关。

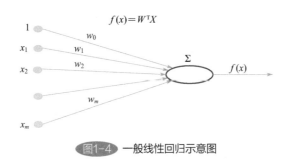

$$f(x)=W^{\mathrm{T}}X$$

图1-4 一般线性回归示意图

一般线性回归模型只适用于目标变量为连续型的情况，可以使用普通最小二乘法 OLS（ordinary least square estimation）进行回归系数的求解，即以残差的平方和作为损失函数（Loss Function）来度量实际观测值与对应预测值之间的距离，损失函数越小，模型的性能就越好。损失函数也称为代价函数或成本函数（Cost Function），用来评价模型的预测值与其实际观测值之间的不一致程度，它有多种形式，包括交叉熵损失函数、残差平方和、残差绝对值和等等。残差平方和的形式如下：

$$L=\sum_{i=0}^{n}\varepsilon_i^2=\sum_{i=0}^{n}(y_i-\hat{y_i})^2$$

由 $\hat{y_i}=w_0+w_1x_{1i}+w_2x_{2i}+\cdots+w_mx_{mi}$，最终损失函数可表示为：

$$L=\sum_{i=0}^{n}\left(y_i-(w_0+w_1x_{1i}+w_2x_{2i}+\cdots+w_mx_{mi})\right)^2$$

对每个回归系数求偏导，根据极值要求，使各个偏导函数等于0，构造求解方程式，就可以求出各个回归系数。偏导方程组如下：

$$\begin{cases}
\dfrac{\partial L}{\partial w_0}=\sum_{i=0}^{n}2\left(y_i-(w_0+w_1x_{1i}+w_2x_{2i}+\cdots+w_mx_{mi})\right)(-1)=0 \\[2mm]
\dfrac{\partial L}{\partial w_1}=\sum_{i=0}^{n}2\left(y_i-(w_0+w_1x_{1i}+w_2x_{2i}+\cdots+w_mx_{mi})\right)(-x_{1i})=0 \\[2mm]
\dfrac{\partial L}{\partial w_2}=\sum_{i=0}^{n}2\left(y_i-(w_0+w_1x_{1i}+w_2x_{2i}+\cdots+w_mx_{mi})\right)(-x_{2i})=0 \\[2mm]
\cdots \\[2mm]
\dfrac{\partial L}{\partial w_m}=\sum_{i=0}^{n}2\left(y_i-(w_0+w_1x_{1i}+w_2x_{2i}+\cdots+w_mx_{mi})\right)(-x_{mi})=0
\end{cases}$$

对于目标变量为离散型（分类型）的情况，可以使用广义线性回归模型。

1.1.2 广义线性回归

对于目标变量为离散型的情况，一般采用广义线性回归模型，为了能够保持回归模型的简洁、良效的特点，一般需要对目标变量进行处理，转换为一般线性回归的形式，这个对目标变量进行处理的函数称为连接函数（link function）。连接函数表达了线性预测变量（特征变量）与响应变量（目标变量）分布均值之间的关系，在实际应用中存在着许多可用的连接函数，但是它们的选择需要根据技术和具体问题进行综合考虑，例如目标变量为二项式分布可以使用 logit 或 probit 连接函数，目标变量为泊松分布则可以使用对数连接函数。可以把一般线性回归看作是广义线性回归的特例，此时连接函数为恒等函数。

如果一个随机变量的概率分布可以用如下公式表达：

$$f(y|\theta) = h(y) \times \exp\big(\eta(\theta) \times T(y) - A(\theta)\big)$$

则称这个分布属于指数分布族，记为：$Y \sim ED(\theta)$。其中：

◇ θ 可以是一个标量，也可以是一个向量，称为自然参数（natural parameter）或标准参数（canonical prameter）、规范参数（canonical parameter）。θ 不同，得到的分布就会不同；

◇ $h(y)$ 表示某种测度（measure），如勒贝格测度（Lebesgue measure）、计数测度（counting measure）；

◇ $T(y)$ 称为充分统计量（sufficient statistics），表示分布参数 θ 的似然值（likelihood）仅仅依赖随机变量 y；

◇ $A(\theta)$ 称为对数规则化函数（log normalizer），是归一化因子的对数形式。

由 $f(y|\theta) = h(y) \times \exp\big(\eta(\theta) \times T(y) - A(\theta)\big) = \dfrac{h(y) \times \exp\big(\eta(\theta) \times T(y)\big)}{\exp(A(\theta))}$，两边同时乘 $\exp\big(A(\theta)\big)$，得：

$$\exp\big(A(\theta)\big) \times f(y|\theta) = h(y) \times \exp\big(\eta(\theta) \times T(y)\big)$$

两边同时积分，得：

$$\int \exp\big(A(\theta)\big) \times f(y|\theta)\mathrm{d}y = \int h(y) \times \exp\big(\eta(\theta) \times T(y)\big)\mathrm{d}y$$

即

$$\exp\big(A(\theta)\big)\int f(y|\theta)\mathrm{d}y = \int h(y) \times \exp\big(\eta(\theta) \times T(y)\big)\mathrm{d}y$$

由于 $f(y|\theta)$ 是概率密度函数，故 $\int f(y|\theta)\mathrm{d}y = 1$，代入上式可得：

$$\exp\big(A(\theta)\big) = \int h(y) \times \exp\big(\eta(\theta) \times T(y)\big)\mathrm{d}y$$

两边同时取自然对数，得：

$$A(\theta) = \ln\Big(\int h(y) \times \exp\big(\eta(\theta) \times T(y)\big)\mathrm{d}y\Big)$$

指数分布族的成员非常多，包括正态分布、泊松分布、伯努利分布、对数正态分布、指数分布、伽马分布、卡方分布、贝塔分布、狄利克雷分布、范畴分布、几何分布、逆高斯分布、冯米塞斯分布、冯米塞斯-费舍尔分布等等。二项式分布和多项式分布在试验次数一定的情况下，也属于指数分布族。下面简要介绍几个常见的分布。

（1）正态分布　正态分布也成为高斯分布（Gaussian distribution），是连续型随机变量分布，其概率密度函数为

$$f(y|\mu,\sigma^2)=\frac{1}{\sqrt{2\pi}\,\sigma}\times\exp\left(-\frac{1}{2\sigma^2}(y-\mu)^2\right)$$

改写上式，可以得到

$$
\begin{aligned}
f(y|\mu,\sigma^2)&=\frac{1}{\sqrt{2\pi}}\times\frac{1}{\exp(\ln\sigma)}\times\exp\left(-\frac{1}{2\sigma^2}(y-\mu)^2\right)\\
&=\frac{1}{\sqrt{2\pi}}\times\frac{1}{\exp(\ln\sigma)}\times\exp\left(-\frac{y^2}{2\sigma^2}+\frac{\mu}{\sigma^2}y-\frac{\mu^2}{2\sigma^2}\right)\\
&=\frac{1}{\sqrt{2\pi}}\times\exp\left(-\frac{y^2}{2\sigma^2}+\frac{\mu}{\sigma^2}y-\frac{\mu^2}{2\sigma^2}-\ln(\sigma)\right)\\
&=\frac{1}{\sqrt{2\pi}}\times\exp\left(\left(\frac{\mu}{\sigma^2}y-\frac{y^2}{2\sigma^2}\right)-\left(\frac{\mu^2}{2\sigma^2}+\ln(\sigma)\right)\right)
\end{aligned}
$$

令：$\theta=(\mu,\sigma^2)$，$h(y)=\dfrac{1}{\sqrt{2\pi}}$，$\eta(\theta)=\begin{bmatrix}\dfrac{\mu}{\sigma^2}\\[2mm]-\dfrac{1}{2\sigma^2}\end{bmatrix}$，$T(y)=\begin{bmatrix}y\\y^2\end{bmatrix}$，$A(\theta)=\dfrac{\mu^2}{2\sigma^2}+\ln(\sigma)$，则有

$$f(y|\mu,\sigma^2)=\frac{1}{\sqrt{2\pi}\,\sigma}\times\exp\left(-\frac{1}{2\sigma^2}(y-\mu)^2\right)=h(y)\times\exp\left(\eta(\theta)T(y)-A(\theta)\right)$$

（2）伯努利分布　伯努利分布(Bernoulli distribution)也称为两点分布或0-1分布，随机变量为离散变量，其概率质量函数为

$$p(y|p)=p^y\times(1-p)^{1-y}$$

改写上式，可以得到：

$$
\begin{aligned}
p(y|p)&=p^y\times(1-p)^{1-y}=\exp\left(y\ln(p)+(1-y)\ln(1-p)\right)\\
&=\exp\left(\ln\left(\frac{p}{1-p}\right)\times y+\ln(1-p)\right)\\
&=1\times\exp\left(\ln\left(\frac{p}{1-p}\right)\times y+\ln(1-p)\right)
\end{aligned}
$$

令：$\theta=p$，$h(y)=1$，$\eta(\theta)=\ln\left(\dfrac{p}{1-p}\right)$，$T(y)=y$，$A(\theta)=-\ln(1-p)$，则有

$$p(y|p)=p^y\times(1-p)^{1-y}=h(y)\times\exp\left(\eta(\theta)\times T(y)-A(\theta)\right)$$

（3）二项分布　二项分布（binomial distribution）是n个独立的成功/失败试验中成功的次数k的离散概率分布，即n重伯努利试验成功次数的离散概率分布。当$n=1$时，二项分布就是伯努利分布。二项分布的概率质量函数为

$$p(k|n,p)=C_n^k\times p^k\times(1-p)^{n-k}$$

改写上式，可以得到：

$$p(k|n,p) = C_n^k \times p^k \times (1-p)^{n-k} = C_n^k \times \exp\left(\ln\left(p^k \times (1-p)^{n-k}\right)\right)$$
$$= C_n^k \times \exp\left(k \times \ln(p) + (n-k) \times \ln(p)\right)$$

令 $y=k$，$\theta=p$，$h(y)=C_n^k$，$\eta(\theta)=\ln(p)$，$T(y)=y$，$A(\theta)=-(n-k) \times \ln(p)$，则二项分布可以写成：

$$p(k|n,p) = C_n^k \times p^k \times (1-p)^{n-k} = h(y) \times \exp\left(\eta(\theta) \times T(y) - A(\theta)\right)$$

（4）泊松分布　泊松分布（poisson ditribution）是离散型随机变量分布，概率质量函数为

$$p(k|\lambda) = \frac{e^{-\lambda}\lambda^k}{k!}$$

改写上式，可以得到：

$$p(k|\lambda) = \frac{e^{-\lambda}\lambda^k}{k!} = \frac{1}{k!} e^{-\lambda} e^{\ln(\lambda^k)} = \frac{1}{k!} \times e^{(\ln(\lambda) \cdot k - \lambda)}$$

令 $y=k$，$\theta=\lambda$，$h(y)=\dfrac{1}{k!}$，$\eta(\theta)=\ln(\lambda)$，$T(y)=y$，$A(\theta)=\lambda$，则泊松分布可以写成：

$$p(k|\lambda) = \frac{e^{-\lambda}\lambda^k}{k!} = h(y) \times \exp\left(\eta(\theta) \times T(y) - A(\theta)\right)$$

图1-5展示了广义回归方程的示意图。

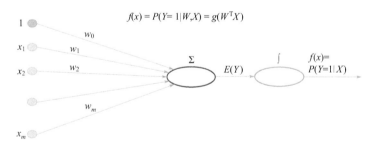

图1-5　广义回归方程示意图

表1-3列出了广义线性模型中常用的一些连接函数。

表1-3　广义线性模型中常用的一些连接函数

目标变量分布 （指数分布族）	分布支持的值域	典型应用	连接函数 名称	连接函数 $WX=g(\mu)$	反函数 （均值函数）
正态分布	实数:$(-\infty,+\infty)$	线性响应数据	恒等	$WX=\mu$	$\mu=WX$
指数分布 伽玛分布	实数:$(0,+\infty)$	指数响应数据，比例参数	负倒数	$WX=-\mu^{-1}$	$\mu=-(WX)^{-1}$

续表

目标变量分布 （指数分布族）	分布支持的值域	典型应用	连接函数 名称	连接函数 $WX=g(\mu)$	反函数 （均值函数）
逆高斯分布	实数:$(0,+\infty)$	达到时间、剩余寿命 预测	倒数平方	$WX=\mu^{-2}$	$\mu=(WX)^{-1/2}$
泊松分布	整数:$0,1,2,\cdots$	固定时间（空间）内 事件发生的次数	自然对数	$WX=\ln(\mu)$	$\mu=\exp(WX)$
伯努利分布	整数:$\{0,1\}$	只有一个YES/NO输出	Logit函数	$WX=\ln\left(\dfrac{\mu}{1-\mu}\right)$	$\mu=\dfrac{\exp(WX)}{1+\exp(WX)}$ $=\dfrac{1}{1+\exp(-WX)}$
二项式分布	整数:$0,1,2,\cdots,N$	N个YES/NO输出中， 输出"YES"的个数			
范畴分布(广义 伯努利分布)	整数:$[0,K]$ K维向量:$[0,1]$，其中 只有一个元素为1	单次K路发生的结果			
多项式分布	K维向量:$[0,N]$	N个K路发生次数中不 同类型的发生次数			

1.1.3 非线性回归

在解决实际问题时，往往会遇到线性回归模型无法很好地拟合数据的情况，此时应该考虑使用非线性回归模型。所谓"非线性"，是指至少有一个特征变量的指数不是1，可能是二次回归、三次回归，甚至可能是特征变量的对数等形式。常见的非线性回归模型包括支持向量机、核岭回归、最近邻回归、决策树回归等等，这些模型我们将在后面进行逐一展开描述。

1.2 回归模型的度量指标

在Scikit-learn中，度量模块sklearn.metrics专门用来评估回归、分类以及聚类等各种模型的性能，它所提供的回归模型的度量指标函数见表1-4。

表1-4 sklearn.metrics包含的回归模型度量指标函数

序号	指标	函数名称
1	可解释方差	explained_variance_score()
2	最大残差	max_error()
3	平均绝对误差（MAE）	mean_absolute_error()
4	均方误差（MSE）	mean_squared_error()
5	均方对数误差（MSLE）	mean_squared_log_error()

续表

序号	指标	函数名称
6	中位数绝对误差（MedAE）	median_absolute_error()
7	平均绝对百分误差（MAPE）	mean_absolute_percentage_error()
8	拟合优度R^2，也称为决定系数	r2_score()
9	平均Tweedie偏差	mean_tweedie_deviance()
10	平均泊松偏差	mean_poisson_deviance()
11	平均伽马偏差	mean_gamma_deviance()

表中，函数explained_variance_score()、mean_absolute_error()、mean_squared_error()、mean_absolute_percentage_error()和r2_score()可以处理多个输出结果，这些函数均有一个关键字参数multioutput，指定了每个计算目标得分或损失的平均方式，默认值为"uniform_average"，表示输出结果为等权重加权平均值，如果设置为"raw_values"，表示得分或损失计算结果以形状shape为(n_outputs,)的数组形式输出。对于函数explained_variance_score()和r2_score()，关键字参数multioutput还可以取值为"variance_weighted"，表示根据相应目标变量的方差对每个单独得分进行加权。如果目标变量具有不同的量纲级别，那么得分就更注重解释方差较大的变量。下面我们简述一下各个常用度量指标函数的含义。

（1）可解释方差　可解释方差表示一个模型能够解释测试数据集上目标变量离散程度（以方差表示）的比例。它的计算公式如下：

$$\text{explained\_variance}(y,\hat{y})=1-\frac{var\{y-\hat{y}\}}{var\{y\}}$$

式中，y表示测试数据集中目标变量的实际值，$\hat{y}$表示对应目标变量的模型预测值。var表示方差。可解释方差最好的值是1.0，值越小，说明模型越差。

（2）最大误差　最大误差是指测试数据集上目标变量的最大残差，它的计算公式如下：

$$\text{MaxError}(y,\hat{y_i})=\max(|y_i-\hat{y_i}|)$$

式中，y_i表示第i个测试样本中目标变量的真实值，$\hat{y_i}$表示第i个测试样本中目标变量的预测值。最大误差越小，说明模型越好。

（3）平均绝对误差　平均绝对误差是指测试数据集上目标变量的残差绝对值的期望值，也称为L1范数损失。它的计算公式如下：

$$\text{MAE}(y,\hat{y})=\frac{1}{n}\sum_{i=1}^{n}|y_i-\hat{y_i}|$$

平均绝对误差越大，说明模型越差。

（4）均方误差　均方误差是指测试数据集上目标变量的残差平方的期望值。它的计算公式如下：

$$\text{MSE}(y,\hat{y})=\frac{1}{n}\sum_{i=1}^{n}(y_i-\hat{y}_i)^2$$

均方误差越小，说明模型越好。

（5）均方对数误差　均方对数误差是指测试数据集上目标变量的对数误差的平方的期望值。它的计算公式如下：

$$\text{MSLE}(y,\hat{y})=\frac{1}{n}\sum_{i=1}^{n}\big(\ln(1+y_i)-\ln(1+\hat{y}_i)\big)^2$$

这个指标特别适合目标变量呈指数变化的情况，例如人口数量、某种商品在给定周期的平均销售额等。这个度量指标对低估预测值的惩罚要比对高估预测值的惩罚更大。均方对数误差越小，说明模型越好。

（6）中位数绝对误差　中位数绝对误差是指测试数据集上目标变量的所有残差绝对值的中位数。这个指标对离群点（outliers）具有非常好的鲁棒性。它的计算公式如下：

$$\text{MedAE}(y,\hat{y})=median(|y_1-\hat{y}_1|,\cdots,|y_n-\hat{y}_n|)$$

位数绝对误差越小，说明模型越好。

（7）平均绝对百分误差　平均绝对百分误差也称为平均绝对百分偏差，是平均绝对误差的变形，它的计算公式如下：

$$\text{MAPE}(y,\hat{y})=\frac{100}{n}\sum_{i=1}^{n}\left|\frac{y_i-\hat{y}_i}{y_i}\right|$$

平均绝对百分误差越小，说明模型越好。

（8）拟合优度　拟合优度也称为判定系数（coefficient of determination），是指模型对测试数据集的拟合程度。它的计算公式如下：

$$R^2(y,\hat{y})=1-\sum_{i=1}^{n}(y_i-\hat{y}_i)^2\Big/\sum_{i=1}^{n}(y_i-\bar{y})^2$$

式中，$\bar{y}$ 表示测试数据集上目标变量的期望值（平均值）。拟合优度值越大，说明模型越好。

（9）平均Tweedie偏差/泊松偏差/伽马偏差　平均Tweedie偏差、平均泊松偏差、平均伽马偏差是基于Tweedie分布的三个模型度量指标，它们均用来度量测试数据集上目标变量损失。各分布的偏差可参考下面公式。

$$D(y,\hat{y})=\frac{1}{n}\sum_{i=0}^{n-1}\begin{cases}(y_i-\hat{y}_i)^2 & \text{正态分布}\\ 2\big(y_i\lg\big(\frac{y}{\hat{y}_i}\big)+\hat{y}_i-y_i\big) & \text{泊松分布}\\ 2\big(\lg\big(\frac{\hat{y}_i}{y_i}\big)+\frac{y_i}{\hat{y}_i}-1\big) & \text{伽马分布}\\ 2\big(\frac{\max(y_i,0)^{2-p}}{(1-p)(2-p)}-\frac{y_i\hat{y}_i^{1-p}}{1-p}+\frac{\hat{y}_i^{2-p}}{2-p}\big) & \text{Tweedie分布}\end{cases}$$

对于给定的测试数据集，这三个指标值越小，模型越好。

1.3 样本权重系数的理解

样本数据集是训练算法、构建模型必不可少的因素，样本数据集内数据分布不平衡会导致样本不是总体的无偏估计，使模型预测能力下降。在分类问题中，样本类别分布不均衡会将导致样本量少的类别所包含的特征信息过少，很难从中提取规律，即使得到分类模型，也容易由于过度依赖于有限的数据样本而导致过拟合问题，从而使模型的准确性很差。在解决实际问题时，可通过调整样本权重或类别权重对数据集进行平衡，最大限度地实现样本数据集是总体的无偏估计，使模型训练数据分布更加均衡，模型更加稳定可靠。Scikit-learn 中用到了两种样本权重调节的方法：一种是在拟合过程中设置每一个样本的样本权重，另一种是在拟合过程中设置每个目标变量的类别权重。如果样本权重为整数 n_i，则在训练模型或对新数据评分时，首先重复这个样本 n_i 次，形成一个新的数据集（改变每个样本的数量），然后再进行模型训练或新数据评分；如果样本权重值为浮点数 f_i，则在训练模型或对新数据评分时，首先按照权重值修改这个样本在数据集中的占比，形成一个新的数据集，然后再进行模型训练或新数据评分。样本权重和类别权重在训练模型中最终通过损失函数实现，在算法中把每个样本的损失乘以它的权重。

2 线性回归模型

Scikit-learn包含了多种线性回归算法模型，包括普通最小二乘法、岭回归、Lasso回归、贝叶斯线性回归、弹性网络回归、随机梯度下降回归等，本书介绍常用的几种。

2.1 普通最小二乘法

普通最小二乘法是一种应用最为广泛的回归系数求解方法，是其他回归算法的基础。Scikit-learn中实现普通最小二乘法的类为sklearn.linear_model.LinearRegression，它利用系数向量$w=(w_1,w_2,\cdots,w_p)$截距w_0进行回归拟合，使训练数据集中已知样本目标值与预测值之差的平方和达到最小，实现残差平方和的最小化。LinearRegression的损失函数$L(Y,f(x))$为$L(Y,f(x))=\|Xw-y\|_2^2$，其目标是达到最小化，即$min_w\|Xw-y\|_2^2$；$\|Xw-y\|_2^2$表示向量$(Xw-y)$的L2范数，是欧几里得范数。

在机器学习问题的求解过程中，一般样本数量n_samples远远大于特征数量n_features，按照线性方程组求解回归模型都属于超定问题(overdetermined)，由于样本数量n_samples非常大，因此由训练数据集组成的n_samples行、n_features列的设计矩阵非常大，采用传统的求逆矩阵方法非常困难。Scikit-learn使用了矩阵的奇异值分解（Singular Value Decomposition，SVD）来计算回归系数向量$w=(w_1,w_2,\cdots,w_p)$。可以证明，设计矩阵的最小奇异值对应的特征向量就是要求的解。表2-1详细说明了LinearRegression线性回归评估器的构造函数及其属性和方法。

表2-1　LinearRegression线性回归评估器

sklearn.linear_model.LinearRegression：线性回归评估器	
LinearRegression(*, fit_intercept=True, normalize=False, copy_X=True, n_jobs=None)	
fit_intercept	可选，一个布尔值，表示模型拟合过程中是否计算截距w_0。如果设置为False，则认为数据已经进行了中心化处理。默认值为True
normalize	可选，一个布尔值，表示是否在调用拟合函数fit()之前对特征变量进行归一化处理。默认值为False
copy_X	可选，一个布尔值，表示是否对原始训练样本进行拷贝。默认值为True
n_jobs	可选，一个整数值或None，表示计算过程中所使用的最大计算任务数，可以理解为线程数量。 当n_jobs>1时，表示最大并行任务数量； 当n_jobs=1时，表示使用1个计算任务进行计算（即不使用并行计算机制，这在调试状态下非常有用），除非joblib.parallel_backend指定了并行运算机制； 当n_jobs=-1时，表示使用所有可以利用的处理器进行并行计算； 当n_jobs<-1时，表示使用n_jobs+1个处理器进行并行处理。 默认值为None，相当于n_jobs=1。 注：Scikit-learn使用joblib包实现代码的并行计算

续表

sklearn.linear_model.LinearRegression：线性回归评估器	
LinearRegression的属性	
coef_	包含回归系数的数组，其形状shape为(n_features,)，表示特征变量的权重，也就是回归系数向量。如果目标变量数量n_targets大于1，则形状shape为(n_targets, n_features)
rank_	一个整型数，表示设计矩阵的秩。只有设计矩阵为稠密矩阵时才有效
singular_	包含设计矩阵奇异值的数组，其形状shape为(min(X, y),)。只有设计矩阵为稠密矩阵时才有效
intercept_	一个浮点数或者形状shape为(n_targets,)的浮点数数组，表示回归模型中的截距。如果fit_intercept=False，则本属性为0.0
LinearRegression的方法	
fit(X, y, sample_weight = None)：拟合线性回归	
X	必选，类数组对象或稀疏矩阵类型对象，其形状shape为(n_samples,n_features)，表示训练数据集，其中n_samples为样本数量，n_features为特征变量数量
y	必选，类数组对象，其形状shape为(n_samples,)或者(n_samples, n_targets)，表示目标变量数据集，其中n_targets为目标变量个数
sample_weight	可选，形状shape为(n_samples,)的数组对象，表示每个样本的权重；也可以为一个浮点数，表示每个样本的权重均为指定的浮点数值。默认值为None，即每个样本的权重一样（为1）
返回值	训练后的线性回归模型
get_params(deep＝True)：获取评估器的各种参数	
deep	可选，布尔型变量，默认值为True。如果为True，表示不仅包含此评估器自身的参数值，还将返回包含的子对象（也是评估器）的参数值
返回值	字典对象。包含"（参数名称:值）"的键值对
predict(X)：使用拟合的模型对新数据进行预测	
X	必选，类数组对象或稀疏矩阵类型对象，其形状shape为(n_samples,n_features)，表示待预测的数据集
返回值	类数组对象，其形状shape为(n_samples,)，表示预测后的目标变量数据集
score(X, y,sample_weight ＝ None)：计算线性回归模型的拟合优度R^2	
X	必选，类数组对象或稀疏矩阵类型对象，其形状shape为(n_samples,n_features)，表示测试数据集
y	必选，类数组对象，其形状shape为(n_samples,)或者(n_samples,n_outputs)，表示目标变量的实际值，其中n_outputs为目标变量个数
sample_weight	可选，类数组对象，其形状shape为(n_samples,)，表示每个样本的权重。默认值为None，即每个样本的权重一样（为1）
返回值	返回线性回归模型的拟合优度R^2
set_params(**params)：设置评估器的各种参数	
params	字典对象，包含了需要设置的各种参数
返回值	评估器自身

　　下面通过例子说明一般线性回归评估器LinearRegression的使用，这个例子中使用了系统自带的糖尿病数据集，数据集的说明见表2-2。

表2-2　糖尿病数据集说明

数据集属性	说明
样本数量	442
特征变量个数	10，均为数值型变量
特征变量名称	年龄(age)、性别(sex)、体重指数(bmi)、平均血压(bp)以及其他6种血清数据s1、s2、s3、s4、s5、s6
目标变量	一年后病情发展的量化指标（数值型）
说明	10个特征变量都已经均值化、中心化，并按标准差乘以样本数进行了缩放

　　请仔细阅读代码和输出结果。

```
1.
2.  import numpy as np
3.  from sklearn import datasets
4.  from sklearn import linear_model
5.  from sklearn.model_selection import train_test_split
6.  import sklearn.metrics as metrics
7.
8.
9.  # 导入糖尿病数据
10. #diabetes_X, diabetes_y = datasets.load_diabetes(return_X_y=True)
11. # 返回一个 Bunch 对象，目的是获取特征名称名称feature_names
12. diabetes_Bunch = datasets.load_diabetes()
13. diabetes_X = diabetes_Bunch.data
14. diabetes_y = diabetes_Bunch.target
15. X_NameList = diabetes_Bunch.feature_names
16.
17. X_train, X_test, y_train, y_test = train_test_split(diabetes_
    X, diabetes_y, test_size=0.33, random_state=42)
18. # 创建一般线性回归模型
19. olsRegr = linear_model.LinearRegression()
20.
21. # 使用训练数据进行模型拟合
22. olsRegr.fit(X_train, y_train)
23. print(olsRegr)
24. print("----------------------------------------")
```

```
25.  # 使用拟合后的模型进行预测
26.  y_pred = olsRegr.predict(X_test)
27.
28.
29.  # 截距和回归系数
30.  print("截    距: %f" % olsRegr.intercept_)
31.
32.  print("特征变量及其回归系数: ")
33.  # 模型按照特征变量的输入顺序返回每个特征变量的回归系数
34.  X_Number    = len(X_NameList)   # 变量个数
35.  olsCoefs    = olsRegr.coef_
36.  for i in range(X_Number):
37.      print("%2d  %3s: %+f" % (i+1, X_NameList[i], olsCoefs[i]))
38.
39.
40.  # 线性模型的各种度量指标
41.  print("\n最小二乘法模型的各种度量指标: ")
42.  print("-------------------------------------")
43.  # 最大残差
44.  print("        最大残差: %f" % metrics.max_error(y_test, y_pred))
45.
46.  # 可解释方差
47.  print("        可解释方差: %f" % metrics.explained_variance_score(y_
     test, y_pred))
48.
49.  # 均方误差MSE
50.  print("     均方误差MSE: %f" % metrics.mean_squared_error(y_test, y_pred))
51.
52.  # 中位数绝对误差
53.  print("  中位数绝对误差: %f" % metrics.median_absolute_error(y_test, y_pred))
54.
55.  # 平均绝对误差MAE
56.  print(" 平均绝对误差MAE: %f" % metrics.mean_absolute_error(y_test, y_pred))
57.
58.  # 均方对数误差MSLE
59.  print("均方对数误差MSLE: %f" % metrics.mean_squared_log_error(y_test, y_pred))
60.
61.  # 拟合优度R^2（决定系数）
62.  print("        拟合优度: %f" % metrics.r2_score(y_test, y_pred))
63.
```

运行后，输出结果如下（在 Python 自带的 IDLE 环境下）：

```
1.   LinearRegression()
2.   ----------------------------------------
3.   截    距: 150.433975
4.   特征变量及其回归系数:
5.    1  age: +32.145673
6.    2  sex: -242.825820
7.    3  bmi: +559.987382
8.    4   bp: +407.641665
9.    5   s1: -718.687039
10.   6   s2: +396.630109
11.   7   s3: +10.423048
12.   8   s4: +171.811776
13.   9   s5: +627.079764
14.  10   s6: -21.624207
15.
16.  最小二乘法模型的各种度量指标:
17.  ----------------------------------------
18.          最大残差: 152.706186
19.        可解释方差: 0.514995
20.      均方误差MSE: 2817.801570
21.    中位数绝对误差: 34.277441
22.   平均绝对误差MAE: 41.964453
23.  均方对数误差MSLE: 0.162226
24.          拟合优度: 0.510395
```

通过普通最小二乘法计算的回归系数依赖于特征变量的独立性，当特征变量之间线性相关，即设计矩阵各列之间线性相关时，设计矩阵会变得接近奇异，对应的行列式值接近于 0，此时回归系数的计算结果对目标变量实际观测值的随机误差高度敏感，从而产生较大的方差。一般线性回归的基本形式为 $Y = Xw + \varepsilon$，回归系数向量 w 的解为 $w = (X'X)^{-1}XY$，当特征变量之间存在较强的共线性时，$|X'X| \approx 0$，矩阵 $|X'X|^{-1}$ 对角线上的值很大，这样对不同的训练数据集，回归系数 w 会有非常大的变化，导致 w 的方差增

大，严重影响回归系数的准确性，所以必须消除特征变量间多重共线性的影响，有两种方式：第一种是通过主成分分析等方法获得到一组相互独立的特征变量进行模型构建；第二种是通过剔除某些相关性较强的特征变量实现回归系数的准确性和稳定性。下面要介绍的岭回归和Lasso回归就是采用第二种方式对具有多重共线性的变量进行剔除的。

2.2 岭回归（L2正则化回归）

在实际解决问题过程中，如果收集的训练数据集样本数较少，例如样本数量n_samples小于特征变量个数n_features，或者特征变量之间存在多重共线性，采用普通最小二乘法将会导致计算结果误差较大。在这种情况下可以考虑岭回归（Ridge regression）算法，它的损失函数是在普通最小二乘法损失函数的基础上添加了一个回归系数的正则化项，也称为惩罚项。其损失函数为 $L(Y, f(x)) = \| Xw-y \|_2^2 + \alpha \| w \|_2^2$，其目标就是损失函数的最小化，即 $\min_w \{ \| Xw-y \|_2^2 + \alpha \| w \|_2^2 \}$，这里向量 w 括截距 w_0，α 为正则化系数，也称为岭参数，指定了回归系数的正则化强度，控制着回归系数的稀疏程度，是模型的一个超参数（hyper parameter），$\alpha \in [0, +\infty]$，若 $\alpha = 0$，则岭回归退变为最小二乘法。α 变大时，回归系数个数将缩减（一些不重要的特征变量被剔除，某些特征变量的回归系数变为零或趋向于零），模型会变得更稳定，特征变量间的多重共线性更具有鲁棒性。在进行模型训练前，可以人为设定 α，也可以通过交叉验证来获得。由于 $\| w \|_2^2$ 表示回归系数向量 w 的L2范数（L2-Norm），因此岭回归也称为L2正则化回归。正则化是一种防止模型过拟合的方法，它在原损失函数的基础上添加了一个模型参数的约束项（regularizer），也称为惩罚项，以降低模型的复杂度，实现模型参数的稳定性，进而增加模型的泛化能力，防止模型过拟合。

岭回归是由苏联数学家Andrey Nikolayevich Tikhonov发明的，也称为吉洪诺夫正则化方法（Tikhonov regularization）。岭回归评估器支持多目标变量回归，例如目标变量可以是二维数组(n_samples, n_targets)，其中n_samples为样本数量，n_targets为目标变量的个数。

2.2.1 岭回归评估器

在Scikit-learn中，实现岭回归评估器的类为sklearn.linear_model.Ridge，可以采用奇异值分解、Cholesky分解、共轭梯度等方法进行算法拟合。表2-3详细说明了Ridge岭回归评估器的构造函数及其属性和方法。在使用这个评估器进行算法拟合时，需要手动设置正则化系数。

表2-3 Ridge岭回归评估器

sklearn.linear_model.Ridge：岭回归评估器

Ridge(alpha=1.0, *, fit_intercept=True, normalize=False, copy_X=True, max_iter=None, tol=0.001, solver='auto', random_state=None)

alpha	可选。一个浮点数或形状shape为(n_targets,)的数组，代表对应目标变量下的正则化系数，必须是一个正的浮点数。数值越大，正则化强度越大。默认值为1.0
fit_intercept	可选。一个布尔值，表示模型拟合过程中是否计算截距w_0。如果设置为False，则认为数据已经进行了中心化处理。默认值为True
normalize	可选。一个布尔值，表示是否在调用拟合函数fit()之前对特征变量进行归一化处理。默认值为False
copy_X	可选。一个布尔值，表示是否对原始训练样本进行拷贝。默认值为True
max_iter	可选。一个整数或None，设置共轭梯度求解器的最大迭代次数。默认值为None，表示当参数solver设置为"sparse_cg""lsqr"时，最大迭代次数由scipy.sparse.linalg确定；当参数solver设置为"sag"时，最大迭代次数为1000
tol	可选。一个浮点数，设置拟合过程中算法的精度，默认值为0.001
solver	可选。设置训练过程中使用的求解器，可以选择下列几种： （1）"auto"基于数据类型由评估器自动选择。这是默认值； （2）"svd"使用设计矩阵的奇异值分解计算岭回归系数； （3）"cholesky"使用标准的scipy.linalg.solve函数获取岭回归系数的解； （4）"lsqr"使用scipy.sparse.linalg.lsqr函数进行计算； （5）"sparse_cg"使用scipy.sparse.linalg.cg作为求解器。适合训练数据集较大的情况； （6）"sag"使用随机平均梯度下降法（Stochastic Average Gradient descent）作为求解器； （7）"saga"使用随机平均梯度下降法的改进版作为求解器。 后面五种求解器均支持稠密矩阵和稀疏矩阵，但是在it_intercept设置为True时，只有"sparse_cg"和"sag"支持稀疏矩阵
random_state	可选。用于设置随机数种子，可以是整型数或numpy.random.RandomState对象，或者为None。如果是一个整型常数值，表示需要生成随机数时每次返回的都是一个固定的序列值；如果是一个numpy.random.RandomState对象，则表示每次均为随机采样；如果设置为None，表示由系统随机设置随机数种子，每次也会返回不同的样本序列，这是默认值。 注：此参数只适合于参数solver设置为"sag""saga"的情况

Ridge的属性

coef_	包含回归系数的数组，其形状shape为(n_features,)，表示特征变量的权重。如果目标变量数量n_targets大于1个，则形状shape为(n_targets, n_features)
intercept_	一个浮点数或者形状shape为(n_targets,)的浮点数数组，表示模型中的截距。如果fit_intercept=False，则本属性值为0.0
n_iter_	None或一个形状shape为(n_targets,)的数组。表示拟合过程中，针对不同目标变量的实际迭代次数。除了参数solver设置为"sag""lsqr"的情况，其他情况下其值为None

续表

sklearn.linear_model.Ridge：岭回归评估器	
Ridge的方法	
fit(X, y,sample_weight＝None)：拟合Ridge岭回归评估器	
X	必选。类数组对象或稀疏矩阵类型对象，其形状shape为(n_samples,n_features)，表示训练数据集，其中n_samples为样本数量，n_features为特征变量数量
y	必选。类数组对象，其形状shape为(n_samples,)或者(n_samples, n_targets)，表示目标变量数据集。其中n_targets为目标变量个数。必要时，此参数类型可以转换训练数据集的数据类型
sample_weight	可选。形状shape为(n_samples,)的数组对象，表示每个样本的权重；也可以为一个浮点数，表示每个样本的权重均为指定的浮点数值。默认值为None，即每个样本的权重一样（为1）
返回值	训练后的Ridge岭回归评估器
get_params(deep＝True)：获取评估器的各种参数	
deep	可选。布尔型变量，默认值为True。如果为True，表示不仅包含此评估器自身的参数值，还将返回包含的子对象（也是评估器）的参数值
返回值	字典对象。包含"（参数名称:值）"的键值对
predict(X)：使用拟合的模型对新数据进行预测	
X	必选。类数组对象或稀疏矩阵类型对象，其形状shape为(n_samples,n_features)，表示待预测的数据集
返回值	类数组对象，其形状shape为(n_samples,)，表示预测后的目标变量数据集
score(X, y,sample_weight＝None)：计算岭回归模型的拟合优度R^2	
X	必选。类数组对象或稀疏矩阵类型对象，其形状shape为(n_samples,n_features)，表示测试数据集
y	必选。类数组对象，其形状shape为(n_samples,)或者(n_samples,n_outputs)，表示目标变量的实际值。其中n_outputs为目标变量个数
sample_weight	可选。类数组对象，其形状shape为(n_samples,)，表示每个样本的权重。默认值为None，即每个样本的权重一样（为1）
返回值	返回岭回归模型的拟合优度R^2
set_params(**params)：设置评估器的各种参数	
params	字典对象，包含了需要设置的各种参数
返回值	评估器自身

　　下面我们通过例子说明岭回归评估器Ridge的使用。在这个例子中使用了岭回归评估器Ridge，并且正则化系数（岭参数）设置为0.77。

```
1.
2.  import numpy as np
3.  from sklearn import datasets
4.  from sklearn import linear_model
5.  from sklearn.model_selection import train_test_split
```

```
6.  import sklearn.metrics as metrics
7.
8.
9.  # 导入糖尿病数据
10. #diabetes_X, diabetes_y = datasets.load_diabetes(return_X_y=True)
11. # 返回一个 Bunch 对象, 目的是获取特征名称名称feature_names
12. diabetes_Bunch = datasets.load_diabetes()
13. diabetes_X = diabetes_Bunch.data
14. diabetes_y = diabetes_Bunch.target
15. X_NameList = diabetes_Bunch.feature_names
16.
17. X_train, X_test, y_train, y_test = train_test_split(diabetes_
    X, diabetes_y, test_size=0.33, random_state=42)
18. # 创建岭回归模型, 岭参数设置为0.2
19. ridgeRegr = linear_model.Ridge(alpha=0.2)
20.
21. # 使用训练数据进行模型拟合
22. ridgeRegr.fit(X_train, y_train)
23. print(ridgeRegr)
24. print("-----------------------------------")
25. # 使用拟合后的模型进行预测
26. y_pred = ridgeRegr.predict(X_test)
27.
28.
29. # 截距和回归系数
30. print("截    距: %f" % ridgeRegr.intercept_)
31.
32. print("特征变量及其回归系数: ")
33. # 模型按照特征变量的输入顺序返回每个特征变量的回归系数
34. X_Number    = len(X_NameList)  # 变量个数
35. ridgeCoefs = ridgeRegr.coef_
36. for i in range(X_Number):
37.     print("%2d  %3s: %+f" % (i+1, X_NameList[i], ridgeCoefs[i]))
38.
39.
40. # 线性模型的各种度量指标
41. print("\n岭回归模型的各种度量指标: ")
42. print("-----------------------------------")
```

```
43.  # 最大残差
44.  print("          最大残差: %f" % metrics.max_error(y_test, y_pred))
45.
46.  # 可解释方差
47.  print("          可解释方差: %f" % metrics.explained_variance_score(y_
     test, y_pred))
48.
49.  # 均方误差MSE
50.  print("        均方误差MSE: %f" % metrics.mean_squared_error(y_test, y_pred))
51.
52.  # 中位数绝对误差
53.  print("  中位数绝对误差: %f" % metrics.median_absolute_error(y_test, y_pred))
54.
55.  # 平均绝对误差MAE
56.  print(" 平均绝对误差MAE: %f" % metrics.mean_absolute_error(y_test, y_pred))
57.
58.  # 均方对数误差MSLE
59.  print("均方对数误差MSLE: %f" % metrics.mean_squared_log_error(y_test, y_pred))
60.
61.  # 拟合优度R^2（决定系数）
62.  print("          拟合优度: %f" % metrics.r2_score(y_test, y_pred))
63.
```

运行后，输出结果如下（在 Python 自带的 IDLE 环境下）：

```
1.   Ridge(alpha=0.2)
2.   ------------------------------------
3.   截    距: 150.508245
4.   特征变量及其回归系数:
5.    1   age: +40.177699
6.    2   sex: -166.256799
7.    3   bmi: +462.291060
8.    4   bp: +325.239243
9.    5   s1: -61.936940
10.   6   s2: -72.336888
11.   7   s3: -208.653039
12.   8   s4: +120.565724
13.   9   s5: +308.743409
14.  10   s6: +49.458228
```

```
15.
16.  岭回归模型的各种度量指标:
17.  -------------------------------------
18.          最大残差: 136.307451
19.        可解释方差: 0.515077
20.      均方误差MSE: 2815.064522
21.    中位数绝对误差: 34.915551
22.    平均绝对误差MAE: 42.161780
23.  均方对数误差MSLE: 0.155611
24.          拟合优度: 0.510871
```

岭回归是对最小二乘法的一种补充,它通过减小无偏性来换取高的数值稳定性,得到较高的计算精度。通常岭回归模型的拟合优度 R^2 会稍低于普通最小二乘法拟合优度 R^2,但回归系数的显著性往往明显高于普通最小二乘法,较好地解决了特征变量间存在共线性的问题。

2.2.2 岭迹曲线

岭迹曲线是指回归系数随岭参数(正则化系数)变化的变动曲线,也称为岭迹图。下面我们通过一段代码说明岭迹曲线的含义,输入数据集模拟了一个20×20的希尔伯特设计矩阵,即有20个特征变量,20个样本。

```python
1.
2.  import numpy as np
3.  from sklearn import linear_model
4.  from sklearn.model_selection import train_test_split
5.  import matplotlib.pyplot as plt
6.  from matplotlib.font_manager import FontProperties
7.
8.
9.  # 构建数据集, 一个 20x20 希尔伯特Hilbert矩阵
10. X = 1. / (np.arange(1, 21) + np.arange(0, 20)[:, np.newaxis])
11. y = np.ones(20)
12.
13. # 训练数据集
14. X_train, X_test, y_train, y_test = train_test_split(X, y, test_
    size=0.33, random_state=7)
15.
16. # 岭迹曲线计算
17. n_alphas = 200
```

```
18. alphas = np.logspace(-10, -2, n_alphas)
19.
20. coefs = []
21. for alpha in alphas:
22.     ridge = linear_model.Ridge(alpha=alpha, fit_intercept=False)
23.     ridge.fit(X_train, y_train)
24.     coefs.append(ridge.coef_)
25.
26. # 岭迹曲线展示
27. ax = plt.gca()
28.
29. ax.plot(alphas, coefs)
30. ax.set_xscale('log')
31.
32. # 通过这种方式可以局部设置字体（支持中文），不影响绘图其他部分
33. font = FontProperties(fname='C:\\Windows\\Fonts\\SimHei.ttf', size=16)
34.
35. plt.xlabel('岭参数(alpha)', fontproperties=font)        # 超参数α
36. plt.ylabel('回归系数(weights)', fontproperties=font)   # 回归系数
37. plt.title('回归系数随岭参数α的变化', fontproperties=font)
38.
39. plt.axis('tight')
40. plt.show()
41.
```

运行后，输出岭迹曲线结果如图2-1所示（在Python自带的IDLE环境下）。

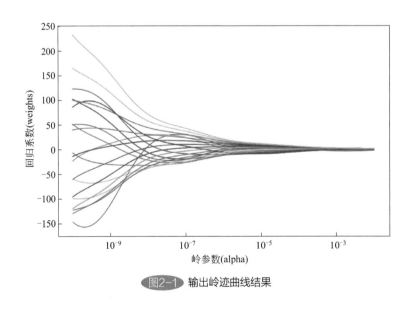

图2-1 输出岭迹曲线结果

图2-1中，每条彩色的曲线显示了一个特征变量的回归系数随着横坐标岭参数（正则化系数）的变化而变化的情形。可以看出，岭参数越小，每个特征变量对应的回归系数的变动幅度越大，方差越大。从图中还可以非常清楚第看出特征变量退出模型的先后顺序。岭参数越大，特征变量的回归系数越小，非零的系数也越少，当岭参数大到一定程度后，回归系数逐渐趋近于零，当等于零时，这个特征变量从模型剔除。岭迹曲线也展现了岭回归模型对病态矩阵（ill-conditioned matrix）的矫正作用。上例中使用了希尔伯特病态矩阵，目标变量的轻微变化就会使回归系数估计值的方差产生巨大的变化，这种情况下设置适当的岭参数可以有效降低这种摆动变化。

由于岭参数是一个模型的超参数，所以设置恰当的值是一项非常重要的任务。在Scikit-learn中，通过交叉验证岭回归评估器RidgeCV可以自动完成岭参数的设置。

2.2.3 交叉验证岭回归评估器

交叉验证是在模型构建阶段进行模型超参数调优的常用方法。关于交叉验证进一步的知识，请参考本书上册第三章"Scikit-learn基础知识"中的相关内容，这里不再赘述。针对岭回归模型，Scikit-learn实现了一个具有交叉验证功能的岭回归评估器sklearn.linear_model.RidgeCV，它能够自动挑选出最合适的模型超参数α（正则化系数）。表2-4详细说明了交叉验证岭回归评估器RidgeCV的构造函数及其属性和方法。

表2-4 交叉验证岭回归评估器RidgeCV说明

sklearn.linear_model.RidgeCV：交叉验证岭回归评估器	
RidgeCV(alphas=(0.1, 1.0, 10.0), *, fit_intercept=True, normalize=False, scoring=None, cv=None, gcv_mode=None, store_cv_values=False)	
alphas	可选。形状shape为(n_alphas,)的数组，代表一个算法中正则化系数α的序列值。其中n_alphas表示用于优化的正则化系数的个数。 默认值为(0.1, 1.0, 10.0)
fit_intercept	可选。一个布尔值，表示模型拟合过程中是否计算截距w_0。如果设置为False，则认为数据已经进行了中心化处理。默认值为True
normalize	可选。一个布尔值，表示是否在调用拟合函数fit()之前对特征变量进行归一化处理。默认值为False
scoring	可选。当设置为一个字符串时，表示特定的度量指标，例如"explained_variance""max_error"等；当设置为一个可回调对象时，须实现scorer(estimator, X, y)函数，并返回分数值；当设置为None时，表示当参数cv设置为None时，使用负均方误差,否则使用拟合优度R^2。默认值为None
cv	可选。设置为None时，使用留一交叉验证LeaveOneOut（广义交叉验证）；设置为一个整数时，则指定分组个数；设置为一个交叉验证器时，指定在算法训练过程中使用的交叉验证策略；设置为一个可迭代对象时，表示通过自定义的方式返回训练子集和验证子集样本对应的索引数组。默认值为None

续表

sklearn.linear_model.RidgeCV：交叉验证岭回归评估器

gcv_mode	可选。设置为svd时，表示当设计矩阵X为稠密矩阵时使用X的奇异值SVD分解方法，X为稀疏矩阵时使用X^TX的特征值分解方法；设置为eigen时，表示使用XX^T的特征值分解方法；设置为auto时，表示当n_samples > n_features时使用auto方法。默认值为auto
store_cv_values	可选，一个布尔值，表示是否保留交叉验证过程中每个岭参数α的不同取值对应的分数值。如果设置为True，则交叉验证过程中每次迭代产生的模型度量值会保存在属性cv_values_中。默认值为False。 这个参数只有在cv=None时有效

RidgeCV的属性

cv_values_	形状shape为(n_samples, n_alphas)的数组，或者在有多个目标变量的情况下，形状shape为(n_samples, n_targets, n_alphas)的数组。这个属性只有在参数store_cv_values=True和cv=None时有效。在评估器调用拟合函数fit()之后，这个参数将包含均方误差损失值或构造函数提供的损失函数返回值
coef_	包含回归系数的数组，其形状shape为(n_features,)，表示特征变量的权重。如果目标变量数量n_targets大于1，则形状shape为(n_targets, n_features)
intercept_	一个浮点数或者形状shape为(n_targets,)的浮点数数组，表示模型中的截距。如果fit_intercept=False，则本属性为0.0
alpha_	一个浮点数值，是交叉验证后的最佳岭参数α的值
best_score_	一个浮点数值，表示基于alpha_值下的模型性能分数值

RidgeCV的方法

fit(X, y,sample_weight = None)：拟合交叉验证岭回归评估器

X	必选。类数组对象或稀疏矩阵类型对象，其形状shape为(n_samples,n_features)，表示训练数据集，其中n_samples为样本数量，n_features为特征变量数量
y	必选。类数组对象，其形状shape为(n_samples,)或者(n_samples, n_targets)，表示目标变量数据集。其中n_targets为目标变量个数。必要时，此参数类型可以转换训练数据集的数据类型
sample_weight	可选。形状shape为(n_samples,)的数组对象，表示每个样本的权重；也可以为一个浮点数，表示每个样本的权重均为指定的浮点数值。默认值为None，即每个样本的权重一样（为1）。当提供sample_weight这个参数时，最终选择的岭参数α值与使用何种交叉验证器有关，因为只有广义交叉验证（留一交叉验证）方法在计算验证分数值时才会考虑参数sample_weight
返回值	训练后的岭回归线性模型

get_params(deep=True)：获取评估器的各种参数

deep	可选。布尔型变量，默认值为True，表示不仅包含此评估器自身的参数值，还将返回包含的子对象（也是评估器）的参数值
返回值	字典对象。包含"（参数名称:值）"的键值对

predict(X)：使用拟合的模型对新数据进行预测

X	必选。类数组对象或稀疏矩阵类型对象，其形状shape为(n_samples,n_features)，表示待预测的数据集
返回值	类数组对象，其形状shape为(n_samples,)，表示预测后的目标变量数据集

续表

sklearn.linear_model.RidgeCV: 交叉验证岭回归评估器	
score(X, y,sample_weight = None): 计算交叉验证岭回归模型的拟合优度R^2	
X	必选。类数组对象或稀疏矩阵类型对象，其形状shape为(n_samples,n_features)，表示测试数据集
y	必选。类数组对象，其形状shape为(n_samples,)或者(n_samples,n_outputs)，表示目标变量的实际值。其中n_outputs为目标变量个数
sample_weight	可选。类数组对象，其形状shape为(n_samples,)，表示每个样本的权重。默认值为None，即每个样本的权重一样（为1）
返回值	返回交叉验证岭回归模型的拟合优度R^2
set_params(**params): 设置评估器的各种参数	
params	字典对象，包含了需要设置的各种参数
返回值	评估器自身

下面我们以示例形式说明交叉验证岭回归评估器RidgeCV的使用。

```
1.
2.  import numpy as np
3.  from sklearn import datasets
4.  from sklearn import linear_model
5.  from sklearn.model_selection import train_test_split
6.  import sklearn.metrics as metrics
7.
8.
9.  # 导入糖尿病数据
10. #diabetes_X, diabetes_y = datasets.load_diabetes(return_X_y=True)
11. # 返回一个 Bunch 对象，目的是获取特征名称名称feature_names
12. diabetes_Bunch = datasets.load_diabetes()
13. diabetes_X = diabetes_Bunch.data
14. diabetes_y = diabetes_Bunch.target
15. X_NameList = diabetes_Bunch.feature_names
16.
17. X_train, X_test, y_train, y_test = train_test_split(diabetes_
    X, diabetes_y, test_size=0.33, random_state=42)
18. # 创建岭回归模型
19. ridgeRegrCV = linear_model.RidgeCV(alphas=np.logspace(-6, 6, 13), store_
    cv_values=True)
```

```
20.
21.  # 使用训练数据进行模型拟合
22.  ridgeRegrCV.fit(X_train, y_train)
23.  print(ridgeRegrCV)
24.
25.  print("---------------------------------------")
26.  print("交叉验证结果:")
27.  print("最佳岭参数α: ", ridgeRegrCV.alpha_)
28.  # 由于构造函数RidgeCV的参数cv为None，scoring为None，所以使用的是负均方误差
     作为验证的标准
29.  # 即"neg_mean_squared_error"
30.  print("最佳岭参数对应的验证分数: ", ridgeRegrCV.best_score_)
31.
32.  print("---------------------------------------")
33.  # 使用拟合后的模型进行预测
34.  y_pred = ridgeRegrCV.predict(X_test)
35.
36.  # 截距和回归系数
37.  print("截    距: %f" % ridgeRegrCV.intercept_)
38.
39.  print("特征变量及其回归系数: ")
40.  # 模型按照特征变量的输入顺序返回每个特征变量的回归系数
41.  X_Number   = len(X_NameList)  # 变量个数
42.  ridgeCoefs = ridgeRegrCV.coef_
43.  for i in range(X_Number):
44.      print("%2d  %3s: %+f" % (i+1, X_NameList[i], ridgeCoefs[i]))
45.
46.
47.  # 线性模型的各种度量指标
48.  print("\n岭回归模型的各种度量指标: ")
49.  print("---------------------------------------")
50.  # 最大残差
51.  print("        最大残差: %f" % metrics.max_error(y_test, y_pred))
52.
53.  # 可解释方差
54.  print("      可解释方差: %f" % metrics.explained_variance_score(y_test, y_pred))
```

```
55.
56. # 均方误差MSE
57. print("        均方误差MSE: %f" % metrics.mean_squared_error(y_test, y_pred))
58.
59. # 中位数绝对误差
60. print(" 中位数绝对误差: %f" % metrics.median_absolute_error(y_test, y_pred))
61.
62. # 平均绝对误差MAE
63. print(" 平均绝对误差MAE: %f" % metrics.mean_absolute_error(y_test, y_pred))
64.
65. # 均方对数误差MSLE
66. print("均方对数误差MSLE: %f" % metrics.mean_squared_log_error(y_test, y_pred))
67.
68. # 拟合优度R^2（决定系数）
69. print("            拟合优度: %f" % metrics.r2_score(y_test, y_pred))
70.
```

运行后，输出结果如下（在Python自带的IDLE环境下）：

```
1.  RidgeCV(alphas=array([1.e-06, 1.e-05, 1.e-04, 1.e-03, 1.e-02, 1.
    e-01, 1.e+00, 1.e+01,
2.         1.e+02, 1.e+03, 1.e+04, 1.e+05, 1.e+06]),
3.          store_cv_values=True)
4.  --------------------------------------
5.  交叉验证结果:
6.  最佳岭参数α: 0.1
7.  最佳岭参数对应的验证分数: -3159.1297757857883
8.  --------------------------------------
9.  截      距: 150.431582
10. 特征变量及其回归系数:
11.  1   age: +39.096472
12.  2   sex: -197.812193
13.  3   bmi: +511.286942
14.  4    bp: +358.842151
15.  5    s1: -93.211115
16.  6    s2: -73.240363
17.  7    s3: -220.197686
```

```
18.  8     s4: +118.041340
19.  9     s5: +344.885224
20. 10     s6: +25.161190
21.
22. 岭回归模型的各种度量指标：
23. -------------------------------------
24.          最大残差：141.896565
25.          可解释方差：0.516817
26.          均方误差MSE：2807.389049
27.        中位数绝对误差：33.836124
28.       平均绝对误差MAE：42.038673
29.       均方对数误差MSLE：0.155572
30.            拟合优度：0.512205
```

2.3 Lasso回归（L1正则化回归）

Lasso 是 Least absolute shrinkage and selection operator（最小绝对收缩和选择算子）的首字母缩写，由于 Lasso 有"套索"的含义，所以 Lasso 回归又称为套索回归。Lasso 回归与前面讲述的岭回归非常相似，它们的差别在于使用了不同的正则化项，但最终都对参数施加约束，防止模型过拟合。Lasso 回归同样能够将一些作用比较小的特征变量的回归系数训练为0，获得稀疏解，那些权重（系数）为0的特征变量对回归问题没有任何贡献，可以过滤掉这些特征，从而实现降维（特征筛选）的目的。Lasso 回归模型的损失函数如下：

$$L\big(Y, f(x)\big) = \frac{1}{2n_{\text{samples}}} \|Xw - y\|_2^2 + \alpha \|w\|_1$$

其目标就是损失函数的最小化，即

$$\min_{w} \left\{ \frac{1}{2n_{\text{samples}}} \|Xw - y\|_2^2 + \alpha \|w\|_1 \right\}$$

这里 $\|w\|_1$ 表示回归系数向量 w 的L1范数（L1-Norm），这也是 Lasso 回归称为L1正则化回归的原因。注意这里向量 w 不包括截距 w_0。n_{samples} 表示样本个数，由于在模型构建中 $\frac{1}{2n_{\text{samples}}}$ 是一个常数，不会对模型训练造成任何影响，所以可以省略 $\frac{1}{2n_{\text{samples}}}$。

L1正则化项是绝对值之和，这可导致损失函数出现不可导点，此时无法使用最小二乘法、梯度下降法，但是可以用坐标下降法（coordinate descent）、最小角回归法LARS（Least Angle Regression）进行极值的求解。

2.3.1　Lasso回归评估器

在Scikit-learn中，实现Lasso回归的类为sklearn.linear_model.Lasso，它使用了坐标下降法拟合回归模型。坐标下降法的原理：一个凸函数$J(w)$，其中w是$n×1$的向量，如果在某一点$\overline{w}$使$J(w)$在每一个坐标轴$w_i = (i=1,2,\cdots,n)$上都是最小值，则$J(\overline{w})$就是一个全局的最小值。

坐标下降法的优化目标是在w的n个坐标轴上（或者说n个向量维度上）对损失函数$J(w)$进行迭代下降，当所有坐标轴上的w_i都收敛时，损失函数最小，此时$\overline{w}$即为我们所要求的结果。表2-5详细说明了Lasso回归评估器的构造函数及其属性和方法。

表2-5　Lasso回归评估器说明

sklearn.linear_model.Lasso：Lasso回归评估器	
Lasso(alpha＝1.0, *, fit_intercept＝True, normalize＝False, precompute＝False, copy_X＝True, max_iter＝1000, tol＝0.0001, warm_start＝False, positive＝False, random_state＝None, selection＝'cyclic')	
alpha	可选。一个浮点数，代表对应目标变量下的正则化系数，必须是一个正的浮点数，数值越大，正则化强度越大。默认值为1.0
fit_intercept	可选。一个布尔值，表示模型拟合过程中是否计算截距w_0。如果设置为False，则认为数据已经进行了中心化处理。默认值为True
normalize	可选。一个布尔值，表示是否在调用拟合函数fit()之前对特征变量进行归一化处理。默认值为False。如果参数fit_intercept设置为False，则忽略此参数设置。如果需要对训练样本进行标准化处理，可在调用拟合函数fit()之前，使用sklearn.preprocessing.StandardScaler进行标准化处理
precompute	可选。可以为一个字符串"auto"或者一个布尔值，或者一个形状shape为(n_features, n_features)的数组。如果设置为"auto"，表示由算法自身根据数据特点确定是否使用格拉姆矩阵；如果设置为数组，则算法将使用这个数组表示的格拉姆矩阵进行加速计算；如果设置为一个布尔值，则表示是否使用预计算的格拉姆矩阵。默认值为False。当设计矩阵X为稀疏矩阵时，则此参数必定为True
copy_X	可选。一个布尔值，表示是否对原始训练样本进行拷贝。如果设置为False，则在对原始训练样本进行归一化处理后，新数据会覆盖原始数据。默认值为True
max_iter	可选。一个整数，设置求解过程中的最大迭代次数。默认值为1000
tol	可选。一个浮点数，设置拟合过程中算法的精度，默认值为0.0001
warm_start	可选。为了找到某个评估器的最佳超参数，在使用同一个数据集对评估器重复进行拟合时，本次拟合可以重用前一次拟合的某些结果，以节省模型构建的时间，称为热启动。当本参数设置为True时，表示使用前一次拟合的结果来初始化本次拟合过程；默认值为False
positive	可选。一个布尔值，表示是否强制所有的回归系数为正值。如果设置为True，则此时也称为正Lasso回归（positive Lasso）。默认值为False

sklearn.linear_model.Lasso：Lasso回归评估器	
random_state	可选。用于设置随机数种子。如果是一个整型常数值，表示需要生成随机数时，每次返回的都是一个固定的序列值；如果是一个numpy.random.RandomState对象，表示每次均为随机采样；如果设置为None，表示由系统随机设置随机数种子，每次也会返回不同的样本序列，这是默认值。此参数只适合参数selection设置为"random"的情况
selection	可选。可以设置为"cyclic"或者"random"。指定计算过程中对回归系数的更新是随机挑选还是按照特征变量的顺序循环操作。如果设置为"random"，表示在一次迭代过程中随机选择一个特征变量对应的回归系数进行更新；如果设置为"cyclic"，表示在一次迭代过程中按照特征变量的顺序循环更新回归系数。默认值为"cyclic"

Lasso的属性

coef_	包含回归系数的数组，其形状shape为(n_features,)，表示特征变量的权重。如果目标变量数量n_targets大于1，则形状shape为(n_targets, n_features)
sparse_coef_	拟合后的coef_的稀疏矩阵表示，其形状shape为(n_features, 1) 或者(n_targets, n_features)
intercept_	一个浮点数或者形状shape为(n_targets,)的浮点数数组，表示模型中的截距。如果fit_intercept=False，则本属性为0.0
n_iter_	一个整数或一个形状shape为(n_targets,)的整型数组。表示在拟合过程中针对不同目标变量的实际迭代次数

Lasso的方法

fit(X, y, sample_weight＝None, check_input＝True)：使用坐标下降法拟合线性模型

X	必选。类数组对象或稀疏矩阵类型对象，其形状shape为(n_samples,n_features)，表示训练数据集，其中n_samples为样本数量，n_features为特征变量数量
y	必选。类数组对象或稀疏矩阵类型对象，其形状shape为(n_samples,)，或者(n_samples, n_targets)，表示目标变量数据集。其中n_targets为目标变量个数。必要时，此参数类型可以转换训练数据集的数据类型
sample_weight	可选。形状shape为(n_samples,)的数组对象，表示每个样本的权重；也可以为一个浮点数，表示每个样本的权重均为指定的浮点数值。默认值为None，即每个样本的权重一样（为1）
check_input	可选。一个布尔值，表示是否可以略过一些检查操作。默认值为True。注：尽量不要修改此参数
返回值	训练后的Lasso回归模型

get_params(deep＝True)：获取评估器的各种参数

deep	可选。布尔型变量，默认值为True，表示不仅包含此评估器自身的参数值，还将返回包含的子对象（也是评估器）的参数值
返回值	字典对象。包含"（参数名称:值）"的键值对

path(X, y, *, eps＝0.001, n_alphas＝100, alphas＝None, precompute＝'auto', Xy＝None, copy_X＝True, coef_init＝None, verbose＝False, return_n_iter＝False, positive＝False, **params)：使用坐标下降法计算Lasso路径。这是一个全局静态函数

续表

sklearn.linear_model.Lasso：Lasso回归评估器	
X	与函数fit()的参数X一样
y	与函数fit()的参数y一样
eps	可选。一个浮点数，描述了Lasso路径的长度。这个数值越小，路径会越长。默认值为0.001
n_alphas	可选。一个整数值，表示正则化过程中正则化系数α的个数。默认值为100
alphas	可选。一个NumPy数组对象，表示训练模型所需的正则化系数α；或者为None，表示自动计算所需的正则化系数。默认值为None
precompute	与构造函数Lasso()的参数precompute一样，但是这里默认值为auto，表示由函数自动判断
Xy	可选。表示是否预先计算公式： $Xy=np.dot(X^Ty)$。默认值为None，表示不预先计算。此参数只有在预计算格拉姆矩阵时才有用
copy_X	与构造函数Lasso()的参数copy_X一样
coef_init	可选。一个形状shape为(n_features,)的NumPy数组对象，表示回归系数的初始化值；或者为None，表示不设置初始化值，自动计算。默认值为None
verbose	可选。可以是一个布尔值或者一个整数，用来设置输出结果的详细程度。默认为False
return_n_iter	可选。一个布尔值，表示结果是否返回迭代次数。默认值为False
positive	与构造函数Lasso()的参数positive一样
params	实施坐标下降法所需的其他额外参数
返回值	alphas：形状shape为(n_alphas,)的数组，表示训练模型过程中使用的正则化系数α。 coefs：形状shape为(n_features, n_alphas)的数组，表示沿Lasso路径拟合的回归系数。 dual_gaps：形状shape为(n_alphas,)的数组，表示对应每个正则化系数α的训练后的对偶间隙（dual gaps）。 n_iters：一个整数列表，表示对应每个正则化系数的每次训练所需要的迭代次数。注意：return_n_iter应设置为True
predict(X)：使用拟合的模型对新数据进行预测	
X	必选。类数组对象或稀疏矩阵类型对象，其形状shape为(n_samples,n_features)，表示待预测的数据集
返回值	类数组对象，其形状shape为(n_samples,)，表示预测后的目标变量数据集
score(X, y,sample_weight = None)：计算Lasso回归模型的拟合优度	
X	必选。类数组对象或稀疏矩阵类型对象，其形状shape为(n_samples,n_features)，表示测试数据集
y	必选。类数组对象，其形状shape为(n_samples,)或者(n_samples,n_outputs)，表示目标变量的实际值，其中n_outputs为目标变量个数

续表

sklearn.linear_model.Lasso: Lasso回归评估器	
sample_weight	可选。类数组对象，其形状shape为(n_samples,)，表示每个样本的权重。默认值为None，即每个样本的权重一样（为1）
返回值	返回Lasso回归模型的拟合优度

set_params(**params)：设置评估器的各种参数	
params	字典对象，包含了需要设置的各种参数
返回值	评估器自身

下面我们以示例形式说明Lasso回归评估器的使用。

```python
1.
2.  import numpy as np
3.  from sklearn import datasets
4.  from sklearn import linear_model
5.  from sklearn.model_selection import train_test_split
6.  import sklearn.metrics as metrics
7.
8.
9.  # 导入糖尿病数据
10. #diabetes_X, diabetes_y = datasets.load_diabetes(return_X_y=True)
11. # 返回一个 Bunch 对象，目的是获取特征名称名称feature_names
12. diabetes_Bunch = datasets.load_diabetes()
13. diabetes_X = diabetes_Bunch.data
14. diabetes_y = diabetes_Bunch.target
15. X_NameList = diabetes_Bunch.feature_names
16.
17. X_train, X_test, y_train, y_test = train_test_split(diabetes_
    X, diabetes_y, test_size=0.33, random_state=42)
18. # 创建Lasso回归模型
19. lassoRegr = linear_model.Lasso(alpha=0.2)
20.
21. # 使用训练数据进行模型拟合
22. lassoRegr.fit(X_train, y_train)
23. print(lassoRegr)
24. print("--------------------------------------")
25. # 使用拟合后的模型进行预测
26. y_pred = lassoRegr.predict(X_test)
```

```
27.
28.
29. # 截距和回归系数
30. print("截      距: %f" % lassoRegr.intercept_)
31.
32. print("特征变量及其回归系数: ")
33. # 模型按照特征变量的输入顺序返回每个特征变量的回归系数
34. X_Number   = len(X_NameList)   # 变量个数
35. lassoCoefs = lassoRegr.coef_
36. for i in range(X_Number):
37.     print("%2d  %3s: %+f" % (i+1, X_NameList[i], lassoCoefs[i]))
38.
39.
40. # 线性模型的各种度量指标
41. print("\n最小二乘法模型的各种度量指标: ")
42. print("-----------------------------------")
43. # 最大残差
44. print("      最大残差: %f" % metrics.max_error(y_test, y_pred))
45.
46. # 可解释方差
47. print("    可解释方差: %f" % metrics.explained_variance_score(y_test, y_pred))
48.
49. # 均方误差MSE
50. print("    均方误差MSE: %f" % metrics.mean_squared_error(y_test, y_pred))
51.
52. # 中位数绝对误差
53. print(" 中位数绝对误差: %f" % metrics.median_absolute_error(y_test, y_pred))
54.
55. # 平均绝对误差MAE
56. print(" 平均绝对误差MAE: %f" % metrics.mean_absolute_error(y_test, y_pred))
57.
58. # 均方对数误差MSLE
59. print("均方对数误差MSLE: %f" % metrics.mean_squared_log_error(y_test, y_pred))
60.
61. # 拟合优度R^2（决定系数）
62. print("      拟合优度: %f" % metrics.r2_score(y_test, y_pred))
63.
```

运行后，输出结果如下（在Python自带的IDLE环境下）：

```
1.   Lasso(alpha=0.2)
2.   ----------------------------------------
3.   截    距：150.428856
4.   特征变量及其回归系数：
5.    1   age: +0.000000
6.    2   sex: -90.522977
7.    3   bmi: +549.174265
8.    4   bp: +311.949396
9.    5   s1: -0.000000
10.   6   s2: -0.000000
11.   7   s3: -213.505996
12.   8   s4: +0.000000
13.   9   s5: +321.150563
14.  10   s6: +0.000000
15.
16.  最小二乘法模型的各种度量指标：
17.  ----------------------------------------
18.         最大残差：135.395882
19.        可解释方差：0.507163
20.      均方误差MSE：2863.036626
21.     中位数绝对误差：34.319847
22.    平均绝对误差MAE：42.729984
23.   均方对数误差MSLE：0.158371
24.         拟合优度：0.502536
```

从上面的输出结果可以看出，在10个特征变量中，age、s1、s2等5个特征变量的回归系数（权重）为0，在最终模型中可以剔除这5个特征变量。Lasso回归过滤特征变量的能力要比岭回归强，在前面岭回归的示例中，并没有剔除任何一个变量，但是这里却剔除了5个。

2.3.2 Lasso路径

在Lasso回归中，描述特征变量的回归系数随正则化系数变化的曲线称为Lasso路径。Lasso回归中专门提供了一个计算Lasso路径的函数sklearn.linear_model.lasso_path()，此函数的原型如下：

```
1.   sklearn.linear_model.lasso_path(X, y, *, eps=0.001, n_alphas=100, alpha
     s=None, precompute='auto', Xy=None, copy_X=True, coef_init=None, verbos
     e=False, return_n_iter=False, positive=False, **params)
```

这个函数的参数与Lasso.path()函数的参数基本类似，这里不再详述。下面通过一段代码说明Lasso路径。

```python
1.
2.  import numpy as np
3.  from sklearn import datasets
4.  from sklearn.linear_model import lasso_path
5.  from matplotlib import pyplot as plt
6.  from matplotlib.font_manager import FontProperties
7.
8.  # 导入系统自带的糖尿病数据集
9.  X, y = datasets.load_diabetes( return_X_y = True )
10. print("X数据集的形状", X.shape)
11.
12. # 数据预处理 -- 标准化
13. #X /= X.std(axis=0)
14.
15. # eps越小，路径会越长
16. eps = 5e-3
17.
18. # 计算路径信息
19. print("计算Lasso路径......")
20. alphas_0, coefs_0, _ = lasso_path(X, y, eps=eps, fit_intercept=False)
21.
22. print("计算正Lasso路径......")
23. alphas_1, coefs_1, _ = lasso_path(X, y, eps=eps, positive=True, fit_
    intercept=False)
24.
25.
26. # 显示结果
27. plt.figure()
28.
29. # 为了显示清楚，对α进行对数处理（不影响顺序）
30. log_alphas_0 = np.log10(alphas_0)
31. log_alphas_1 = np.log10(alphas_1)
32. for coef_0, coef_1 in zip(coefs_0, coefs_1):
33.     l0 = plt.plot(log_alphas_0, coef_0)
34.     l1 = plt.plot(log_alphas_1, coef_1, linestyle='--')
35.
```

```
36. # 通过这种方式可以局部设置字体（支持中文），不影响绘图其他部分
37. font = FontProperties(fname='C:\\Windows\\Fonts\\SimHei.ttf')  # , size=16
38. plt.xlabel('Log(α)')
39. plt.ylabel('回归系数', fontproperties=font)
40. plt.title('Lasso/正Lasso的回归系数与正则化系数α的关系', fontproperties=font, fontsize=16)
41. plt.legend((l0[-1], l1[-1]), ('Lasso', '正Lasso'), loc='best', prop = font)
42.
43. plt.axis('tight')
44.
45. plt.show()
46.
```

运行后，输出 Lasso 路径结果如图 2-2 所示（在 Python 自带的 IDLE 环境下）。

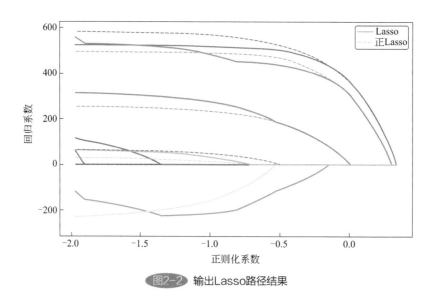

图2-2 输出Lasso路径结果

每条彩色曲线代表一个特征变量的回归系数随正则化系数的变化而变化的情形。与岭回归的岭迹曲线类似，正则化系数越小，每个特征变量对应的回归系数的变动幅度越大，方差越大。正则系数越大，特征变量的回归系数越小，当正则化系数大到一定程度后，回归系数逐渐趋近于零，当等于零时，特征变量从模型中剔除。

2.3.3 交叉验证Lasso回归评估器

Scikit-learn 提供了一个交叉验证 Lasso 回归评估器 sklearn.linear_model.LassoCV，它能够挑选出最合适的模型超参数 α（正则化系数）。表 2-6 详细说明了交叉验证 Lasso 回归评估器 LassoCV 的构造函数及其属性和方法。

表2-6　交叉验证Lasso回归评估器LassoCV

sklearn.linear_model.LassoCV：交叉验证Lasso回归评估器	
LassoCV(*, eps＝0.001, n_alphas＝100, alphas＝None, fit_intercept＝True, normalize＝False, precompute＝'auto', max_iter＝1000, tol＝0.0001, copy_X＝True, cv＝None, verbose＝False, n_jobs＝None, positive＝False, random_state＝None, selection＝'cyclic')	
eps	可选。一个浮点数，描述了Lasso路径的长度。这个数值越小，路径会越长
n_alphas	可选。一个整数值，表示正则化过程中正则化系数α的个数。默认值为100
alphas	可选。一个NumPy数组对象，表示训练模型所需的正则化系数α；或者为None，表示自动计算所需的正则化系数。默认值为None
fit_intercept	可选。一个布尔值，表示模型拟合过程中是否计算截距w_0。如果设置为False，则认为数据已经进行了中心化处理。默认值为True
normalize	可选。一个布尔值，表示是否在调用拟合函数fit()之前对特征变量进行归一化处理，默认值为False。如果参数fit_intercept设置为False，则忽略此参数。若对训练样本进行标准化处理，可在调用拟合函数fit()之前，使用sklearn.preprocessing.StandardScaler进行标准化处理
precompute	可选。如果设置为auto，表示由算法自身根据数据特点确定是否使用格拉姆矩阵；如果设置为数组，则算法将使用这个数组表示的格拉姆矩阵进行加速计算；如果设置为一个布尔值，则表示是否使用预计算的格拉姆矩阵。默认值为auto
max_iter	可选。一个整数，设置求解过程中的最大迭代次数。默认值为1000
tol	可选。一个浮点数，设置拟合过程中算法的精度，默认值为0.0001
copy_X	可选。一个布尔值，表示是否对原始训练样本进行拷贝。如果设置为False，则在运算过程中，新数据会覆盖原始数据。默认值为True
cv	可选。设置为None时，使用5折KFold交叉验证器，即$k=5$的KFold；设置为一个整数时，指定分组个数；设置为一个交叉验证器时，指定在算法训练过程中使用的交叉验证策略；设置为一个可迭代对象时，表示通过自定义的方式返回训练子集和验证子集样本对应的索引数组。默认值为None
verbose	可选。可以是一个布尔值或者一个整数，用来设置输出结果的详细程度。默认为False
n_jobs	可选。一个整数值或None，表示计算过程中所使用的最大计算任务数（可以理解为线程数量）。当n_jobs>1时，表示最大并行任务数量； 当n_jobs=1时，表示使用1个计算任务进行计算（即不使用并行计算机制，这在调试状态下非常有用），除非joblib.parallel_backend指定了并行运算机制；当n_jobs=-1时，表示使用所有可以利用的处理器（CPU）进行并行计算；当n_jobs<-1时，表示使用n_jobs+1个处理器（CPU）进行并行处理。默认值为None，相当于n_jobs=1。 注：Scikit-learn使用joblib包实现代码的并行计算
positive	可选。一个布尔值，表示是否强制所有的回归系数为正值。默认值为False
random_state	可选。用于设置了一个随机数种子，可以是一个整型数（随机数种子），一个numpy.random.RandomState对象，或者为None。如果是一个整型常数值，表示需要随机数生成时，每次返回的都是一个固定的序列值。如果是一个numpy.random.RandomState对象，则表示每次均为随机采样。如果设置为None，表示由系统随机设置随机数种子，每次也会返回不同的样本序列。这是默认值。此参数只适合于参数selection设置为"random"的情况

sklearn.linear_model.LassoCV：交叉验证Lasso回归评估器	
selection	可选。可设置为"cyclic"或者"random"。指定计算过程中，对回归系数的更新是随机挑选还是按照特征变量的顺序循环操作。如果设置为"random"，则表示在一次迭代过程中，随机选择一个特征变量对应的回归系数进行更新。通常这种方式会明显加速算法的收敛过程，特别是误差tol大于1e-4的情况。如果设置为"cyclic"，则表示在一次迭代过程中，按照特征变量的顺序循环更新回归系数。默认值为"cyclic"

LassoCV的属性	
alpha_	一个浮点数值，交叉验证后的最佳正则化系数α
coef_	包含回归系数的数组，其形状shape为(n_features,)，表示特征变量的权重。如果目标变量数量n_targets大于1，则形状shape为(n_targets, n_features)
intercept_	一个浮点数或者形状shape为(n_targets,)的浮点数数组，表示模型中的截距。如果fit_intercept=False，则本属性为0.0
mse_path_	形状shape为(n_alphas, n_folds)的数组，保存了交叉验证过程中在每一组数据集上进行验证时的均方误差（随着正则化系数α的变化而变化）
alphas_	形状shape为(n_alphas,)的数组，保存了交叉验证过程中所使用的正则化系数
dual_gap_	形状shape为(n_alphas,)的数组。表示对应每个正则化系数α的模型训练后的对偶间隙（dual gaps）
n_iter_	一个整数，表示使用坐标下降法求解达到指定精度的最优正则化系数α时需要的迭代次数

LassoCV的方法	
fit(X, y)：通过坐标下降法拟合线性模型。最佳正则化系数α将通过交叉验证确定	
X	必选。类数组对象或稀疏矩阵类型对象，其形状shape为(n_samples,n_features)，表示训练数据集，其中n_samples为样本数量，n_features为特征变量数量。如果目标变量（参数y）是单一输出，此参数可以为稀疏矩阵，否则不能为稀疏矩阵
y	必选。类数组对象，其形状shape为(n_samples,)，或者(n_samples, n_targets)，表示目标变量数据集，其中n_targets为目标变量个数
返回值	训练后的Lasso回归线性模型评估器
get_params(deep=True)：获取评估器的各种参数	
deep	可选。布尔型变量，默认值为True。如果为True，表示不仅包含此评估器自身的参数值，还将返回包含的子对象（也是评估器）的参数值
返回值	字典对象。包含"（参数名称:值）"的键值对
path(X, y, *, eps=0.001, n_alphas=100, alphas=None, precompute='auto', Xy=None, copy_X=True, coef_init=None, verbose=False, return_n_iter=False, positive=False, **params)：使用坐标下降法计算Lasso路径。这是一个全局静态函数（static）	
X	与函数fit()的参数X一样
y	与函数fit()的参数y一样
eps	可选。一个浮点数，描述了Lasso路径的长度。这个数值越小，路径会越长。默认值为0.001
n_alphas	可选。一个整数值，表示正则化过程中正则化系数α的个数。默认值为100

续表

sklearn.linear_model.LassoCV：交叉验证Lasso回归评估器	
alphas	可选。一个NumPy数组对象，表示训练模型所需的正则化系数α；或者为None，表示自动计算所需的正则化系数。默认值为None
precompute	与构造函数LassoCV()的参数precompute一样
Xy	可选。表示是否预先计算公式$Xy = \text{np.dot}(X^Ty)$，默认值为None，表示不预先计算。此参数只有在预计算格拉姆矩阵时才有用
copy_X	与构造函数LassoCV()的参数copy_X一样
coef_init	可选。一个形状shape为(n_features,)的NumPy数组对象，表示回归系数的初始化值；或者为None，表示不设置初始化值，自动计算。 默认值为None
verbose	可选。可以是一个布尔值或者一个整数，用来设置输出结果的详细程度。默认为False
return_n_iter	可选。一个布尔值，表示结果是否返回迭代次数。 默认值为False
positive	与构造函数LassoCV()的参数positive一样
params	实施坐标下降法所需的其他额外参数
返回值	alphas：形状shape为(n_alphas,)的数组，表示训练模型过程中使用的正则化系数α。 coefs：形状shape为(n_features, n_alphas)的数组，表示沿Lasso路径拟合的回归系数。 dual_gaps：形状shape为(n_alphas,)的数组。表示对应每个正则化系数α的模型训练后的对偶间隙（dual gaps）。 n_iters：一个整数列表，表示对应每个正则化系数进行的每次训练所需的迭代次数。注意return_n_iter应设置为True
predict(X)：使用拟合的模型对新数据进行预测	
X	必选。类数组对象或稀疏矩阵类型对象，其形状shape为(n_samples,n_features)，表示待预测的数据集
返回值	类数组对象，其形状shape为(n_samples,)，表示预测后的目标变量数据集
score(X, y,sample_weight = None)：计算交叉验证Lasso回归模型的拟合优度R^2	
X	必选。类数组对象或稀疏矩阵类型对象，其形状shape为(n_samples,n_features)，表示测试数据集
y	必选。类数组对象，其形状shape为(n_samples,或者(n_samples,n_outputs)，表示目标变量的实际值，其中n_outputs为目标变量个数
sample_weight	可选。类数组对象，其形状shape为(n_samples,)，表示每个样本的权重。默认值为None，即每个样本的权重一样（为1）
返回值	返回交叉验证Lasso回归模型的拟合优度R^2
set_params(**params)：设置模型（评估器）的各种参数	
params	字典对象，包含了需要设置的各种参数
返回值	评估器自身

下面我们以示例形式说明交叉验证Lasso回归评估器LassoCV的使用。

```python
1.
2.  import numpy as np
3.  from sklearn import datasets
4.  from sklearn import linear_model
5.  from sklearn.model_selection import train_test_split
6.  import sklearn.metrics as metrics
7.
8.
9.  # 导入糖尿病数据
10. #diabetes_X, diabetes_y = datasets.load_diabetes(return_X_y=True)
11. # 返回一个 Bunch 对象，目的是获取特征名称名称feature_names
12. diabetes_Bunch = datasets.load_diabetes()
13. diabetes_X = diabetes_Bunch.data
14. diabetes_y = diabetes_Bunch.target
15. X_NameList = diabetes_Bunch.feature_names
16.
17. X_train, X_test, y_train, y_test = train_test_split(diabetes_
    X, diabetes_y, test_size=0.33, random_state=42)
18. # 创建Lasso回归模型
19. lassoRegrCV = linear_model.LassoCV(alphas=np.logspace(-6, 6, 13))
20.
21. # 使用训练数据进行模型拟合
22. lassoRegrCV.fit(X_train, y_train)
23. print(lassoRegrCV)
24.
25. print("---------------------------------------")
26. print("交叉验证结果:")
27. print("最佳岭参数α: ", lassoRegrCV.alpha_)
28. # 由于构造函数LassoCV的参数cv为None，所以使用的是5折KFold交叉验证器
29.
30.
31. print("---------------------------------------")
32. # 使用拟合后的模型进行预测
33. y_pred = lassoRegrCV.predict(X_test)
34.
35. # 截距和回归系数
36. print("截    距: %f" % lassoRegrCV.intercept_)
```

```
37.
38. print("特征变量及其回归系数：")
39. # 模型按照特征变量的输入顺序返回每个特征变量的回归系数
40. X_Number    = len(X_NameList)   # 变量个数
41. ridgeCoefs = lassoRegrCV.coef_
42. for i in range(X_Number):
43.     print("%2d  %3s: %+f" % (i+1, X_NameList[i], ridgeCoefs[i]))
44.
45.
46. # 线性模型的各种度量指标
47. print("\nLasso回归模型的各种度量指标：")
48. print("-----------------------------------")
49. # 最大残差
50. print("        最大残差: %f" % metrics.max_error(y_test, y_pred))
51.
52. # 可解释方差
53. print("      可解释方差: %f" % metrics.explained_variance_score(y_test, y_pred))
54.
55. # 均方误差MSE
56. print("      均方误差MSE: %f" % metrics.mean_squared_error(y_test, y_pred))
57.
58. # 中位数绝对误差
59. print("  中位数绝对误差: %f" % metrics.median_absolute_error(y_test, y_pred))
60.
61. # 平均绝对误差MAE
62. print(" 平均绝对误差MAE: %f" % metrics.mean_absolute_error(y_test, y_pred))
63.
64. # 均方对数误差MSLE
65. print("均方对数误差MSLE: %f" % metrics.mean_squared_log_error(y_test, y_pred))
66.
67. # 拟合优度R^2（决定系数）
68. print("        拟合优度: %f" % metrics.r2_score(y_test, y_pred))
69.
```

运行后，输出结果如下（在Python自带的IDLE环境下）：

```
1. LassoCV(alphas=array([1.e-06, 1.e-05, 1.e-04, 1.e-03, 1.e-02, 1.
   e-01, 1.e+00, 1.e+01,
2.        1.e+02, 1.e+03, 1.e+04, 1.e+05, 1.e+06]))
3. -----------------------------------
```

```
4.  交叉验证结果：
5.  最佳岭参数α： 0.001
6.  ----------------------------------------
7.  截　　距：150.427162
8.  特征变量及其回归系数：
9.   1  age: +31.888776
10.  2  sex: -241.701416
11.  3  bmi: +560.860215
12.  4  bp: +406.673241
13.  5  s1: -675.735736
14.  6  s2: +362.991024
15.  7  s3: -7.602169
16.  8  s4: +165.662425
17.  9  s5: +610.455609
18. 10  s6: -20.244507
19.
20. Lasso回归模型的各种度量指标：
21. ----------------------------------------
22.       最大残差：152.425320
23.       可解释方差：0.515045
24.       均方误差MSE：2817.729486
25.    中位数绝对误差：34.167871
26.    平均绝对误差MAE：41.974348
27.    均方对数误差MSLE：0.161803
28.       拟合优度：0.510408
```

2.3.4　多任务Lasso回归

多任务Lasso回归（多任务套索回归）是Lasso回归的扩展，它是多个Lasso回归模型共享同一个样本特征变量集，但有不同的多列目标变量输出，也就是说会有多个不同的回归模型和多个不同的回归系数向量。多任务Lasso回归的模型是$Y = XW$，设计矩阵X是$n \times p$的矩阵，其中n为样本个数，p为特征变量的个数；W是$p \times k$的矩阵，其中k为目标变量的个数（即回归模型的个数）；Y是$n \times k$的矩阵（二维数组）。由于多个线性回归模型一起拟合，所以损失函数与前面单一回归模型的Lasso回归有所不同。多任务Lasso回归模型的损失函数$L(Y, f(x))$的正则化项实际上是L1范数和L2范数的组合，只是形式上仍然是Lasso化。其损失函数为

$$L(Y, f(x)) = \frac{1}{2n_{samples}} \|XW - Y\|_{Fro}^2 + \alpha \|W\|_{21}$$

其目标就是损失函数的最小化，即

$$\min_{w}\left(\frac{1}{2n_{\text{samples}}}\|XW-Y\|_{\text{Fro}}^2+\alpha\|W\|_{21}\right)$$

其中第一项中的$\|XW-Y\|_{\text{Fro}}^2$称为Frobenius范数，简称为F-范数，它是一种矩阵范数，定义为矩阵A的各项元素a_{ij}平方和的平方根，即

$$\|A\|_{\text{Fro}}=\sqrt{\sum_{i=1}^{m}\sum_{j=1}^{n}a_{ij}{}^2}==\sqrt{\sum_{ij}a_{ij}{}^2}$$

第二项中的$\|W\|_{21}$称为L1/L2混合范数，它也是一种矩阵范数，其定义为矩阵A的每行L2范数之和，即：

$$\|A\|_{21}=\sum_{i}\sqrt{\sum_{j}a_{ij}{}^2}$$

也就是说，多任务Lasso回归以L1/L2混合范数作为正则化项。

n_{samples}表示样本数量，α为正则化系数，这与Lasso回归sklearn.linear_model.Lasso中的正则化系数作用是一样的。

在Scikit-learn中，类sklearn.linear_model.MultiTaskLasso实现了多任务Lasso回归，其中目标变量是一个二维数组，其形状shape为(n_samples,n_tasks)，它使用坐标下降法对算法进行模型拟合。表2-7详细说明了多任务Lasso回归评估器MultiTaskLasso的构造函数及其属性和方法。

表2-7 多任务Lasso回归评估器MultiTaskLasso

sklearn.linear_model.MultiTaskLasso：多任务Lasso回归评估器	
MultiTaskLasso(alpha＝1.0, *, fit_intercept＝True, normalize＝False, copy_X＝True, max_iter＝1000, tol＝0.0001, warm_start＝False, random_state＝None, selection＝'cyclic')	
alpha	可选。一个浮点数，代表对应目标变量下的正则化系数，必须是一个正的浮点数。数值越大，正则化强度越大。默认值为1.0
fit_intercept	可选。一个布尔值，表示模型拟合过程中是否计算截距w_0。如果设置为False，则认为数据已经进行了中心化处理。默认值为True
normalize	可选。一个布尔值，表示是否在调用拟合函数fit()之前对特征变量进行归一化处理。False表示不做归一化处理。默认值为False。如果参数fit_intercept设置为False，则忽略此参数设置。如果需要对训练样本进行标准化处理，可在调用拟合函数fit()之前用sklearn.preprocessing.StandardScaler进行标准化处理
copy_X	可选。一个布尔值，表示是否对原始训练样本进行拷贝。如果设置为False，则在运算过程中新数据覆盖原始数据。默认值为True
max_iter	可选。一个整数，设置求解过程最大迭代次数。默认值为1000
tol	可选。一个浮点数，设置拟合过程中算法的精度。默认值为0.0001

续表

sklearn.linear_model.MultiTaskLasso：多任务Lasso回归评估器

warm_start	可选。为了找到某个评估器的最佳超参数，在使用同一个数据集对评估器重复进行拟合时，本次拟合可重用前一次拟合的某些结果，以节省模型构建的时间，称为热启动。当本参数设置为True时，使用前一次拟合的结果来初始化本次拟合过程。默认值为False
random_state	可选。如果是一个整型常数值，生成随机数时每次返回的都是一个固定的序列值。如果是一个numpy.random.RandomState对象，每次均为随机采样。如果设置为None，由系统随机设置随机数种子，每次也会返回不同的样本序列，为默认值。此参数只适合参数selection设置为"random"的情况
selection	可选。如果设置为random，在一次迭代过程中随机选择一个特征变量对应的回归系数进行更新，通常这种方式会明显加速算法的收敛过程，特别是误差tol大于1e-4的情况。如果设置为cyclic，在一次迭代过程中按照特征变量的顺序循环更新回归系数。默认值为cyclic

MultiTaskLasso的属性

coef_	包含回归系数的数组，其形状shape为(n_tasks, n_features)。此属性存储的是回归系数矩阵W的转置矩阵
intercept_	形状shape为(n_tasks,)的浮点数数组，表示n_tasks个模型的截距。如果fit_intercept＝False，则数组元素值均为0.0
n_iter_	使用坐标下降法求解达到指定精度的最优正则化系数α时需要的迭代次数，是一个整数

MultiTaskLasso的方法

fit(X, y)：通过坐标下降法拟合线性模型

X	必选。类数组对象或稀疏矩阵类型对象，形状shape为(n_samples,n_features)，表示训练数据集，其中n_samples为样本数量，n_features为特征变量数量
y	必选。类数组对象，其形状shape为(n_samples,)或者(n_samples,n_tasks)，表示目标变量数据集。其中n_tasks为目标变量列数
返回值	训练后的多任务Lasso回归评估器

get_params(deep＝True)：获取评估器的各种参数

deep	可选。布尔型变量，默认值为True，表示不仅包含此评估器自身的参数值，还返回包含的子对象（也是评估器）的参数值
返回值	字典对象。包含"（参数名称:值）"的键值对

path(X, y, *, eps＝0.001, n_alphas＝100, alphas＝None, precompute＝'auto', Xy＝None, copy_X＝True, coef_init＝None, verbose＝False, return_n_iter＝False, positive＝False, check_input＝True, **params)：使用坐标下降法计算多任务Lasso回归路径。这是一个全局静态函数（static）

X	与函数fit()的参数X一样
y	与函数fit()的参数y一样
eps	可选。一个浮点数，描述Lasso路径的长度。这个数值越小，路径会越长。默认值为0.001
n_alphas	可选。一个整数值，表示正则化过程中正则化系数α的个数。默认值为100
alphas	可选。一个NumPy数组对象，表示训练模型所需的正则化系数α或者为None，默认值为None

续表

sklearn.linear_model.MultiTaskLasso: 多任务Lasso回归评估器	
precompute	可选。如果设置为auto，表示由算法自身根据数据特点确定是否使用格拉姆矩阵；如果设置为数组，则算法将使用这个数组表示的格拉姆矩阵进行加速计算；如果设置为一个布尔值，则表示是否使用预计算的格拉姆矩阵。默认值为auto
Xy	可选。形状shape为(n_features,) 或 (n_features, n_outputs)的数组，表示是否预先计算公式：$Xy = np.dot(X^T y)$。默认值为None，表示不预先计算。此参数只有在预计算格拉姆矩阵时才有用
copy_X	与构造函数MultiTaskLasso()的参数copy_X一样
coef_init	可选。一个形状shape为(n_features,)的NumPy数组对象，表示回归系数的初始化值；或者为None，表示不设置初始化值，自动计算。 默认值为None
verbose	可选。可以是一个布尔值或者一个整数，用来设置输出结果的详细程度。默认值为False
return_n_iter	可选。一个布尔值，表示结果是否返回迭代次数。默认值为False
positive	与构造函数MultiTaskLasso()的参数positive一样
check_input	可选。一个布尔值，表示是否可以略过一些检查操作。默认值为True。尽量不要修改此参数
params	实施坐标下降法所需的其他额外参数
返回值	alphas：形状shape为(n_alphas,)的数组，表示训练模型过程中使用的正则化系数α； coefs：形状shape为(n_tasks, n_features, n_alphas)的数组，表示沿Lasso路径拟合的回归系数； dual_gaps：形状shape为(n_tasks,n_alphas)的数组。表示对应每个正则化系数α的模型的训练后的对偶间隙（dual gaps）； 　n_iters：一个整数列表，表示对应每个正则化系数进行的每次训练所需的迭代次数。注意return_n_iter应设置为True

predict(X): 使用拟合的模型对新数据进行预测	
X	必选。类数组对象或稀疏矩阵类型对象，形状shape为(n_samples,n_features)，表示待预测的数据集
返回值	类数组对象，其形状shape为(n_samples, n_tasks)，表示预测后的目标变量值

score(X, y,sample_weight = None): 计算多任务Lasso回归模型的拟合优度R^2	
X	必选。类数组对象或稀疏矩阵类型对象，其形状shape为(n_samples,n_features)，表示测试数据集
y	必选。类数组对象，其形状shape为(n_samples,n_tasks)，表示目标变量的实际值，其中n_outputs为目标变量个数
sample_weight	可选。类数组对象，其形状shape为(n_samples,)，表示每个样本的权重。默认值为None，即每个样本的权重一样（为1）
返回值	返回多任务Lasso回归模型的拟合优度R^2

set_params(**params): 设置模型（评估器）的各种参数	
params	字典对象，包含了需要设置的各种参数
返回值	评估器自身

　　下面我们以示例形式说明多任务 Lasso 回归评估器 MultiTaskLasso 的使用。在这个例子中，首先使用正弦波形状的系数矩阵，创建多任务 Lasso 回归模型可以使用的训练数据集，这个训练集中有 30 个特征变量（前 5 个特征变量是线性相关的），可拟合 40 个 Lasso 回归模型；然后分别拟合 40 个 Lasso 回归模型，一个多任务 Lasso 回归模型；最后对模型选择的特征变量进行可视化对比。

```python
1.
2.   import numpy as np
3.   from sklearn.linear_model import MultiTaskLasso, Lasso
4.   import matplotlib.pyplot as plt
5.   from matplotlib.font_manager import FontProperties
6.
7.   rng = np.random.RandomState(42)
8.
9.   # 通过使用正弦波形状的系数矩阵，构建多任务Lasso回归模型可以使用的训练数据集
10.  print("开始构建训练数据集......")
11.
12.  # 1。定义训练数据集的形状属性
13.  # n_samples：样本数量（训练数据）
14.  # n_features：特征变量个数
15.  # n_tasks：线性回归模型个数（任务数量）
16.  # n_relevant_features：线性相关特征变量的个数
17.  n_samples, n_features, n_tasks = 100, 30, 40
18.  n_relevant_features = 5
19.
20.  # 2。定义并初始化回归系数矩阵（多任务Lasso回归）
21.  # 2.1。定义形状shape为(n_tasks, n_features)的回归系数矩阵
22.  #       并初始化矩阵元素为0（数据类型为浮点数）
23.  coef = np.zeros((n_tasks, n_features))
24.  # 2.2。创建一个数据序列，包含n_tasks个数据元素，并使其值范围为[0, 2 * np.pi]
25.  times = np.linspace(0, 2 * np.pi, n_tasks)  # times是一个Numpy数组
26.  # 2.3。初始化前n_relevant_features个特征变量
27.  #       实际上就是使前n_relevant_features个特征变量线性相关
28.  for k in range(n_relevant_features):
29.      coef[:, k] = np.sin((1.0 + rng.randn(1)) * times + 3 * rng.randn(1) )
30.  #                          注：rng.randn(1)从标准正态分布中返回一个样本
31.
32.  # 3。构建训练数据集
33.  # 构建训练数据集中的特征变量集合，即设计矩阵，其形状shape为(n_samples, n_features)
```

```
34.    X = rng.randn(n_samples, n_features)
35.    # 构建训练数据集中的目标变量集合，其形状shape为(n_samples, n_tasks)
36.    # Y =          X*W          + ε
37.    Y = np.dot(X, coef.T) + rng.randn(n_samples, n_tasks)
38.    # --------- 训练数据集，包括特征变量集合和目标变量集合构建完毕
39.    print( "训练数据集完毕：特征变量集的形状：%s，目标变量集的形状：%s。" % (X.
       shape, Y.shape) )
40.    print( "其中前 %d 个特征变量线性相关。" % (n_relevant_features) )
41.
42.    # 4。根据Y矩阵中的每一个目标变量值序列，分别独立构建一个Lasso回归模型
43.    # 并把回归系数存入 coef_lasso_
44.    #coef_lasso_ = np.array([Lasso(alpha=0.5).fit(X, y).coef_ for y in Y.T])
45.    # 下面处理虽然多行，但是容易理解。实现了上一句同样的功能。
46.    coef_lasso_ = np.zeros((n_tasks, n_features))
47.    iRow = 0
48.    for y in Y.T:
49.        obj = Lasso(alpha=0.5).fit(X, y).coef_
50.        coef_lasso_[iRow][:] = obj
51.        iRow += 1
52.
53.    # 5。根据Y矩阵中的目标变量值序列，构建一个多任务Lasso回归模型
54.    # 并把回归系数存入 coef_multi_task_lasso_
55.    multi_task_lasso = MultiTaskLasso(alpha=1.0)
56.    coef_multi_task_lasso_ = multi_task_lasso.fit(X, Y).coef_
57.
58.    # 6。预测方法predict()的使用
59.    # 多任务Lasso回归模型的predict()方法的输入需要一个数组
60.    x1 = X[0].reshape(1,-1)
61.    y1 = multi_task_lasso.predict(x1)
62.    print("预测方法predict()的使用")
63.    print("输入数据：\n", x1, "\n")
64.    print("预测数据：\n", y1, "\n")
65.
66.    # 7。预测方法score()的使用
67.    r2_multi_task_lasso_ = multi_task_lasso.score(X, Y)
68.    print("拟合优度R2", r2_multi_task_lasso_)
69.
70.    # 8。-----------绘制图形，可视化多个模型的回归系数态势-----------
71.    # 通过这种方式可以局部设置字体（支持中文），不影响绘图其他部分
```

```
72.   font = FontProperties(fname='C:\\Windows\\Fonts\\SimHei.ttf')  # , size=16
73.
74.   fig = plt.figure(figsize=(8, 5))
75.   plt.subplot(1, 2, 1)
76.   # 以图片的方式表示系数矩阵
77.   plt.spy(coef_lasso_)
78.   plt.xlabel('特征变量', fontproperties=font)
79.   plt.ylabel('任务(模型)', fontproperties=font)
80.   plt.text(10, 5, 'Lasso')
81.
82.   plt.subplot(1, 2, 2)
83.   plt.spy(coef_multi_task_lasso_)
84.   plt.xlabel('特征变量', fontproperties=font)
85.   plt.ylabel('任务(模型)', fontproperties=font)
86.   plt.text(10, 5, 'MultiTaskLasso')
87.   # fig.suptitle('Coefficient non-zero location')
88.   fig.suptitle('非零回归系数的位置', fontproperties=font)
89.
90.   feature_to_plot = 0
91.   plt.figure()
92.   plt.plot(coef[:, feature_to_plot],                color='seagreen',
93.        linewidth=2, linestyle='-',  label='观测值')
94.   plt.plot(coef_multi_task_lasso_[:, feature_to_plot], color='gold',
95.        linewidth=2, linestyle=':',  label='MultiTaskLasso')
96.   plt.plot(coef_lasso_[:, feature_to_plot],  color='cornflowerblue',
97.        linewidth=2, linestyle='--', label='Lasso' )
98.   plt.legend(loc='upper center', prop = font)
99.   plt.axis('tight')
100. plt.ylim([-1.1, 1.1])
101. plt.show()
102.
```

运行后，输出结果如下（在Python自带的IDLE环境下）：

```
1.   开始构建训练数据集......
2.   训练数据集完毕：特征变量集的形状：(100, 30)，目标变量集的形状：(100, 40)。
3.   其中前 5 个特征变量线性相关。
4.   预测方法predict()的使用
5.   输入数据：
```

```
6.   [[-0.46341769 -0.46572975  0.24196227 -1.91328024 -1.72491783 -0.56228753
7.    -1.01283112  0.31424733 -0.90802408 -1.4123037   1.46564877 -0.2257763
8.     0.0675282  -1.42474819 -0.54438272  0.11092259 -1.15099358  0.37569802
9.    -0.60063869 -0.29169375 -0.60170661  1.85227818 -0.01349722 -1.05771093
10.    0.82254491 -1.22084365  0.2088636  -1.95967012 -1.32818605  0.19686124]]
11.
12. 预测数据:
13.  [[-2.15306805 -1.58596184 -1.46253961 -0.94629717  0.12386072  0.30873311
14.     0.13772134 -0.32632723 -0.40688403 -0.65442998 -1.48183115 -2.12857
15.    -2.35456961 -2.52728796 -2.34901084 -1.68832695 -0.97083561  0.48822646
16.     0.85261915  1.62649356  1.87560353  2.21190425  2.83823923  2.33691408
17.     1.35309923  1.54644338  0.83849426 -0.08018591  0.13913466 -0.12618392
18.    -0.16578854  0.6050993   0.49825151  0.95235398  1.5449032   2.26819902
19.     1.8089621   2.04862092  1.74920796  1.44390902]]
20.
21. 拟合优度R2 0.6732465173473978
```

Lasso 和 MultiTaskLasso 对特征变量的选择对比见图 2-3。

在图 2-3 中，横坐标表示特征变量（共 30 个），纵坐标表示回归模型（共 40 个）可以看出在多任务 Lasso 回归模型中，一个特征变量要么同时出现在所有回归模型（任务）中，要么同时被剔除所有回归模型，显示出在特征选择方面多任务 Lasso 回归比独立的 Lasso 回归更加稳定。Lasso 和 MultiTaskLasso 回归效果比较见图 2-4。

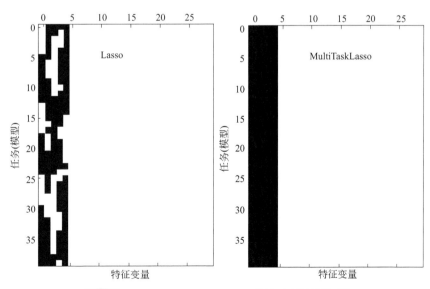

图2-3 Lasso和MultiTaskLasso对特征变量的选择对比

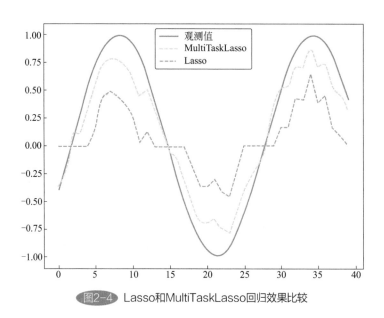

图2-4 Lasso和MultiTaskLasso回归效果比较

在图2-4中，横坐标表示任务序号（回归模型序号），纵坐标表示第一个特征变量对应的回归系数值。图中有三条曲线，分别表示回归系数的实际观测值、Lasso回归值和MultiTaskLasso回归值（多任务回归值）。针对多任务Lasso回归模型，Scikit-learn中提供了一个具有交叉验证功能的多任务Lasso回归评估器sklearn.linear_model.MultiTaskLassoCV，它可以自动挑选出最合适的模型超参数α，见表2-8。

表2-8　交叉验证多任务Lasso回归评估器MultiTaskLassoCV

sklearn.linear_model.MultiTaskLassoCV：交叉验证多任务Lasso回归评估器	
MultiTaskLassoCV(*, eps=0.001, n_alphas=100, alphas=None, fit_intercept=True, normalize=False, max_iter=1000, tol=0.0001, copy_X=True, cv=None, verbose=False, n_jobs=None, random_state=None, selection='cyclic')	
eps	可选。一个浮点数，描述Lasso路径的长度。这个数值越小，路径越长。默认值为0.001
n_alphas	可选。一个整数值，表示正则化过程中正则化系数α的个数。默认值为100
alphas	可选。一个NumPy数组对象，表示训练模型所需的正则化系数；或者为None，表示自动计算所需的正则化系数。默认值为None
fit_intercept	可选。一个布尔值，如果设置为False，则认为数据已经进行了中心化处理。默认值为True
normalize	可选。一个布尔值，表示是否在调用拟合函数fit()之前对特征变量进行归一化处理。默认值为False。如果参数fit_intercept设置为False，则忽略此参数设置
max_iter	可选。一个整数，设置求解过程中的最大迭代次数。默认值为1000
tol	可选。一个浮点数，设置拟合过程中算法的精度，默认值为0.0001
copy_X	可选。一个布尔值，表示是否对原始训练样本进行拷贝。如果设置为False，则在运算过程中，新数据会覆盖原始数据。默认值为True
cv	可选。设置为None时，使用5折KFold交叉验证器；设置为一个整数时，则指定分组个数；设置为一个交叉验证器时，指定在算法训练过程中使用的交叉验证策略；设置为一个可迭代对象时，表示通过自定义的方式返回训练子集和验证子集样本对应的索引数组。注意当设置为None或一个整数时使用K折交叉验证器KFold。默认值为None

续表

sklearn.linear_model.MultiTaskLassoCV: 交叉验证多任务Lasso回归评估器

verbose	可选。可以是一个布尔值，或者一个整数，用来设置输出结果的详细程度。默认为False
n_jobs	可选。当n_jobs>1时，表示最大并行任务数量；当n_jobs=1时，表示使用1个计算任务进行计算（即不使用并行计算机制，这在调试状态下非常有用），除非joblib.parallel_backend指定了并行运算机制；当n_jobs=-1时，表示使用所有可以利用的处理器进行并行计算；当n_jobs<-1时，表示使用n_jobs+1个处理器（CPU）进行并行处理。默认值为None，相当于n_jobs=1。注意Scikit-learn使用joblib包实现现代码的并行计算
random_state	可选。如果是一个整型常数值，表示生成随机数时每次返回的都是一个固定的序列值；如果是一个numpy.random.RandomState对象，则表示每次均为随机采样；如果设置为None，表示由系统随机设置随机数种子，每次也会返回不同的样本序列，这是默认值。此参数只适合于参数selection设置为random的情况
selection	可选。指定计算过程中，对回归系数的更新是随机挑选还是按照特征变量的顺序循环操作。如果设置为random，表示在一次迭代过程中随机选择一个特征变量对应的回归系数进行更新，通常这种方式会明显加速算法的收敛过程，特别是误差tol大于1e-4的情况；如果设置为cyclic，表示在一次迭代过程中按照特征变量的顺序循环更新回归系数。默认值为cyclic

MultiTaskLassoCV的属性

alpha_	一个浮点数值，交叉验证后的最佳正则化系数α
coef_	包含回归系数的数组，其形状shape为(n_tasks,n_features)，表示每个回归模型中的特征变量权重
intercept_	一个形状shape为(n_tasks,)的浮点数数组，表示多任务Lasso回归模型中的截距。如果fit_intercept=False，则此数组元素值均为0.0
mse_path_	形状shape为(n_alphas, n_folds)的数组，保存了交叉验证过程中在每一组数据集上进行验证时的均方误差（随着正则化系数α的变化而变化）
alphas_	形状shape为(n_alphas,)的数组，保存了交叉验证过程中所使用的正则化系数
n_iter_	一个整数，表示使用坐标下降法求解达到指定精度的最优正则化系数α时需要的迭代次数

MultiTaskLassoCV的方法

fit(X, y): 通过坐标下降法拟合线性模型。最佳正则化系数α将通过交叉验证确定

X	必选。类数组对象或稀疏矩阵类型对象，其形状shape为(n_samples,n_features)，表示训练数据集，其中n_samples为样本数量，n_features为特征变量数量
y	必选。数组对象，其形状shape(n_samples,n_tasks)，表示目标变量数据集
返回值	训练后的多任务Lasso回归线性模型评估器

get_params(deep＝True): 获取评估器的各种参数

deep	可选。布尔型变量，默认值为True，表示不仅包含此评估器自身的参数值，还将返回包含的子对象（也是评估器）的参数值
返回值	字典对象。包含"（参数名称:值）"的键值对

续表

sklearn.linear_model.MultiTaskLassoCV：交叉验证多任务Lasso回归评估器	
path(X, y, *, eps＝0.001, n_alphas＝100, alphas＝None, precompute＝'auto', Xy＝None, copy_X＝True, coef_init＝None, verbose＝False, return_n_iter＝False, positive＝False, **params)：使用坐标下降法计算Lasso路径。这是一个全局静态函数（static）	
X	与函数fit()的参数X一样
y	与函数fit()的参数y一样
eps	可选。一个浮点数，描述了Lasso路径的长度。这个数值越小，路径会越长。默认值为0.001
n_alphas	可选。一个整数值，表示正则化过程中正则化系数α的个数。默认值为100
alphas	可选。一个NumPy数组对象，表示训练模型所需的正则化系数α；或者为None，表示自动计算所需的正则化系数。默认值为None
precompute	与构造函数MultiTaskLassoCV()的参数precompute一样
Xy	可选。形状shape为(n_features,) 或 (n_features, n_tasks)的数组，表示是否预先计算公式$Xy＝$np.dot($X^\mathrm{T}y$)。默认值为None，表示不预先计算。此参数只有在预计算格拉姆矩阵时才有用
copy_X	与构造函数MultiTaskLassoCV()的参数copy_X一样
coef_init	可选。一个形状shape为(n_features,)的NumPy数组对象，表示回归系数的初始化值；或者为None，表示不设置初始化值，自动计算。默认值为None
verbose	可选。可以是一个布尔值或者一个整数，用来设置输出结果的详细程度。默认值为False
return_n_iter	可选。一个布尔值，表示结果是否返回迭代次数。默认值为False
positive	与构造函数MultiTaskLassoCV()的参数positive一样
params	实施坐标下降法所需的其他额外参数
返回值	alphas：形状shape为(n_alphas,)的数组，表示训练模型过程中使用的正则化系数α； coefs：形状shape为(n_outputs, n_features, n_alphas)的数组，表示沿Lasso路径拟合的回归系数； dual_gaps：形状shape为(n_alphas,)的数组。表示对应每个正则化系数α的模型训练后的对偶间隙（dual gaps）； n_iters：一个整数列表，表示对应每个正则化系数进行的每次训练所需要的迭代次数。注意return_n_iter应设置为True
predict(X)：使用拟合的模型对新数据进行预测	
X	必选。类数组对象或稀疏矩阵类型对象，其形状shape为(n_samples,n_features)，表示待预测的数据集
返回值	类数组对象，其形状shape为(n_samples,)，表示预测后的目标变量数据集
score(X, y,sample_weight ＝ None)：计算交叉验证多任务Lasso回归模型的拟合优度R^2	
X	必选。类数组对象或稀疏矩阵类型对象，其形状shape为(n_samples,n_features)，表示测试数据集
y	必选。类数组对象，其形状shape为(n_samples,)，或者(n_samples,n_outputs)，表示目标变量的实际值。其中n_outputs为目标变量个数

sklearn.linear_model.MultiTaskLassoCV：交叉验证多任务Lasso回归评估器	
sample_weight	可选。类数组对象，其形状shape为(n_samples,)，表示每个样本的权重。默认值为None，即每个样本的权重一样（为1）
返回值	返回交叉验证多任务Lasso回归模型的拟合优度R^2
set_params(**params)：设置模型（评估器）的各种参数	
params	字典对象，包含了需要设置的各种参数
返回值	评估器自身

交叉验证多任务 Lasso 回归评估器 MultiTaskLassoCV 的使用方式与交叉验证 Lasso 回归评估器 LassoCV 类似，这里不再举例说明了。

2.3.5 最小角Lasso回归

最小角 Lasso 回归是由 Bradley Efron，Trevor Hastie，Iain Johnstone 和 Robert Tibshirani 于 2004 年共同提出的一种回归算法，在特征变量选择的机理上类似于前向逐步回归（forward stepwise regression），但是更加高效简洁，非常适合处理高维数据集，特别是特征变量个数大于样本个数的数据集。在前向逐步回归算法中，每次选定一个新变量后都要根据已选择的特征变量子集重新拟合模型，而最小角 Lasso 回归则是从所有系数都为零开始（特征变量标准化，目标变量中心化），首先找到和目标变量最相关的特征变量，在这个变量的最小二乘估计的基础上前进，直到有另一个变量，这两个变量与当前残差的相关系数相同。然后重复这个过程，逐步纳入所有的特征变量。其基本步骤如下。

（1）初始化所有回归系数，即 $w_1 = 0$，$w_2 = 0$，…，$w_p = 0$，p 为特征变量个数。为了去除量纲和截距的影响，可以先对所有特征变量进行标准化处理，对目标变量进行中心化处理。

（2）计算并选择与目标变量 y 最相关（相关系数绝对值最大）的特征变量 x_j。

（3）沿目标变量 y 的相关系数符号的方向，即最小二乘估计的方向，逐步增加其回归系数 x_j，并计算每一步的残差 $r = y - \hat{y}$，其中 $\hat{y}$ 为当前目标变量的预测值。每一步均计算所有特征变量（包括已经选择的 x_j）与残差的相关系数。如果出现第二个特征变量 x_k，其与 r 的相关系数与 x_j 与 r 的相关系数相等，则把 x_k 纳入模型。

（4）与第三步类似，沿着这两个特征变量的最小二乘估计的方向增加 (w_j, w_k) 直到出现另外一个特征变量 x_m，它与当前残差 r 的相关系数与 x_j、x_k 与残差 r 的相关系数相等，把 x_m 纳入模型。

（5）与第四步类似，沿着上述三个特征变量的最小二乘估计的方向增加 (w_j, w_k, w_m)，直到出现另外一个特征变量 x_n，它与当前残差 r 的相关系数与 x_j、x_k、x_m 与残差 r 的相关系数相等，把 x_n 纳入模型。依次类推，直到把所有特征变量纳入模型，这样就形成了一个求解路径（fit path）。

最小角 Lasso 回归的主要优点有：

（1）与前向逐步回归算法的效率相同；

（2）能够产生一个分段式线性回归的完整路径，适合交叉验证或类似模型调优的情况；

（3）在此算法中，如果两个特征变量与目标变量的相关系数相等，则它们的回归系数也以相同的变化率变动，这符合分析人员的预期，并且也更稳定；

（4）基于其他方法对此算法进行修改，可以很容易地构建一个更加有效的算法；

（5）特别适合特征变量个数（高维度）远远大于样本个数的情况。

由于最小角 Lasso 回归是基于对残差的迭代调整，所以它对噪声的影响特别敏感。

Scikit-learn 中实现最小角 Lasso 回归的类为 sklearn.linear_model.LassoLars。表2-9详细说明了最小角 Lasso 回归评估器的构造函数及其属性和方法。

表2-9　最小角Lasso回归评估器

sklearn.linear_model.LassoLars：最小角Lasso回归评估器	
LassoLars(alpha＝1.0, *, fit_intercept＝True, verbose＝False, normalize＝True, precompute='auto', max_iter＝500, eps＝2.220446049250313e-16, copy_X＝True, fit_path＝True, positive＝False, jitter＝None, random_state＝None)	
alpha	可选。一个正的浮点数，代表对应目标变量下的正则化系数，数值越大，正则化强度越大。默认值为1.0
fit_intercept	可选。一个布尔值，表示模型拟合过程中是否计算截距w_0，默认值为True；如果设置为False，则认为数据已经进行了中心化处理
verbose	可选。可以是一个布尔值或者一个整数，用来设置输出结果的详细程度。默认值为False
normalize	可选。一个布尔值，表示是否在调用拟合函数fit()之前对特征变量进行归一化处理。默认值为False。如果参数fit_intercept设置为False，则忽略此参数设置。如果需要对训练样本进行标准化处理，可在调用拟合函数fit()之前，使用sklearn.preprocessing.StandardScaler进行标准化处理
precompute	可选。表示是否使用预计算的格拉姆矩阵（Gram矩阵）加速算法求解过程
max_iter	可选。一个整数，设置求解过程中的最大迭代次数。默认值为1000
eps	可选。一个浮点数，表示在计算Cholesky对角因子时采取的机器精度。默认值为np.finfo(np.float).eps
copy_X	可选。一个布尔值，表示是否对原始训练样本进行拷贝。默认值为True
fit_path	可选。一个布尔值，表示是否在属性coef_path_中存储拟合路径。当正则化系数alpha比较小时，设置为False可明显提高拟合效率。默认值为True
positive	可选。一个布尔值，表示是否强制所有的回归系数为正值。默认值为False
jitter	可选。一个浮点数或者None，指定添加到目标标量上的均匀分布噪音的上限。默认值为None，表示不添加
random_state	可选。用于设置一个随机数种子，可以是一个整型常数（随机数种子）、一个numpy.random.RandomState对象，或者为None。如果是一个整型常数值，表示在随机数生成时每次返回的都是一个固定的序列值；如果是一个numpy.random.RandomState对象，表示每次均为随机采样；如果设置为None，表示由系统随机设置随机数种子，每次也会返回不同的样本序列，这是默认值。注意如果参数jitter设置为None，则此参数将被忽略

续表

sklearn.linear_model.LassoLars：最小角Lasso回归评估器	
LassoLars的属性	
alphas_	一个形状shape为(n_alphas + 1,)的数组，包含了每次迭代的最大协方差(绝对值)。其中n_alphas为max_iter、n_features以及求解路径中相关系数大于alpha的节点的个数这三个数据中的最小值
active_	一个长度为n_alphas的列表，表示在最终求解路径中活跃特征变量的索引
coef_path_	形状shape为(n_features, n_alphas + 1)的数组或列表，保存了求解的路径信息。如果fit_path设置为False，则此属性无效
coef_	包含回归系数的数组，其形状shape为(n_features,)，表示特征变量的权重。如果目标变量数量n_targets大于1，则形状shape为(n_targets, n_features)
intercept_	一个浮点数，或者形状shape为(n_targets,)的浮点数数组，表示模型中的截距。如果fit_intercept=False，则本属性为0.0
n_iter_	一个整数，或一个形状shape为(n_targets,)的整型数组。表示在拟合过程中针对不同目标变量的实际迭代次数
LassoLars的方法	
fit(X, y, Xy＝None)：使用最小角回归拟合线性模型	
X	必选。类数组对象或稀疏矩阵类型对象，其形状shape为(n_samples,n_features)，表示训练数据集，其中n_samples为样本数量，n_features为特征变量数量
y	必选。类数组对象或稀疏矩阵类型对象，其形状shape为(n_samples,)，或者(n_samples, n_targets)，表示目标变量数据集。其中n_targets为目标变量个数
Xy	可选。类数组对象或稀疏矩阵类型对象，其形状shape为(n_samples,)，或者(n_samples, n_targets),表示是否预先计算X与y的内积，即Xy=(X.T,y)。默认值为None，表示预先不计算。此参数只有在格拉姆矩阵（Gram矩阵）预先计算时才有效
返回值	训练后的最小角Lasso回归模型
get_params(deep＝True)：获取评估器的各种参数	
deep	可选。前面已解释
返回值	字典对象。包含"（参数名称:值）"的键值对
predict(X)：使用拟合的模型对新数据进行预测	
X	必选。类数组对象或稀疏矩阵类型对象，表示待预测的数据集
返回值	类数组对象，表示预测后的目标变量数据集
score(X, y,sample_weight ＝ None)：计算最小角Lasso回归模型的拟合优度R^2	
X	必选。类数组对象或稀疏矩阵类型对象，表示测试数据集
y	必选。类数组对象，其形状shape为(n_samples,)或者(n_samples,n_outputs)，表示目标变量的实际值
sample_weight	可选。类数组对象，其形状shape为(n_samples,)，表示每个样本的权重
返回值	返回最小角Lasso回归模型的拟合优度R^2

续表

sklearn.linear_model.LassoLars：最小角Lasso回归评估器	
set_params(**params)：设置评估器的各种参数	
params	字典对象，包含了需要设置的各种参数
返回值	评估器自身

下面我们以示例形式说明最小角Lasso回归评估器的使用。

```python
1.
2.    from numpy import sqrt
3.    from sklearn import linear_model
4.    from sklearn.datasets import load_boston
5.    from sklearn.model_selection import train_test_split
6.    from sklearn.metrics import mean_squared_error
7.    from matplotlib.font_manager import FontProperties
8.    import matplotlib.pyplot as plt
9.
10.
11.   # 使用Python系统自带的波士顿房价数据
12.   boston = load_boston()
13.   x, y = boston.data, boston.target
14.
15.   # 划分训练集和测试集
16.   xtrain, xtest, ytrain, ytest=train_test_split(x, y, test_size=0.15)
17.
18.   # 创建最小角Lasso回归模型
19.   lassolars = linear_model.LassoLars(alpha =.1).fit(xtrain, ytrain)
20.   print(lassolars)
21.   print(lassolars.coef_)
22.   print()
23.
24.   # 预测新数据，并计算度量指标
25.   ypred = lassolars.predict(xtest)
26.   mse = mean_squared_error(ytest, ypred)
27.   print("MSE: %.2f" % mse)
28.   print("RMSE: %.2f" % sqrt(mse))
29.
30.   # 显示预测曲线
```

```
31. font = FontProperties(fname='C:\\Windows\\Fonts\\SimHei.ttf')  # , size=16
32.
33. x_ax = range(len(ytest))
34. plt.scatter(x_ax, ytest, s=5, color="blue", label="原始值")
35. plt.plot(x_ax, ypred, lw=0.8, color="red",  label="预测值")
36. plt.legend(prop = font)
37. plt.show()
38.
```

运行后，输出结果如下（在 Python 自带的 IDLE 环境下）：

```
1.  LassoLars(alpha=0.1)
2.  [ 0.          0.          0.          0.          0.          2.80220058
3.    0.          0.          0.          0.         -0.34194853  0.
4.   -0.4547148 ]
5.
6.  MSE: 31.04
7.  RMSE: 5.57
```

预测结果如图 2-5 所示。

针对最小角 Lasso 回归模型，Scikit-learn 提供了一个具有交叉验证功能的最小角 Lasso 回归评估器 sklearn.linear_model.LassoLarsCV，它能够自动挑选出最合适的模型超参数 α（正则化系数）。LassoLarsCV 与 LassoCV 解决相同的目标问题，不过与 LassoCV 不同的是，它可以独自找到相关的正则化系数，所以最小角 Lasso 回归更加稳定，但正因如此，这种模型对多重共线性数据集来说是比较脆弱的。表 2-10 详细说明了交叉验证最小角 Lasso 回归评估器 LassoLarsCV 的构造函数及其属性和方法。

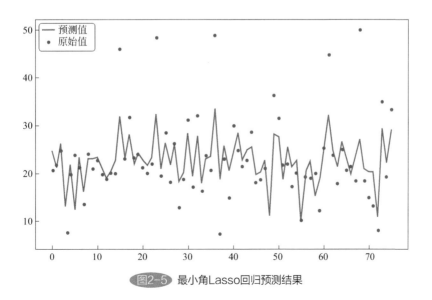

图2-5 最小角Lasso回归预测结果

表2-10　交叉验证最小角Lasso回归评估器LassoLarsCV

sklearn.linear_model.LassoLarsCV：交叉验证最小角Lasso回归评估器	
LassoLarsCV(*, fit_intercept＝True, verbose＝False, max_iter＝500, normalize＝True, precompute＝'auto', cv＝None, max_n_alphas＝1000, n_jobs＝None, eps＝2.220446049250313e-16, copy_X＝True, positive－False)	
fit_intercept	可选。一个布尔值，表示模型拟合过程中是否计算截距w_0。默认值为True
verbose	可选。可以是一个布尔值，或者一个整数，用来设置输出结果的详细程度。默认为False
max_iter	可选。一个整数，设置求解过程中的最大迭代次数。默认值为1000
normalize	可选。一个布尔值，表示是否在调用拟合函数fit()之前对特征变量进行归一化处理。默认值为False
precompute	可选。表示是否使用预计算的格拉姆矩阵（Gram矩阵）加速算法求解过程。前面已解释
cv	可选。一个整型数，或者一个交叉验证器，或一个可迭代对象，或者为None，指定交叉验证的策略。前面已解释
max_n_alphas	可选。一个整数，在交叉验证过程中用于计算残差路径上的最大节点数量。默认值为1000
n_jobs	可选。见前面解释
eps	可选。一个浮点数，表示在计算Cholesky对角因子时采取的机器精度。默认值为np.finfo(np.float).eps
copy_X	可选。一个布尔值，表示是否对原始训练样本进行拷贝。默认值为True
positive	可选。一个布尔值，表示是否强制所有的回归系数为正值。默认值为False
LassoLarsCV的属性	
coef_	包含回归系数的数组，其形状shape为(n_features,)，表示特征变量的权重，即回归系数向量
intercept_	一个浮点数，表示模型中的截距。如果fit_intercept=False，则本属性为0.0
coef_path_	形状shape为(n_features, n_alphas)的数组，保存了求解路径信息
alpha_	一个浮点数值，交叉验证后的最佳正则系数α值
alphas_	形状shape为(n_alphas,)的数组，保存了交叉验证过程中所使用的正则化系数
cv_alphas_	形状shape为(n_cv_alphas,)的数组，保存了不同折（fold）路径的所有alpha值
mse_path_	形状shape为(n_alphas, n_cv_alphas)的数组，保存了交叉验证过程中在每一组数据集上进行验证时的均方误差（随着正则化系数cv_alphas_的变化而变化）
n_iter_	一个整数，求达到指定精度的最优正则化系数时需要的迭代次数
LassoLarsCV的方法	
fit(X, y)：通过最小角Lasso回归拟合线性模型，最佳正则化系数α将通过交叉验证确定	
X	必选。类数组对象或稀疏矩阵类型对象，其形状shape为(n_samples,n_features)，表示训练数据集，其中n_samples为样本数量，n_features为特征变量数量
y	必选。类数组对象，其形状shape为(n_samples,)
返回值	训练后的最小角Lasso回归线性模型评估器
get_params(deep＝True)：获取评估器的各种参数	
deep	可选。布尔型变量。默认值为True，表示不仅包含此评估器自身的参数值，还将返回包含的子对象（也是评估器）的参数值

续表

sklearn.linear_model.LassoLarsCV：交叉验证最小角Lasso回归评估器	
返回值	字典对象。包含"（参数名称:值）"的键值对
predict(X)：使用拟合的模型对新数据进行预测	
X	必选。类数组对象或稀疏矩阵类型对象，其形状shape为(n_samples,n_features)，表示待预测的数据集
返回值	类数组对象，其形状shape为(n_samples,)，表示预测后的目标变量数据集
score(X, y,sample_weight = None)：计算最小角Lasso回归模型的拟合优度R^2	
X	必选。类数组对象或稀疏矩阵类型对象，其形状shape为(n_samples,n_features)，表示测试数据集
y	必选。类数组对象，其形状shape为(n_samples,)或者(n_samples,n_outputs)，表示目标变量的实际值。其中n_outputs为目标变量个数
sample_weight	可选。类数组对象，其形状shape为(n_samples,)，表示每个样本的权重。默认值为None，即每个样本的权重一样（为1）
返回值	返回最小角Lasso回归模型的拟合优度R^2
set_params(**params)：设置模型（评估器）的各种参数	
params	字典对象，包含了需要设置的各种参数
返回值	评估器自身

交叉验证最小角Lasso回归评估器LassoLarsCV的使用方式与交叉验证Lasso回归评估器LassoCV类似，这里不再举例说明。

Scikit-learn基于阿卡克信息标准AIC和贝叶斯信息标准BIC实现了最小角Lasso回归模型。阿卡克信息标准AIC（Akaike information criterion）也称为赤池信息准则，是由日本统计学家赤池弘次（Akaike）创立的，是一种建立在熵概念基础之上的衡量一个统计模型拟合优度的指标，用于最优模型的选择。其公式为$AIC = 2k - 2\ln(L(\hat{\theta}))$，其中$k$为所拟合模型中的参数个数；$L(\hat{\theta})$为所拟合模型的似然函数的最大值；$AIC$越小，模型越好。设从$R$个候选模型中选出信息损失最小的模型，$AIC_1$、$AIC_2$、$AIC_3$、…、$AIC_R$为这$R$个候选模型的$AIC$值，则指标$e^{\frac{(AIC_{min} - AIC_i)}{2}}$可解释为第$i$个模型最小化估计信息损失的概率，所以选择$AIC$最小值对应的模型为拟合的最优模型。

贝叶斯信息标准BIC（Bayesian information criterion）是Schwartz在1978年提出的，也称为Schwartz标准。其公式为$BIC = k \times \ln(n) - 2\ln(L(\hat{\theta}))$，其中$n$为训练样本数量。与阿卡克信息标准相比，贝叶斯信息标准考虑了样本数量，这在维数过大且训练样本数据相对较少的情况下，可以有效避免出现维度灾难现象。BIC越小，模型越好，所以在模型选择时，通常选择BIC最小值对应的模型。Scikit-learn中实现基于AIC和BIC信息准则的最小角Lasso回归的类为sklearn.linear_model.LassoLarsIC。表2-11详细说明了信息准则最小角Lasso回归评估器的构造函数及其属性和方法。

表2-11　信息准则最小角Lasso回归评估器

sklearn.linear_model.LassoLarsIC：信息准则最小角Lasso回归评估器	
LassoLarsIC(criterion='aic', *, fit_intercept=True, verbose=False, normalize=True, precompute='auto', max_iter=500, eps=2.220446049250313e-16, copy_X=True, positive=False)	
criterion	可选。一个字符串，指定拟合模型过程中所使用的信息准则的类别，可为bic或者aic。默认值为aic
fit_intercept	可选。一个布尔值，表示模型拟合过程中是否计算截距w_0。默认值为True
verbose	可选。可以是一个布尔值或者一个整数，用来设置输出结果的详细程度。默认为False
normalize	可选。一个布尔值，表示是否在调用拟合函数fit()之前对特征变量进行归一化处理。默认值为False
precompute	可选。此参数表示是否使用预计算的格拉姆矩阵（Gram矩阵）加速算法求解过程。前面已解释
max_iter	可选。一个整数，设置求解过程中的最大迭代次数。默认值为500
eps	可选。一个浮点数，前面已解释
copy_X	可选。一个布尔值，表示是否对原始训练样本进行拷贝。默认值为True
positive	可选。一个布尔值，表示是否强制所有的回归系数为正值。默认值为False
LassoLarsIC的属性	
coef_	包含回归系数的数组，其形状shape为(n_features,)，表示特征变量的权重，即回归系数
intercept_	一个浮点数，或者形状shape为(n_targets,)的浮点数数组，表示模型中的截距。如果fit_intercept=False，则本属性为0.0
alpha_	一个浮点数，前面已解释
n_iter_	一个整数，表示在拟合过程中，针对不同目标变量的实际迭代次数
criterion_	一个形状shape为(n_alphas,)的数组，包含信息准则bic和aic
LassoLarsIC的方法	
fit(X, y, copy_X=None)：使用信息准则求解的最小角Lasso回归拟合线性模型	
X	必选。类数组对象或稀疏矩阵类型对象，前面已解释
y	必选。类数组对象或稀疏矩阵类型对象，前面已解释
copy_X	可选。一个布尔值，或者None。其含义与LassoLarsIC构造函数的参数copy_X一样，默认值为None。如果不设置为None，则会覆盖构造函数的copy_X值
返回值	训练后的信息准则最小角Lasso回归模型
get_params(deep=True)：获取评估器的各种参数	
deep	可选。布尔型变量，前面已解释
返回值	字典对象。包含"（参数名称:值）"的键值对
predict(X)：使用拟合的模型对新数据进行预测	
X	必选。前面已解释
返回值	类数组对象，其形状shape为(n_samples,)，表示预测后的目标变量数据集

续表

sklearn.linear_model.LassoLarsIC：信息准则最小角Lasso回归评估器	
score(X, y,sample_weight＝None)：计算信息准则最小角Lasso回归模型的拟合优度R^2	
X	必选。类数组对象或稀疏矩阵类型对象，其形状shape为(n_samples,n_features)，表示测试数据集
y	必选。类数组对象，其形状shape为(n_samples,)或者(n_samples,n_outputs)，表示目标变量的实际值，其中n_outputs为目标变量个数
sample_weight	可选。类数组对象，其形状shape为(n_samples,)，表示每个样本的权重。默认值为None，即每个样本的权重一样（为1）
返回值	返回信息准则最小角Lasso回归模型的拟合优度R^2
set_params(**params)：设置评估器的各种参数	
params	字典对象，包含了需要设置的各种参数
返回值	评估器自身

下面我们以示例形式说明信息准则最小角Lasso回归评估器的使用。

```
1.  import numpy as np
2.  from sklearn import datasets
3.  from sklearn.linear_model import LassoLarsIC
4.  import matplotlib.pyplot as plt
5.  from matplotlib.font_manager import FontProperties
6.
7.  X, y = datasets.load_diabetes(return_X_y=True)
8.
9.  rng = np.random.RandomState(42)
10. X = np.c_[X, rng.randn(X.shape[0], 14)]  # add some bad features
11.
12. # 对数据进行归一化处理
13. X /= np.sqrt(np.sum(X ** 2, axis=0))
14.
15. # 阿卡克信息标准AIC的Lasso模型
16. model_aic = LassoLarsIC(criterion='aic')
17. model_aic.fit(X, y)
18. alpha_aic_ = model_aic.alpha_
19.
20. # 贝叶斯信息标准BIC的Lasso模型
21. model_bic = LassoLarsIC(criterion='bic')
22. model_bic.fit(X, y)
23. alpha_bic_ = model_bic.alpha_
24.
25. # 定义基于信息准则的Lasso回归模型信息的可视化输出
```

```
26. # 定义一个很小的常量，避免取对数比例时出现零除问题
27. EPSILON = 1e-4
28. def plot_ic_criterion(model, name, color):
29.     criterion_ = model.criterion_
30.     plt.semilogx(model.alphas_ + EPSILON, criterion_, '--', color=color,
31.                 linewidth=3, label='%s 准则' % name)
32.     plt.axvline(model.alpha_ + EPSILON, color=color, linewidth=3,
33.                 label='alpha: %s 估计' % name)
34.     plt.xlabel('α')
35.     plt.ylabel('信息准则(AIC/BIC)', fontproperties=font)
36.
37.
38. # 信息可视化
39. plt.figure()
40.
41. # 通过这种方式可以局部设置字体（支持中文），不影响绘图其他部分
42. font = FontProperties(fname='C:\\Windows\\Fonts\\SimHei.ttf')  # , size=16
43.
44. plot_ic_criterion(model_aic, 'AIC', 'b')
45. plot_ic_criterion(model_bic, 'BIC', 'r')
46. plt.legend(prop = font)
47. plt.title('基于信息准则的模型选择', fontproperties=font)
48.
49. plt.show()
50.
```

输出结果见图2-6（在Python自带的IDLE环境下）。

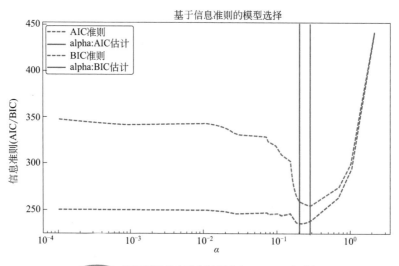

图2-6 两种基于信息准则的最小角Lasso回归路径

2.4　弹性网络回归

　　弹性网络回归是一种真正把回归系数 w 的 L1 范数和 L2 范数的组合作为正则项的回归模型，这种组合的回归模型不仅能够学习稀疏模型，可以像 Lasso 回归一样构建只有少数回归系数为 0 的回归模型，而且可保持岭回归模型的正则化特征（稳定性）。可以说，弹性网络回归模型是一种岭回归模型和 Lasso 回归模型的综合模型。弹性网络回归模型的损失函数为：

$$L\left(Y, f(x)\right) = \frac{1}{2n_{\text{samples}}} \|XW - Y\|_2^2 + \alpha\rho \|W\|_1 + \frac{\alpha(1-\text{l1\_ratio})}{2} \|W\|_2^2$$

　　其目标就是损失函数的最小化，即

$$\min_w \left\{ \frac{1}{2n_{\text{samples}}} \|XW - Y\|_2^2 + \alpha \times \text{l1\_ratio} \|W\|_1 + \frac{\alpha(1-\text{l1\_ratio})}{2} \|W\|_2^2 \right\}$$

　　式中，α 是正则化系数（$\alpha \geqslant 0$），它指定了回归系数的正则化强度；l1_ratio 是确定 L1 范数的比例系数（$0 \leqslant \text{l1\_ratio} \leqslant 1$），称为弹性网络混合参数，可以通过设置此系数控制 L1 范数和 L2 范数的凸组合（convex combination）。当 l1_ratio = 1 时，模型的正则化项为 L1 正则化；当 l1_ratio = 0 时，模型的正则化项为 L2 正则化；当 $0 < \text{l1\_ratio} < 1$ 时，模型的正则化项是 L1 正则化和 L2 正则化的综合。$\|XW-Y\|_2^2$、$\|W\|_1$、$\|W\|_2^2$ 与岭回归和 Lasso 回归中的项一致。弹性网络回归模型特别适合特征变量间具有共线性的情况。与 Lasso 回归一样，弹性网络回归也使用坐标下降法拟合回归模型。

2.4.1　弹性网络回归评估器

　　Scikit-learn 中实现弹性网络回归的类为 sklearn.linear_model.ElasticNet，表 2-12 详细说明了弹性网络回归评估器 ElasticNet 的构造函数及其属性和方法。

表2-12　弹性网络回归评估器ElasticNet

sklearn.linear_model.ElasticNet：弹性网络回归评估器	
ElasticNet(alpha=1.0, *, l1_ratio=0.5, fit_intercept=True, normalize=False, precompute=False, max_iter=1000, copy_X=True, tol=0.0001, warm_start=False, positive=False, random_state=None, selection='cyclic')	
alpha	可选。一个正浮点数，代表对应目标变量下的正则化系数。数值越大，正则化强度越大。默认值为1.0
l1_ratio	可选。一个浮点数，表示弹性网络混合参数。默认值为0.5
fit_intercept	可选。一个布尔值，表示模型拟合过程中是否计算截距 w_0。如果设置为False，表示训练数据已经做过中心化处理（截距为0）。默认值为True

续表

sklearn.linear_model.ElasticNet：弹性网络回归评估器	
normalize	可选。一个布尔值，表示是否在调用拟合函数fit()之前对特征变量进行归一化处理。默认值为False
precompute	可选。前面已解释
max_iter	可选。一个整数，设置求解过程中的最大迭代次数。默认值为1000
copy_X	可选。一个布尔值，表示是否对原始训练样本进行拷贝。如果设置为False，则在对原始训练样本进行归一化处理后，新数据会覆盖原始数据。 默认值为True
tol	可选。一个浮点数，设置拟合过程中算法的精度，默认值为0.0001
warm_start	可选。为了找到某个评估器的最佳超参数，在使用同一个数据集对评估器重复进行拟合时，本次拟合可以重用前一次拟合的某些结果，这样可以节省模型构建的时间，称之为热启动。当本参数设置为True时，表示使用前一次拟合的结果来初始化本次拟合过程。默认值为False
positive	可选。一个布尔值，表示是否强制所有的回归系数为正值。默认值为False
random_state	可选。前面已解释
selection	可选。前面已解释
ElasticNet的属性	
coef_	回归系数的数组，形状shape为(n_features,)，表示特征变量的权重
sparse_coef_	拟合后的coef_的稀疏矩阵表示，其形状shape为(n_features, 1)或者(n_targets, n_features)
intercept_	一个浮点数或者形状shape为(n_targets,)的浮点数数组，表示模型中的截距。如果fit_intercept=False，则本属性为0.0
n_iter_	一个整数或一个形状shape为(n_targets,)的整型数组。表示在拟合过程中针对不同目标变量的实际迭代次数
ElasticNet的方法	
fit(X, y, sample_weight＝None, check_input＝True)：使用坐标下降法拟合线性模型	
X	必选。类数组对象或稀疏矩阵类型对象，其形状shape为(n_samples, n_features)，表示训练数据集，其中n_samples为样本数量，n_features为特征变量数量
y	必选。类数组对象或稀疏矩阵类型对象，其形状shape为(n_samples,)，或者(n_samples, n_targets)，表示目标变量数据集。其中n_targets为目标变量个数
sample_weight	可选。形状shape为(n_samples,)的数组对象，表示每个样本的权重；也可以为一个浮点数，表示每个样本的权重均为指定的浮点数值。默认值为None，即每个样本的权重一样（为1）
check_input	可选。一个布尔值，表示是否可以略过一些检查操作。默认值为True。 注：尽量不要修改此参数
返回值	训练后的弹性网络回归模型
get_params(deep＝True)：获取评估器的各种参数	
deep	可选。前面已解释
返回值	字典对象。包含"（参数名称:值）"的键值对

sklearn.linear_model.ElasticNet: 弹性网络回归评估器	
path(X, y, *, l1_ratio＝0.5, eps＝0.001, n_alphas＝100, alphas＝None, precompute='auto', Xy＝None, copy_X＝True, coef_init＝None, verbose＝False, return_n_iter＝False, positive＝False, check_input＝True, **params): 使用坐标下降法计算弹性网络回归模型的路径。这是一个全局静态函数（static）	
X	与函数fit()的参数X一样
y	与函数fit()的参数y一样
l1_ratio	可选。一个浮点数，表示弹性网络混合参数。默认值为0.5
eps	可选。前面已解释
n_alphas	可选。前面已解释
alphas	可选。前面已解释
precompute	与构造函数ElasticNet()的参数precompute一样。这里默认值为auto，表示由函数自动判断
Xy	可选。前面已解释
copy_X	与构造函数ElasticNet()的参数copy_X一样
coef_init	可选。一个形状shape为(n_features,)的NumPy数组对象，表示回归系数的初始化值；或者为None，表示不设置初始化值，自动计算。 默认值为None
verbose	可选。可以是一个布尔值，或者一个整数，用来设置输出结果的详细程度。 默认为False
return_n_iter	可选。一个布尔值，表示结果是否返回迭代次数。 默认值为False
positive	与构造函数ElasticNet()的参数positive一样
check_input	可选。一个布尔值，表示是否可以略过一些检查操作。默认值为True。 注：尽量不要修改此参数
params	实施坐标下降法所需的其他额外参数
返回值	alphas：形状shape为(n_alphas,)的数组，表示训练模型过程中使用的正则化系数α； coefs：形状shape为(n_features, n_alphas)的数组，表示沿弹性网络路径拟合的回归系数； dual_gaps：形状shape为(n_alphas,)的数组，表示对应每个正则化系数的模型训练后的对偶间隙（dual gaps）； n_iters：一个整数列表，表示对应每个正则化系数的每次训练所需要的迭代次数。注意return_n_iter应设置为True
predict(X): 使用拟合的模型对新数据进行预测	
X	必选。类数组对象或稀疏矩阵类型对象，其形状shape为(n_samples,n_features)，表示待预测的数据集
返回值	类数组对象，其形状shape为(n_samples,)，表示预测后的目标变量数据集

续表

sklearn.linear_model.ElasticNet：弹性网络回归评估器	
score(X, y,sample_weight = None)：计算弹性网络回归模型的拟合优度R^2	
X	必选。类数组对象或稀疏矩阵类型对象，其形状shape为(n_samples,n_features)，表示测试数据集
y	必选。类数组对象，其形状shape为(n_samples,)，表示目标变量的实际值。其中n_outputs为目标变量个数
sample_weight	可选。类数组对象，其形状shape为(n_samples,)，表示每个样本的权重。默认值为None，即每个样本的权重一样（为1）
返回值	返回弹性网络回归模型的拟合优度R^2
set_params(**params)：设置评估器的各种参数	
params	字典对象，包含了需要设置的各种参数
返回值	评估器自身

下面我们以示例形式说明弹性网络回归评估器的使用。

```python
1.
2. import numpy as np
3. from sklearn import datasets
4. from sklearn import linear_model
5. from sklearn.model_selection import train_test_split
6. import sklearn.metrics as metrics
7.
8.
9. # 导入糖尿病数据
10. #diabetes_X, diabetes_y = datasets.load_diabetes(return_X_y=True)
11. # 返回一个 Bunch 对象，目的是获取特征名称名称feature_names
12. diabetes_Bunch = datasets.load_diabetes()
13. diabetes_X = diabetes_Bunch.data
14. diabetes_y = diabetes_Bunch.target
15. X_NameList = diabetes_Bunch.feature_names
16.
17. X_train, X_test, y_train, y_test = train_test_split(diabetes_X, diabetes_y, test_size=0.33, random_state=42)
18. # 创建弹性网络回归模型，正则化系数设置为0.2，混合参数l1_ratio设置为0.4。
19. elasticRegr = linear_model.ElasticNet(alpha=0.01, l1_ratio=0.9)
20.
21. # 使用训练数据进行模型拟合
```

```
22. elasticRegr.fit(X_train, y_train)
23. print(elasticRegr)
24. print("-------------------------------------")
25. # 使用拟合后的模型进行预测
26. y_pred = elasticRegr.predict(X_test)
27.
28.
29. # 截距和回归系数
30. print("截     距: %f" % elasticRegr.intercept_)
31.
32. print("特征变量及其回归系数: ")
33. # 模型按照特征变量的输入顺序返回每个特征变量的回归系数
34. X_Number   = len(X_NameList)  # 变量个数
35. elasticCoefs = elasticRegr.coef_
36. for i in range(X_Number):
37.     print("%2d  %3s: %+f" % (i+1, X_NameList[i], elasticCoefs[i]))
38.
39.
40. # 线性模型的各种度量指标
41. print("\n弹性网络回归模型的各种度量指标: ")
42. print("-------------------------------------")
43. # 最大残差
44. print("       最大残差: %f" % metrics.max_error(y_test, y_pred))
45.
46. # 可解释方差
47. print("       可解释方差: %f" % metrics.explained_variance_score(y_test, y_pred))
48.
49. # 均方误差MSE
50. print("     均方误差MSE: %f" % metrics.mean_squared_error(y_test, y_pred))
51.
52. # 中位数绝对误差
53. print("  中位数绝对误差: %f" % metrics.median_absolute_error(y_test, y_pred))
54.
55. # 平均绝对误差MAE
56. print(" 平均绝对误差MAE: %f" % metrics.mean_absolute_error(y_test, y_pred))
57.
58. # 均方对数误差MSLE
```

```
59. print("均方对数误差MSLE: %f" % metrics.mean_squared_log_error(y_test, y_pred))
60.
61. # 拟合优度R^2（决定系数）
62. print("          拟合优度: %f" % metrics.r2_score(y_test, y_pred))
63.
```

运行后，输出结果如下（在Python自带的IDLE环境下）：

```
1.  ElasticNet(alpha=0.01, l1_ratio=0.9)
2.  ------------------------------------
3.  截      距: 150.583729
4.  特征变量及其回归系数:
5.    1   age: +37.932574
6.    2   sex: -138.352937
7.    3   bmi: +423.384409
8.    4    bp: +297.627606
9.    5    s1: -41.836661
10.   6    s2: -60.594977
11.   7    s3: -196.654072
12.   8    s4: +115.921034
13.   9    s5: +283.584611
14.  10    s6: +61.742010
15.
16. 弹性网络回归模型的各种度量指标:
17. ------------------------------------
18.         最大残差: 131.847520
19.         可解释方差: 0.508887
20.        均方误差MSE: 2848.496247
21.      中位数绝对误差: 37.291851
22.     平均绝对误差MAE: 42.618754
23. 均方对数误差MSLE: 0.157444
24.          拟合优度: 0.505062
```

2.4.2 交叉验证弹性网络回归评估器

交叉验证弹性网络回归评估器sklearn.linear_model.ElasticNetCV能够自动挑选出最合适的模型超参数α（正则化系数）和混合参数l1_ratio。表2-13详细说明了交叉验证弹性网络回归评估器ElasticNetCV的构造函数及其属性和方法。

表2-13 交叉验证弹性网络回归评估器ElasticNetCV

sklearn.linear_model.ElasticNetCV：交叉验证弹性网络回归评估器	
ElasticNetCV(*, l1_ratio＝0.5, eps＝0.001, n_alphas＝100, alphas＝None, fit_intercept＝True, normalize＝False, precompute='auto', max_iter＝1000, tol＝0.0001, cv＝None, copy_X＝True, verbose＝0, n_jobs＝None, positive＝False, random_state＝None, selection='cyclic')	
l1_ratio	一个浮点数或者浮点数的列表，表示混合参数值。当为一个列表时，交叉验证过程会进行逐个进行验证，并找到预测性能最好的一个混合参数值
eps	可选。前面已解释
n_alphas	可选。一个整数值，表示正则化系数α的个数
alphas	可选。前面已解释
fit_intercept	可选。一个布尔值，表示模型拟合中是否计算截距w_0。默认值为True
normalize	可选。一个布尔值，表示是否在调用拟合函数fit()之前对特征变量进行归一化处理。默认值为False
precompute	可选。前面已解释
max_iter	可选。一个整数，设置求解过程中的最大迭代次数。默认值为1000
tol	可选。浮点数，设置拟合过程中算法的精度。默认值为1e-4
cv	可选。前面已解释
copy_X	可选。前面已解释
verbose	可选。可以是一个布尔值或者一个整数，用来设置输出结果的详细程度。默认为False
n_jobs	可选。前面已解释
positive	可选。一个布尔值，表示是否强制所有的回归系数为正值。默认值为False
random_state	可选。前面已解释
selection	可选。前面已解释

ElasticNetCV的属性

alpha_	一个浮点数值，交叉验证后的最佳正则化系数α值
l1_ratio_	一个浮点数，交叉验证后的最佳混合参数值
coef_	包含回归系数的数组，其形状shape为(n_features,)，表示特征变量的权重
intercept_	一个浮点数，表示模型中的截距。如果fit_intercept=False，则本属性为0.0
mse_path_	形状shape为(n_l1_ratio, n_alpha, n_folds)的数组，保存了交叉验证过程中在每一个l1_ratio、每一组数据集上进行验证时的均方误差
alphas_	形状shape为(n_alphas,)或者(n_l1_ratio, n_alphas)的数组，保存了交叉验证过程中所使用的正则化系数
n_iter_	一个整数，表示使用坐标下降法求解达到指定精度的最优正则化系数需要的迭代次数

sklearn.linear_model.ElasticNetCV：交叉验证弹性网络回归评估器	
ElasticNetCV的方法	

fit(X, y)：通过坐标下降法拟合线性模型。最佳正则化系数α将通过交叉验证确定

X	必选。类数组对象或稀疏矩阵类型对象，其形状shape为(n_samples,n_features)，表示训练数据集，其中n_samples为样本数量，n_features为特征变量数量。如果目标变量是单一输出，此参数可以为稀疏矩阵
y	必选。类数组对象，其形状shape为(n_samples,)或者(n_samples, n_targets)，表示目标变量数据集。其中n_targets为目标变量个数
返回值	训练后的弹性网络回归线性模型评估器

get_params(deep＝True)：获取评估器的各种参数

deep	可选。前面已解释
返回值	字典对象。包含"（参数名称:值）"的键值对

path(X, y, *, l1_ratio＝0.5, eps＝0.001, n_alphas＝100, alphas＝None, precompute＝'auto', Xy＝None, copy_X＝True, coef_init＝None, verbose＝False, return_n_iter＝False, positive＝False, check_input＝True, **params)：使用坐标下降法计算弹性网络路径。这是一个全局静态函数（static）

X	与函数fit()的参数X一样
y	与函数fit()的参数y一样
l1_ratio	一个浮点数，表示混合参数值
eps	可选。前面已解释
n_alphas	可选。一个整数，表示正则化过程中正则化系数的个数。默认值为100
alphas	可选。前面已解释
precompute	与构造函数ElasticNetCV()的参数precompute一样。但是这里默认值为auto，表示由函数自动判断
Xy	可选。前面已解释
copy_X	与构造函数ElasticNetCV()的参数copy_X一样
coef_init	可选。一个形状shape为(n_features,)的NumPy数组对象，表示回归系数的初始化值；或者为None，表示不设置初始化值，自动计算。 默认值为None
verbose	可选。可以是一个布尔值或者一个整数，用来设置输出结果的详细程度。默认值为False
return_n_iter	可选。一个布尔值，表示结果是否返回迭代次数。默认值为False
positive	与构造函数ElasticNetCV()的参数positive一样
check_input	可选。一个布尔值，表示是否可以略过一些检查操作。默认值为True。尽量不要修改此参数
params	实施坐标下降法所需的其他额外参数

续表

sklearn.linear_model.ElasticNetCV：交叉验证弹性网络回归评估器	
返回值	alphas：形状shape为(n_alphas,)的数组，表示训练模型过程中使用的正则化系数α； coefs：形状shape为(n_features, n_alphas)的数组，表示沿求解路径拟合的回归系数； dual_gaps：形状shape为(n_alphas,)的数组，表示对应每个正则化系数α的模型训练后的对偶间隙（dual gaps）； n_iters：一个整数列表，表示对应每个正则化系数进行的每次训练所需要的迭代次数。注意：return_n_iter应设置为True

predict(X)：使用拟合的模型对新数据进行预测	
X	必选。类数组对象或稀疏矩阵类型对象，其形状shape为(n_samples,n_features)，表示待预测的数据集
返回值	类数组对象，其形状shape为(n_samples,)，表示预测后的目标变量数据集

score(X, y,sample_weight = None)：计算交叉验证弹性网络回归模型的拟合优度R^2	
X	必选。类数组对象或稀疏矩阵类型对象，其形状shape为(n_samples,n_features)，表示测试数据集
y	必选。类数组对象，其形状shape为(n_samples,)或者(n_samples,n_outputs)，表示目标变量的实际值。其中n_outputs为目标变量个数
sample_weight	可选。类数组对象，其形状shape为(n_samples,)，表示每个样本的权重。默认值为None，即每个样本的权重一样（为1）
返回值	返回交叉验证弹性网络回归模型的拟合优度R^2

set_params(**params)：设置模型（评估器）的各种参数	
params	字典对象，包含了需要设置的各种参数
返回值	评估器自身

　　下面我们以示例形式说明交叉验证弹性网络回归评估器ElasticNetCV的使用。请读者仔细阅读代码和输出结果。

```
1.
2.  import numpy as np
3.  from sklearn.datasets import load_boston
4.  from sklearn.linear_model import ElasticNet,ElasticNetCV
5.  from sklearn.metrics import mean_squared_error
6.  from sklearn.model_selection import train_test_split
7.  import matplotlib.pyplot as plt
8.  from matplotlib.font_manager import FontProperties
9.
10. boston = load_boston()
```

```
11. x, y = boston.data, boston.target
12. xtrain, xtest, ytrain, ytest = train_test_split(x, y, test_size=0.15)
13.
14. alphas = [0.0001, 0.001, 0.01, 0.1, 0.3, 0.5, 0.7, 1]
15. elastic_cv = ElasticNetCV(alphas=alphas, cv=5)
16. model = elastic_cv.fit(xtrain, ytrain)
17.
18. print(model)
19. print('-'*27)
20. print('最佳正则化系数α：', model.alpha_)
21. print('模型截距：', model.intercept_)
22.
23. # 预测并计算各种指标
24. ypred = model.predict(xtest)
25. score = model.score(xtest, ytest)
26. mse = mean_squared_error(ytest, ypred)
27. print("R2:{0:.3f}, MSE:{1:.2f}, RMSE:{2:.2f}"
28.       .format(score, mse, np.sqrt(mse)))
29.
30.
31. # 信息可视化
32. plt.figure()
33.
34. # 通过这种方式可以局部设置字体（支持中文），不影响绘图其他部分
35. font = FontProperties(fname='C:\\Windows\\Fonts\\SimHei.ttf')  # , size=16
36.
37. x_ax = range(len(xtest))
38. plt.scatter(x_ax, ytest, s=5, color="blue", label="观测值")
39. plt.plot(x_ax, ypred, lw=0.8, color="red",  label="预测值")
40. plt.legend(prop = font)
41. plt.show()
42.
```

运行后，输出结果如下（在 Python 自带的 IDLE 环境下）：

```
1.  ElasticNetCV(alphas=[0.0001, 0.001, 0.01, 0.1, 0.3, 0.5, 0.7, 1], cv=5)
2.  --------------------------
3.  最佳正则化系数a：  0.0001
4.  模型截距：  41.18502372140625
5.  R2:0.696, MSE:29.90, RMSE:5.47
```

输出的图形见图 2-7。

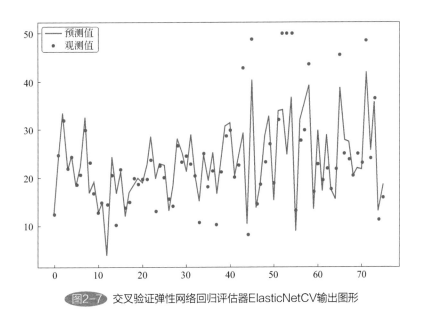

图2-7 交叉验证弹性网络回归评估器ElasticNetCV输出图形

2.4.3 多任务弹性网络回归评估器

与多任务 Lasso 回归类似，多任务弹性网络回归是指多个弹性网络回归模型共享同一个样本特征变量集，但是有不同的目标变量输出，也就是说会有多个不同的回归模型和多个不同的回归系数向量，其中每一个回归模型的拟合称为一个任务。多任务弹性网络回归模型损失函数为：

$$L\big(Y, f(x)\big) = \frac{1}{2n_{\text{samples}}} \|XW - Y\|_{\text{Fro}}^2 + \alpha\rho \|W\|_{21} + \frac{\alpha(1 - \text{l1\_ratio})}{2} \|W\|_{\text{Fro}}^2$$

其目标是损失函数最小化，即：

$$\min_w \left(\frac{1}{2n_{\text{samples}}} \|XW - Y\|_{\text{Fro}}^2 + \alpha\rho \|W\|_{21} + \frac{\alpha(1 - \text{l1\_ratio})}{2} \|W\|_{\text{Fro}}^2 \right)$$

Scikit-learn 中的类 sklearn.linear_model.MultiTaskElasticNet 实现了多任务弹性网络回归，其目标变量是一个二维数组，形状 shape 为 (n_samples,n_tasks)，它使用坐标下降法进行模型拟合。表2-14详细说明了多任务弹性网络回归评估器 MultiTaskElasticNet 的构造函数及其属性和方法。

表2-14　多任务弹性网络回归评估器MultiTaskElasticNet

sklearn.linear_model.MultiTaskElasticNet：多任务弹性网络回归评估器	
MultiTaskElasticNet(alpha＝1.0, *, l1_ratio＝0.5, fit_intercept＝True, normalize＝False, copy_X＝True, max_iter＝1000, tol＝0.0001, warm_start＝False, random_state＝None, selection='cyclic')	
alpha	可选。前面已解释
l1_ratio	可选。一个浮点数，表示弹性网络混合参数。默认值为0.5
fit_intercept	可选。前面已解释
normalize	可选。前面已解释
copy_X	可选。前面已解释
max_iter	可选。一个整数，设置求解过程中的最大迭代次数。默认值为1000
tol	可选。一个浮点数，设置拟合过程中算法精度。默认值为1e-4
warm_start	可选。前面已解释
random_state	可选。前面已解释
selection	可选。前面已解释
MultiTaskElasticNet的属性	
coef_	回归系数的数组，其形状shape为(n_features,)，表示特征变量的权重
intercept_	一个浮点数或者形状shape为(n_targets,)的浮点数数组，表示模型中的截距。如果fit_intercept=False，则本属性为0.0
n_iter_	一个整数。前面已解释
MultiTaskElasticNet的方法	
fit(X, y)：通过坐标下降法拟合线性模型	
X	必选。前面已解释
y	必选。前面已解释
返回值	训练后的多任务弹性网络回归评估器
get_params(deep＝True)：获取评估器的各种参数	
deep	可选。前面已解释
返回值	字典对象。包含"（参数名称:值）"的键值对
path(X, y, *, l1_ratio＝0.5, eps＝0.001, n_alphas＝100, alphas＝None, precompute='auto', Xy＝None, copy_X＝True, coef_init＝None, verbose＝False, return_n_iter＝False, positive＝False, check_input＝True, **params)：使用坐标下降法计算多任务弹性网络同归路径。这是一个全局静态函数（static）	
X	与函数fit()的参数X一样
y	与函数fit()的参数y一样

sklearn.linear_model.MultiTaskElasticNet：多任务弹性网络回归评估器	
l1_ratio	可选。一个浮点数，表示弹性网络混合参数。默认值为0.5
eps	可选。前面已解释
n_alphas	可选。前面已解释
alphas	可选。前面已解释
precompute	与构造函数MultiTaskElasticNet()的参数precompute一样。但是这里默认值为auto，表示由函数自动判断
Xy	可选。前面已解释
copy_X	与构造函数MultiTaskElasticNet()的参数copy_X一样
coef_init	可选。一个形状shape为(n_features,)的NumPy数组对象，表示回归系数的初始化值；或者为None，表示不设置初始化值，自动计算。 默认值为None
verbose	可选。可以是一个布尔值或者一个整数，用来设置输出结果的详细程度。默认为False
return_n_iter	可选。一个布尔值，表示结果是否返回迭代次数。默认值为False
positive	与构造函数MultiTaskElasticNet()的参数positive一样
check_input	可选。一个布尔值，表示是否可以略过一些检查操作。默认值为True。尽量不要修改此参数
params	实施坐标下降法所需的其他额外参数
返回值	alphas：形状shape为(n_alphas,)的数组，表示训练模型过程中使用的正则化系数α； coefs：形状shape为(n_outputs, n_features, n_alphas)的数组（目标变量有多种输出时），表示沿弹性网络路径拟合的回归系数； dual_gaps：形状shape为(n_alphas,)的数组，表示对应每个正则化系数α的模型训练后的对偶间隙（dual gaps）； n_iters：一个整数列表，表示对应每个正则化系数进行的每次训练所需的迭代次数
predict(X)：使用拟合的模型对新数据进行预测	
X	必选。类数组对象或稀疏矩阵类型对象，其形状shape为(n_samples,n_features)，表示待预测的数据集
返回值	类数组对象，其形状shape为(n_samples,)，表示预测后的目标变量数据集
score(X, y,sample_weight = None)：计算多任务弹性网络回归模型的拟合优度R^2	
X	必选。前面已解释
y	必选。前面已解释
sample_weight	可选。前面已解释
返回值	返回多任务弹性网络回归模型的拟合优度R^2
set_params(**params)：设置模型（评估器）的各种参数	
params	字典对象，包含了需要设置的各种参数
返回值	评估器自身

多任务弹性网络评估器MultiTaskElasticNet的使用方式与多任务Lasso回归评估器MultiTaskLasso类似，这里不再举例说明。

2.4.4 交叉验证多任务弹性网络回归评估器

交叉验证多任务弹性网络回归评估器sklearn.linear_model.MultiTaskElasticNetCV可以自动挑选出最合适的正则化系数α和混合参数l1_ratio。表2-15详细说明了交叉验证多任务弹性网络回归评估器MultiTaskElasticNetCV的构造函数及其属性和方法。

表2-15 交叉验证多任务弹性网络回归评估器MultiTaskElasticNetCV

sklearn.linear_model.MultiTaskElasticNetCV：交叉验证多任务弹性网络回归评估器	
MultiTaskElasticNetCV(*, l1_ratio＝0.5, eps＝0.001, n_alphas＝100, alphas＝None, fit_intercept＝True, normalize ＝False, max_iter＝1000, tol＝0.0001, cv＝None, copy_X＝True, verbose＝0, n_jobs＝None, random_state＝None, selection＝'cyclic')	
l1_ratio	可选。一个浮点数，表示弹性网络混合参数。默认值为0.5
eps	可选。前面已解释
n_alphas	可选。前面已解释
alphas	可选。前面已解释
fit_intercept	可选。前面已解释
normalize	可选。前面已解释
max_iter	可选。前面已解释
tol	可选。前面已解释
cv	可选。前面已解释
copy_X	可选。前面已解释
verbose	可选。前面已解释
n_jobs	可选。前面已解释
random_state	可选。前面已解释
selection	可选。前面已解释
MultiTaskElasticNetCV的属性	
intercept_	前面已解释
coef_	前面已解释
alpha_	前面已解释
mse_path_	前面已解释
alphas_	前面已解释
n_iter_	前面已解释

续表

sklearn.linear_model.MultiTaskElasticNetCV：交叉验证多任务弹性网络回归评估器	
MultiTaskElasticNetCV的方法	
fit(X, y)：通过坐标下降法拟合交叉验证多任务弹性网络回归模型	
X	必选。前面已解释
y	必选。前面已解释
返回值	训练后的交叉验证多任务弹性网络回归线性模型评估器
get_params(deep＝True)：获取评估器的各种参数	
deep	可选。前面已解释
返回值	字典对象。包含"（参数名称:值）"的键值对
path(X, y, *, l1_ratio＝0.5, eps＝0.001, n_alphas＝100, alphas＝None, precompute='auto', Xy＝None, copy_X＝True, coef_init＝None, verbose＝False, return_n_iter＝False, positive＝False, check_input＝True, **params)：使用坐标下降法计算弹性网络路径。这是一个全局静态函数（static）	
X	与函数fit()的参数X一样
y	与函数fit()的参数y一样
l1_ratio	可选。前面已解释
eps	可选。前面已解释
n_alphas	可选。前面已解释
alphas	可选。前面已解释
precompute	前面已解释
Xy	可选。前面已解释注
copy_X	与构造函数MultiTaskElasticNetCV()的参数copy_X一样
coef_init	可选。前面已解释
verbose	可选。前面已解释
return_n_iter	可选。前面已解释
positive	与构造函数MultiTaskElasticNetCV()的参数positive一样
check_input	可选。前面已解释
params	实施坐标下降法所需的其他额外参数
返回值	alphas：形状shape为(n_alphas,)的数组，表示训练模型过程中使用的正则化系数α； coefs：形状shape为(n_outputs, n_features, n_alphas)的数组，表示沿弹性网络路径拟合的回归系数； dual_gaps：形状shape为(n_alphas,)的数组。表示对应每个正则化系数α的模型训练后的对偶间隙（dual gaps）； n_iters：一个整数列表，表示对应每个正则化系数进行的每次训练所需要的迭代次数

续表

sklearn.linear_model.MultiTaskElasticNetCV：交叉验证多任务弹性网络回归评估器	
predict(X)：使用拟合的模型对新数据进行预测	
X	必选。前面已解释
返回值	类数组对象，其形状shape为(n_samples,)，表示预测后的目标变量数据集
score(X, y,sample_weight = None)：计算交叉验证多任务弹性网络回归模型的拟合优度R^2	
X	必选。前面已解释
y	必选。前面已解释
sample_weight	可选。前面已解释
返回值	返回交叉验证多任务弹性网络回归模型的拟合优度R^2
set_params(**params)：设置模型（评估器）的各种参数	
params	字典对象，包含了需要设置的各种参数
返回值	评估器自身

2.5 正交匹配追踪回归

正交匹配追踪（Orthogonal Matching Pursuit）是一种贪婪压缩感知恢复算法（压缩感知是近几年来非常热门的前沿技术，它主要研究从低分辨率的稀疏样本数据中复原高分辨率数据，关于压缩感知的详细知识，请参考相关资料），这种算法在每次迭代过程中选择设计矩阵中的最佳列（特征变量），然后在先前选取的列所跨越的子空间中执行最小二乘优化，是一种类似于最小角回归的前向特征选择算法，可以用固定数量的非零特征变量来近似获得最优解向量。正交匹配追踪回归损失函数为$L(Y, f(x)) = \| Xw - y \|_2^2$，其求解目标是$\underset{w}{\text{argmin}} \| y - Xw \|_2^2$，约束条件为$\| w \|_0 \leqslant n_{\text{nonzero\_coefs}}$，以固定数量的非零回归系数作为约束条件，$n_{\text{nonzero\_coefs}}$表示非零回归系数的个数。注意这里向量$w$不包括截距$w_0$。

Scikit-learn 的正交匹配追踪算法的类为sklearn.linear_model.OrthogonalMatchingPursuit（正交匹配追踪回归评估器），表2-16详细说明了正交匹配追踪回归评估器的构造函数及其属性和方法。

表2-16　正交匹配追踪回归评估器

sklearn.linear_model.OrthogonalMatchingPursuit：正交匹配追踪回归评估器	
OrthogonalMatchingPursuit(*, n_nonzero_coefs＝None, tol＝None, fit_intercept＝True, normalize＝True, precompute ＝'auto')	
n_nonzero_ coefs	可选。一个整数或者None，指定构建的模型中非零参数（回归系数）的个数。如果为None，则设置为特征变量个数的10%。默认值为None。这是一个超参数

续表

sklearn.linear_model.OrthogonalMatchingPursuit: 正交匹配追踪回归评估器	
tol	可选。一个浮点数或者None，表示残差的最大范数。默认值为None。如果不设置为None，则会覆盖n_nonzero_coefs参数
fit_intercept	可选。一个布尔值，表示模型拟合过程中是否计算截距w_0。默认值为True
normalize	可选。一个布尔值，表示是否在调用拟合函数fit()之前对特征变量进行归一化处理。默认值为False
precompute	可选。前面已解释

OrthogonalMatchingPursuit的属性	
coef_	包含回归系数的数组，其形状shape为(n_features,)，表示特征变量的权重，也就是回归系数向量。如果目标变量数量n_targets大于1，则形状shape为(n_targets, n_features)
intercept_	一个浮点数或者形状shape为(n_targets,)的浮点数数组，表示回归模型中的截距。如果fit_intercept=False，则本属性为0.0
n_iter_	一个整数或者整数数组，表示每个目标变量对应的活动特征数量

OrthogonalMatchingPursuit的方法	

fit(X, y)：使用正交匹配追踪法拟合线性模型

X	必选。前面已解释
y	必选。类数组对象，其形状shape为(n_samples,)或者(n_samples, n_targets)，表示目标变量数据集。其中n_targets为目标变量个数。必要时，此参数类型可以转换训练数据集的数据类型
返回值	训练后的正交匹配追踪回归模型

get_params(deep=True)：获取评估器的各种参数

deep	可选。布尔型变量，默认值为True。如果为True，表示不仅包含此评估器自身的参数值，还将返回包含的子对象（也是评估器）的参数值
返回值	字典对象。包含"（参数名称:值）"的键值对

predict(X)：使用拟合的模型对新数据进行预测

X	必选。类数组对象或稀疏矩阵类型对象，其形状shape为(n_samples,n_features)，表示待预测的数据集
返回值	类数组对象，其形状shape为(n_samples,)，表示预测后的目标变量数据集

score(X, y,sample_weight = None)：计算正交匹配追踪回归模型的拟合优度R^2

X	必选。类数组对象或稀疏矩阵类型对象，其形状shape为(n_samples,n_features)，表示测试数据集
y	必选。类数组对象，其形状shape为(n_samples,)或者(n_samples,n_outputs)，表示目标变量的实际值。其中n_outputs为目标变量个数
sample_weight	可选。类数组对象，其形状shape为(n_samples,)，表示每个样本的权重。默认值为None，即每个样本的权重一样（为1）
返回值	返回正交匹配追踪回归模型的拟合优度R^2

set_params(**params)：设置评估器的各种参数

params	字典对象，包含了需要设置的各种参数
返回值	评估器自身

Scikit-learn还提供了一个直接实现正交匹配追踪回归算法的函数：

sklearn.linear_model.orthogonal_mp

其声明原型如下：

orthogonal_mp(X, y, *, n_nonzero_coefs＝None, tol＝None, precompute＝False,
copy_X＝True, return_path＝False, return_n_iter＝False)

它将直接返回coef和n_iters，这个函数中的各个参数与类OrthogonalMatchingPursuit中的相关参数含义一致，这里不再赘述。Scikit-learn提供了交叉验证正交匹配追踪回归评估器：

sklearn.linear_model.OrthogonalMatchingPursuitCV

它能够自动挑选出最合适的模型超参数n_nonzero_coefs。表2-17详细说明了交叉验证正交匹配追踪回归评估器OrthogonalMatchingPursuitCV的构造函数及其属性和方法。

表2-17　交叉验证正交匹配追踪回归评估器OrthogonalMatchingPursuitCV

sklearn.linear_model.OrthogonalMatchingPursuitCV：交叉验证正交匹配追踪回归评估器	
OrthogonalMatchingPursuitCV(*, copy＝True, fit_intercept＝True, normalize＝True, max_iter＝None, cv＝None, n_jobs＝None, verbose＝False)	
copy	可选。一个布尔变量值，默认值为True。指定在求解过程中是否对设计矩阵X进行复制。一般情况下，除非设计矩阵X已经为Fortran顺序的，否则总是需要进行复制
fit_intercept	可选。一个布尔值，表示模型拟合过程中是否计算截距w_0。默认值为True
normalize	可选。一个布尔值，表示是否在调用拟合函数fit()之前对特征变量进行归一化处理。默认值为False。如果参数fit_intercept设置为False，则忽略此参数设置
max_iter	可选，一个整数值，表示迭代过程中活跃特征变量的最大个数。默认值为特征变量个数的10%
cv	可选。前面已解释
n_jobs	可选。前面已解释
verbose	可选。可以是一个布尔值或者一个整数，用来设置输出结果的详细程度。默认为False
OrthogonalMatchingPursuitCV的属性	
intercept_	一个浮点数或者形状shape为(n_targets,)的浮点数数组，表示模型中的截距。如果fit_intercept=False，则本属性为0.0
coef_	前面已解释
n_nonzero_coefs_	一个整数，交叉验证确定的最佳非零参数个数（以最小均方误差为标准）
n_iter_	一个整数或者整数数组。交叉验证确定的每个目标变量对应的活跃特征变量个数
OrthogonalMatchingPursuitCV的方法	
fit(X, y)：拟合交叉验证正交匹配追踪回归评估器	
X	必选。前面已解释
y	必选。前面已解释
返回值	训练后的交叉验证正交匹配追踪回归模型

sklearn.linear_model.OrthogonalMatchingPursuitCV：交叉验证正交匹配追踪回归评估器	
get_params(deep＝True)：获取评估器的各种参数	
deep	可选。前面已解释
返回值	字典对象。包含"（参数名称:值）"的键值对
predict(X)：使用拟合的模型对新数据进行预测	
X	必选。类数组对象或稀疏矩阵类型对象，其形状shape为(n_samples,n_features)，表示待预测的数据集
返回值	类数组对象，其形状shape为(n_samples,)，表示预测后的目标变量数据集
score(X, y,sample_weight＝None)：计算交叉验证正交匹配追踪回归模型的拟合优度R^2	
X	必选。类数组对象或稀疏矩阵类型对象，其形状shape为(n_samples,n_features)，表示测试数据集
y	必选。类数组对象，其形状shape为(n_samples,)或者(n_samples,n_outputs)，表示目标变量的实际值。其中n_outputs为目标变量个数
sample_weight	可选。前面已解释
返回值	返回交叉验证正交匹配追踪回归模型的拟合优度R^2
set_params(**params)：设置评估器的各种参数	
params	字典对象，包含了需要设置的各种参数
返回值	评估器自身

下面我们对 OrthogonalMatchingPursuit 和 OrthogonalMatchingPursuitCV 通过例子来说明，例子中使用了函数make_sparse_coded_signal()，它的作用是构建一个由既定元素（词典元素）稀疏组合而成的信号（数据序列），这个函数定义如下：

sklearn.datasets.make_sparse_coded_signal(n_samples, *, n_components, n_features, n_nonzero_coefs, random_state＝None)

参数n_samples为样本数据的个数；n_components为既定元素的个数；n_features为样本数据中特征变量的个数；n_nonzero_coefs为每个样本数据中非零系数的个数；random_state设置一个随机数种子，可以是一个整数（随机数种子）或一个numpy.random.RandomState对象。

```
1.
2.  import numpy as np
3.  from sklearn.datasets import make_sparse_coded_signal
4.  import matplotlib.pyplot as plt
5.  from matplotlib.font_manager import FontProperties
6.  from sklearn.linear_model import OrthogonalMatchingPursuit
7.  from sklearn.linear_model import OrthogonalMatchingPursuitCV
8.
9.
10. n_components, n_features = 512, 100
11. n_nonzero_coefs = 17
```

```
12.
13. # 生成"干净"的数据：有多个已知成分组成的稀疏信号
14. # y = Xw
15. # |x|_0 - n_nonzero_coefs
16. y, X, w = make_sparse_coded_signal(n_samples=1,
17.                                     n_components=n_components,
18.                                     n_features=n_features,
19.                                     n_nonzero_coefs=n_nonzero_coefs,
20.                                     random_state=0)
21.
22. idx, = w.nonzero()
23.
24. # 对"干净"信息施加噪声信号
25. y_noisy = y + 0.05 * np.random.randn(len(y))
26.
27. # 绘制稀疏信号
28. # 通过这种方式可以局部设置字体（支持中文），不影响绘图其他部分
29. font = FontProperties(fname='C:\\Windows\\Fonts\\SimHei.ttf')  # , size=16
30.
31. plt.figure(figsize=(7, 7))
32. plt.subplot(4, 1, 1)
33. plt.xlim(0, 512)
34. plt.title("稀疏信号", fontproperties=font)
35. plt.stem(idx, w[idx], use_line_collection=True)
36.
37. # 从无噪声观测信号中恢复原始信号
38. omp = OrthogonalMatchingPursuit(n_nonzero_coefs=n_nonzero_coefs)
39. omp.fit(X, y)
40. coef = omp.coef_
41. idx_r, = coef.nonzero()
42. plt.subplot(4, 1, 2)
43. plt.xlim(0, 512)
44. plt.title("从无噪声观测信号中恢复原始信号", fontproperties=font)
45. plt.stem(idx_r, coef[idx_r], use_line_collection=True)
46.
47. # 从有噪声观测信号中恢复原始信号
48. omp.fit(X, y_noisy)
49. coef = omp.coef_
50. idx_r, = coef.nonzero()
51. plt.subplot(4, 1, 3)
52. plt.xlim(0, 512)
53. plt.title("从有噪声观测信号中恢复原始信号", fontproperties=font)
54. plt.stem(idx_r, coef[idx_r], use_line_collection=True)
```

```
55.
56. # 使用交叉验证正交匹配追踪法
57. omp_cv = OrthogonalMatchingPursuitCV()
58. omp_cv.fit(X, y_noisy)
59. coef = omp_cv.coef_
60. idx_r, = coef.nonzero()
61. plt.subplot(4, 1, 4)
62. plt.xlim(0, 512)
63. plt.title("从有噪声观测信号中恢复原始信号（交叉验证）", fontproperties=font)
64. plt.stem(idx_r, coef[idx_r], use_line_collection=True)
65.
66. plt.subplots_adjust(0.06, 0.04, 0.94, 0.90, 0.20, 0.38)
67. plt.suptitle('使用正交匹配追踪法OMP对稀疏信号进行复原', fontsize=16, fontp
    roperties=font)
68. plt.show()
69.
```

运行后，输出结果如图2-8所示（在Python自带的IDLE环境下）。

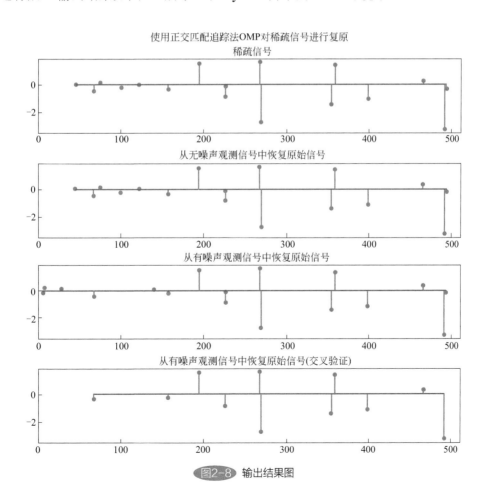

图2-8 输出结果图

2.6 贝叶斯线性回归

　　贝叶斯线性回归（Bayesian linear regression）将回归模型参数（特征变量的系数）视为随机变量，通过模型参数的先验（prior）计算其后验（posterior），其目的不是寻找模型参数的单一"最佳"值，而是寻找模型参数的后验分布（posterior distribution）。一般线性回归的基本形式为 $Y = w_0 + w_1 x_1 + w_2 x_2 + \cdots + w_m x_m + \varepsilon$，设 $Y \sim N(\mu, \sigma I)$，则有 $\mu = w_0 + w_1 x_1 + w_2 x_2 + \cdots + w_m x_m = xw$，即 μ 是一个以 $w_k (k = 0 \sim m)$ 为特征变量的权重系数的线性函数。依据贝叶斯定理，模型参数的后验公式为

$$P(w,\sigma|Y, X) = \frac{P(Y|X,w,\sigma)P(w,\sigma|X)}{P(Y|X)}$$

　　则有

$$P(w,\sigma|Y,X) \propto \prod_{i=1}^{n} N(y_i|x_i w, \sigma) f_w(w) f_\sigma(\sigma)$$

　　贝叶斯线性回归的优点：

● 特别适合缺乏足够的训练数据集或者数据集分布不均匀的情况，它的输出是从概率分布中获得的，这与常规的回归算法不同；

● 非常适合在线学习（数据实时获取的情况），无需存储训练数据集；

● 是一种非常稳健的试验加测试的方法，可在没有任何额外先验知识的情况下应用；

● 算法运算过程可以引入正则化项。

　　贝叶斯回归的缺点：

● 模型的推理过程耗时比较长；

● 不适合训练数据集比较大的情况。

　　Scikit-learn 提供了类 sklearn.linear_model.BayesianRidge（贝叶斯岭回归评估器）来实现贝叶斯线性回归，贝叶斯岭回归属于贝叶斯线性回归的一种，表2-18详细说明了贝叶斯岭回归评估器的构造函数及其属性和方法。

表2-18　贝叶斯岭回归评估器

sklearn.linear_model.BayesianRidge：贝叶斯岭回归评估器	
BayesianRidge(*, n_iter=300, tol=0.001, alpha_1=1e-06, alpha_2=1e-06, lambda_1=1e-06, lambda_2=1e-06, alpha_init=None, lambda_init=None, compute_score=False, fit_intercept=True, normalize=False, copy_X=True, verbose=False)	
n_iter	可选。一个整数，指定最大迭代次数，必须大于等于1。默认值为300
tol	可选。一个浮点数，指定模型参数收敛精度，默认值为1e-3

续表

sklearn.linear_model.BayesianRidge: 贝叶斯岭回归评估器	
alpha_1	可选。一个浮点数，为α先验伽马分布的形状参数。对贝叶斯线性回归模型来说，这是一个超参数。默认值为1.0×10^{-6}
alpha_2	可选。同上
lambda_1	可选。一个浮点数，为λ先验伽马分布的形状参数。对贝叶斯线性回归模型来说，这是一个超参数。默认值为1.0×10^{-6}
lambda_2	可选。同上
alpha_init	可选。一个浮点数或者为None，表示α的初始值。默认值为None，表示α的初始值设置为$\dfrac{1}{var(y)}$
lambda_init	可选。一个浮点数或者为Nonc，表示λ的初始值。默认值为None，表示λ的初始值设置为1.0
compute_score	可选。一个布尔值，表示每次迭代是否需要计算对数边缘似然值。默认值为False
fit_intercept	可选。一个布尔值，表示模型拟合过程中是否计算截距w_0。默认值为True
normalize	可选。一个布尔值，表示是否在调用拟合函数fit()之前对特征变量进行归一化处理。默认值为False
copy_X	可选。一个布尔值，表示是否对原始训练样本进行拷贝。默认值为True
verbose	可选。一个布尔值或一个整数，用来设置输出结果的详细程度。默认值为False

BayesianRidge的属性

coef_	形状shape为(n_features,)的数组，包含了回归模型中特征变量的系数（分布的均值）
intercept_	一个浮点数，表示回归模型中的截距。如果fit_intercept=False，则本属性为0.0
alpha_	一个浮点数，表示α的估计值
lambda_	一个浮点数，表示λ（权重）的估计值
sigma_	形状shape为(n_features, n_features)的数组，表示回归系数的方差一协方差矩阵
scores_	形状shape为(n_iter_+1,)的数组，表示当compute_score设置为True时，存储每次迭代的对数边缘似然估计值
n_iter_	一个整数，表示满足拟合过程停止条件的迭代次数
X_offset_	一个浮点数，当normalize设置为True时，中心化数据处理时的偏移量
X_scale_	一个浮点数，当normalize设置为True时，使数据的方差变为单位标准差所使用的参数值

BayesianRidge的方法和特性

fit(X, y, sample_weight＝None)：拟合贝叶斯岭回归模型

X	必选。类数组对象或稀疏矩阵类型对象，其形状shape为(n_samples,n_features)，表示特征变量数据集，其中n_samples为样本数量，n_features为特征变量数量
y	必选。类数组对象，其形状shape为(n_samples,)或者(n_samples,n_outputs)，表示目标变量数据集，其中n_outputs为目标变量个数

续表

sklearn.linear_model.BayesianRidge：贝叶斯岭回归评估器	
sample_weight	可选。类数组对象，其形状shape为(n_samples,)，表示每个样本的权重。默认值为None，即每个样本的权重一样（为1）
返回值	训练后的贝叶斯岭回归模型

get_params(deep＝True)：获取评估器的各种参数

deep	可选。布尔型变量，默认值为True，表示不仅包含此评估器自身的参数值，还返回包含的子对象（也是评估器）的参数值
返回值	字典对象。包含"（参数名称:值）"的键值对

predict(X, return_std＝False)：使用拟合的贝叶斯岭回归模型对新数据进行预测

X	必选。类数组对象或稀疏矩阵类型对象，其形状shape为(n_samples,n_features)，表示待预测的数据集
return_std	一个布尔变量值，表示是否返回（后验）预测值标准差
返回值	返回值由两部分组成：预测目标变量分布的均值，预测目标变量分布的标准差

score(X, y,sample_weight ＝ None)：计算贝叶斯岭回归模型的拟合优度

X	必选。类数组对象或稀疏矩阵类型对象，其形状shape为(n_samples,n_features)，表示测试数据集
y	必选。类数组对象，其形状shape为(n_samples,)或者(n_samples,n_outputs)，表示目标变量的实际值，其中n_ outputs为目标变量个数
sample_weight	可选。类数组对象，其形状shape为(n_samples,)，表示每个样本的权重。默认值为None，即每个样本的权重一样（为1）
返回值	返回贝叶斯岭回归模型的拟合优度

set_params(**params)：设置评估器的各种参数

params	字典对象，包含了需要设置的各种参数
返回值	评估器自身

下面我们以示例形式说明贝叶斯岭回归评估器BayesianRidge的使用。

```
1.
2.  import numpy as np
3.  from sklearn.datasets import load_boston
4.
5.  from sklearn.linear_model import BayesianRidge
6.  from sklearn.model_selection import train_test_split
7.  from sklearn.metrics import mean_squared_error
8.
9.  import matplotlib.pyplot as plt
10. from matplotlib.font_manager import FontProperties
```

```
11.
12.
13.  # 导入波士顿房价数据，并且切分为训练数据集和测试数据集两部分
14.  boston = load_boston()
15.  x, y = boston.data, boston.target
16.  xtrain, xtest, ytrain, ytest=train_test_split(x, y, test_size=0.15)
17.
18.  # 定义一个贝叶斯岭模型（以默认值）
19.  bay_ridge = BayesianRidge()
20.
21.  # 拟合训练模型
22.  bay_ridge.fit(xtrain, ytrain)
23.
24.  # 计算模型的拟合优度指标
25.  score = bay_ridge.score(xtrain, ytrain)
26.  print("拟合优度(R2): %.2f" % score)
27.
28.  # 对测试数据集进行预测，并计算均方误差指标
29.  ypred = bay_ridge.predict(xtest)
30.  mse = mean_squared_error(ytest, ypred)
31.  print("均方误差MSE: %.2f" % mse)
32.  print("均方根误差RMSE: %.2f" % np.sqrt(mse))
33.
34.  # 可视化展示原始数据和结果
35.  # 获得一个字体对象
36.  font = FontProperties(fname='C:\\Windows\\Fonts\\SimHei.ttf')  #, size=16)
37.
38.  # 设置窗口标题
39.  fig = plt.figure()
40.  fig.canvas.set_window_title('BayesianRidge评估器')
41.
42.  x_ax = range(len(ytest))
43.  plt.scatter(x_ax, ytest, s=5, color="blue", label="原始数据")
44.  plt.plot(x_ax, ypred, lw=0.8, color="red", label="预测数据")
45.  plt.title("BayesianRidge评估器", fontproperties=font)
46.  plt.legend(prop=font)
47.
48.  plt.tight_layout()
49.  plt.show()
50.
```

运行后输出如下（在 Python 自带的 IDLE 环境下）：

1. 拟合优度(R2)：0.76
2. 均方误差MSE：34.40
3. 均方根误差RMSE：5.87

贝叶斯岭回归示意图如图2-9所示（在 Python 自带的 IDLE 环境下）。

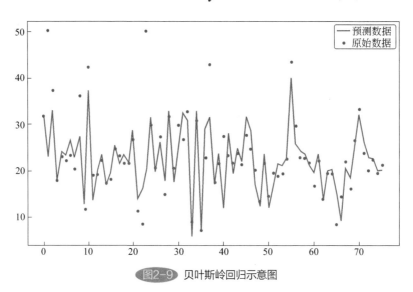

图2-9 贝叶斯岭回归示意图

有一个与贝叶斯岭回归非常类似的算法：自动相关性确定回归（Automatic Relevance Determination，ARD），也称为稀疏贝叶斯学习算法或相关向量机算法。贝叶斯岭回归假设特征变量系数（模型参数）的先验分布是球形高斯分布，而自动相关性确定回归假设特征变量系数的先验分布是轴平行的椭圆高斯分布（axis-parallel elliptical Gaussian distribution），每一个系数有自己的标准差 λ_i，系数 w 的先验分布为 $p(w|\lambda) = N(w|0, A^{-1})$，这里 $dia(A) = \lambda = = \{\lambda_1, \lambda_2, \cdots, \lambda_p\}$，而 λ_i 本身为伽马分布，其分布参数为形状参数和尺度参数。Scikit-learn 中实现自动相关性确定回归的类为 sklearn.linear_model. ARDRegression，它的构造函数及方法与贝叶斯岭回归的构造函数和方法几乎一样。

2.7 广义线性回归

Scikit-learn 提供了目标变量属于 Tweedie 分布（特威迪分布）的广义线性回归模型。Tweedie 分布既包括纯粹连续型随机变量的正态分布、伽玛分布和逆高斯分布，也包括纯粹定量离散型（整数）随机变量的泊松分布，还包含泊松-伽玛复合分布，因此它是一个分布族，即 Tweedie 分布族。Tweedie 分布族是以英国统计学家 Maurice Tweedie 的名字命名的，是期望值和离散值之间具有特殊关系的指数分布族的子集。对于一个服从指数分布的随机变量 $Y \sim ED(\mu, \varphi)$，其期望值 $\mu = E(Y)$，离散参数 φ 为正值（Tweedie 分布族的方差），如果 μ 和 φ 之间满足关系：$var(Y) = \varphi \mu^p$，则称随机变量 Y 服从 Tweedie 分布，记为 $Y = TW_p((\mu, \varphi))$，其中 p 为一个实数，代表形状参数，称为 Tweedie 分布的幂指数参数，$p \in (-\infty, 0] \cup [1, \infty)$。Tweedie 分布的概率密度函数为

$$f(y|\mu, \varphi, p) = h(y|\varphi) \exp\left[\frac{1}{\varphi}\left\{y\frac{\mu^{1-p}}{1-p} - \frac{\mu^{2-p}}{2-p}\right\}\right]$$

式中，$h(y|\varphi) = \frac{1}{y}\sum_{j=1}^{\infty}\frac{y^{-j\alpha}(p-1)^{\alpha j}}{\varphi^{j(1-\alpha)}(2-p)^j j! \Gamma(-j\alpha)}$ ，$\alpha = \frac{2-p}{1-p}$。

实际上，Tweedie 分布的随机变量是伽马分布随机变量和泊松分布变量的组合体，指数参数 p 增加了分布的灵活性，其不同取值可以对应到不同的具体分布。表2-19 说明了 Tweedie 分布族指数参数 p 的取值。

表2-19　Tweedie分布族指数参数p的取值

参数p取值	分布族实例类型	说明
$p=0$	正态分布	此时建议使用Ridge()、ElasticNet()
$p=1$	泊松分布	此时建议使用PoissonRegressor()，完全等价于TweedieRegressor(power=1, link='log')
$1<p<2$	Tweedie分布	复合泊松分布，由泊松分布和伽马分布复合而成。使用TweedieRegressor()
$p=2$	伽马分布	此时建议使用GammaRegressor()，完全等价于TweedieRegressor(power=2, link='log')
$p=3$	逆高斯分布	

Tweedie 分布是一种右偏的数据分布，这种分布最明显的特点是以一定的概率生成数值为0的样本，所以数据集中在数值低的区域。广义线性回归模型的损失函数如下：

$$\min_{w}\left(\frac{1}{2n}\sum_i d(y_i, \hat{y}_i) + \frac{\alpha}{2}\|w\|_2^2\right)$$

式中，n 为样本个数；α 称为正则化系数，是模型的一个超参数，$\alpha \in [0, +\infty]$，指定了回归系数的正则化强度，在模型训练前，α 需要事先设定；$\|w\|_2^2$ 表示回归系数向量 w 的L2范数，这里向量 w 不包括截距 w_0；$d(y_i, \hat{y}_i)$ 为单位偏离度，表2-20 列出了常用分布的单位偏离度。

表2-20　常用分布的单位偏离度

分布	目标变量值域	单位偏离度
正态分布	$y \in (-\infty, +\infty)$	$(y-\hat{y})^2$
泊松分布	$y \in [0, +\infty)$	$2\left(y\ln\frac{y}{\hat{y}} - y + \hat{y}\right)$

续表

分布	目标变量值域	单位偏离度
伽玛分布	$y \in [0, +\infty)$	$2\left(\ln\dfrac{\hat{y}}{y} + \dfrac{y}{\hat{y}} - 1\right)$
逆高斯分布	$y \in [0, +\infty)$	$\dfrac{(y-\hat{y})^2}{y\hat{y}^2}$

在具体选择单位偏离度计算公式时，如果目标变量是计数（非负整数值）或相对频率（非负值），则可以考虑使用对数连接函数的泊松分布的单位偏离度；如果目标变量是正值，且为偏态分布，则可以考虑使用对数连接函数的伽马分布的单位偏离度；如果目标变量的分布比伽马分布还要偏斜（极度偏态），则考虑使用逆高斯单位偏离度或者其他较高幂指数的 Tweedie 分布族成员。

需要注意的是，广义线性回归模型的拟合优度是 D^2，而不是普通线性回归的拟合优度 R^2，D^2 是 R^2 的扩展。R^2 中使用了误差平方，而 D^2 中使用了单位偏离度 $d(y_i, \hat{y}_i)$。D^2 的定义如下：

$$D^2 = 1 - \sum_i d(y_i, \hat{y}_i) \Big/ \sum_i d(y_i, \bar{y})$$

Tweedie 分布的应用比较广泛。在保险行业，如果保单在保险期间的索赔次数服从泊松分布，每次索赔的赔付额服从伽马分布，则保单在整个保险期间的累积赔付额服从 Tweedie 分布；在医学领域，Tweedie 分布常用来对局部器官血流、癌症转移量、基因组结构和演化等进行统计建模。Tweedie 分布还可用于天气模型的建立。

实现 Tweedie 分布广义线性回归模型的类为 sklearn.linear_model.TweedieRegressor（广义线性回归评估器）。表 2-21 列出了 Tweedie 分布广义线性回归评估器 TweedieRegressor 的构造函数及其属性和方法。

表2-21　Tweedie分布广义线性回归评估器TweedieRegressor

sklearn.linear_model.TweedieRegressor：Tweedie分布广义线性回归评估器	
TweedieRegressor(*, power＝0.0, alpha＝1.0, fit_intercept＝True, link＝'auto', max_iter＝100, tol＝0.0001, warm_start＝False, verbose＝0)	
power	可选。一个浮点数，指定Tweedie分布中幂指数参数 p 的值。默认值为0.0，表示正态分布
alpha	可选。正则化系数。默认值为1.0
fit_intercept	可选。一个布尔值，表示模型拟合过程中是否计算截距 w_0。默认值为True
link	可选。一个字符串值，可取值为auto、identity、log。 identity表示适用于正态分布；log适用于泊松分布、伽马分布和逆高斯分布；默认值为auto，表示根据power参数的分布自动选择连接函数
max_iter	可选，一个整数值，表示迭代求解过程中最大迭代次数。默认值为100
tol	一个浮点数值，表示迭代停止误差规则。默认值为0.0001

sklearn.linear_model.TweedieRegressor：Tweedie分布广义线性回归评估器	
warm_start	可选。一个布尔变量值，指定在迭代训练过程中是否使用前面调用fit()函数的结果来初始化coef_和intercept_。默认值为False
verbose	可选。一个整数，用来设置输出结果的详细程度。默认为0

TweedieRegressor的属性	
coef_	包含回归系数的数组，其形状shape为(n_features,)，表示特征变量的权重，也就是回归系数
intercept_	一个浮点数，表示模型中的截距。如果fit_intercept=False，则本属性为0.0
n_iter_	一个整数，表示在求解过程中实际使用的迭代次数

TweedieRegressor的方法

fit(X, y, sample_weight＝*None*)：拟合广义线性模型

X	必选。类数组对象或稀疏矩阵类型对象，其形状shape为(n_samples,n_features)，表示训练数据集，其中n_samples为样本数量，n_features为特征变量数量。在拟合前X应当进行标准化处理
y	必选。类数组对象，其形状shape为(n_samples,)，表示目标变量数据集
sample_weight	可选。形状shape为(n_samples,)的数组对象，表示每个样本的权重。默认值为None，即每个样本的权重一样（为1）
返回值	训练后的Tweedie广义线性回归模型

get_params(deep＝True)：获取评估器的各种参数

deep	可选。布尔型变量，默认值为True。如果为True，表示不仅包含此评估器自身的参数值，还将返回包含的子对象（也是评估器）的参数值
返回值	字典对象。包含"（参数名称:值）"的键值对

predict(X)：使用拟合的广义回归模型对新数据进行预测

X	必选。类数组对象或稀疏矩阵类型对象，其形状shape为(n_samples,n_features)，表示待预测的数据集
返回值	类数组对象，其形状shape为(n_samples,)，表示预测后的目标变量数据集

score(X, y,sample_weight ＝ None)：计算Tweedie广义线性回归模型的拟合优度D^2

X	必选。类数组对象或稀疏矩阵类型对象，其形状shape为(n_samples,n_features)，表示测试数据集
y	必选。类数组对象，其形状shape为(n_samples,)
sample_weight	可选。类数组对象，其形状shape为(n_samples,)，表示每个样本的权重。默认值为None，即每个样本的权重一样（为1）
返回值	返回Tweedie广义线性回归模型的拟合优度D^2

set_params(**params)：设置评估器的各种参数

params	字典对象，包含了需要设置的各种参数
返回值	评估器自身

下面我们举例说明Tweedie分布广义线性回归评估器TweedieRegressor的使用。

```python
1.
2.  import numpy as np
3.  from sklearn.model_selection import train_test_split
4.  from sklearn.linear_model import TweedieRegressor
5.
6.  n_samples, n_features = 1000, 20
7.  rng = np.random.RandomState(0)
8.
9.  # 从标准正态分布中返回多个样本值（浮点数）
10. X = rng.randn(n_samples, n_features)
11.
12. # 利用X，随机生成泊松数值（大于等于0的整数）
13. y = rng.poisson(lam=np.exp(X[:, 5]) / 2)
14.
15. X_train, X_test, y_train, y_test = train_test_split(X, y, random_state=rng)
16. glm = TweedieRegressor(power=1, link='log')  # 等同于使用PoissonRegressor()
17.
18. glm.fit(X_train, y_train)
19. print(glm.score(X_test, y_test))
20.
```

运行后，输出结果如下（在Python自带的IDLE环境下）：

```
1.  0.35776189065725794
```

2.8 随机梯度下降回归

随机梯度下降回归以随机梯度下降（Stochastic Gradient Descent）作为模型拟合方法，实现回归系数的求解，特别适合样本数据量特别大或特征变量个数特别大的情况。梯度以$\nabla f(x)$表示：

$$\nabla f(x) = \left(\frac{\partial f}{\partial x_1}, \frac{\partial f}{\partial x_2}, \cdots, \frac{\partial f}{\partial x_m} \right)^{\mathrm{T}}$$

多元函数$f(x)$的泰勒公式为：

$$f(x+\Delta x) = \frac{f(x)}{0!} + \frac{f'(x)}{1!}\Delta x + \frac{f''(x)}{2!}\Delta x^2 + \cdots + \frac{f^{(n)}(x)}{n!}\Delta x^n + R_n(x)$$

$$= f(x) + f'(x)\Delta x + \frac{f''(x)}{2}\Delta x^2 + \cdots + \frac{f^{(n)}(x)}{n!}\Delta x^n + R_n(x)$$

对于一阶导数，有

$$f(x+\Delta x)\approx f(x)+f'(x)\Delta x$$

即

$$f(x+\Delta x)-f(x)\approx f'(x)\Delta x=\left(\nabla f(x)\right)^{\mathrm{T}}\Delta x$$

由于 $\nabla f(x)$ 和 Δx 均为向量，所以

$$\left(\nabla f(x)\right)^{\mathrm{T}}\Delta x=\|\nabla f(x)\|\times\|\Delta x\|\times\cos(\gamma)$$

当 $\cos(\gamma)=-1$ 时，梯度 $\nabla f(x)$ 和 Δx 方向相反，$f(x)$ 的值变化（下降）最快。为了简单起见，取 $\Delta x=-\varepsilon\nabla f(x)$，$\varepsilon$ 为一个接近于 0 的正浮点数，称为步长或学习速率，则有

$$\left(\nabla f(x)\right)^{\mathrm{T}}\Delta x=-\|\nabla f(x)\|\times\|\Delta x\|=-\varepsilon\|\nabla f(x)\|^2$$

此时，点 x 处的更新迭代公式可以为

$$x_{k+1}=x_k-\varepsilon\nabla f(x)$$

此时多元函数 $f(x)$ 会沿着特征变量 x_k 递减，最终会收敛到梯度为 0 的点（极小值点），这就是梯度下降法。在实际应用中，梯度下降法迭代终止的条件有三个：

（1）函数的梯度为 0，或者非常接近于 0；

（2）特征变量 x 的变化小于给定的精度 ε；

（3）迭代次数到达给定的次数。

图2-10为梯度下降法求极小值示意图。

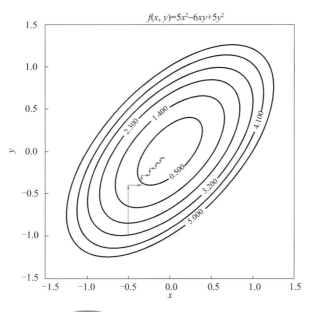

图2-10　梯度下降法求极小值示意图

线性回归模型的损失函数 $L(Y,f(x))$ 是一个以回归系数 $(\theta_1,\theta_2\cdots\theta_m)$ 作为变量的多元函数。设线性回归模型为 $h_\theta(x)=h_\theta(x_1,x_2\cdots x_m)=\theta_0+\theta_1 x_1+\cdots+\theta_m x_m$，损失函数 $L(Y,f(x))$ 为

$$L\left(Y,f(x)\right)=L(\theta)=L(\theta_0,\theta_1\cdots,\theta_m)=\frac{1}{2n}\sum_{i=0}^{n}\left(h_\theta(x)-y_i\right)^2$$

分别求 $L(\theta)$ 对 $\theta_0,\theta_1\cdots,\theta_m$ 的偏导，得

$$\frac{\partial L(\theta)}{\partial \theta_k}=\frac{1}{n}\sum_{i=0}^{n}\left(h_\theta(x)-y_i\right)x_k$$

$L(\theta)$ 的梯度为

$$\begin{pmatrix}\dfrac{\partial L(\theta)}{\partial \theta_0}\\[2mm]\dfrac{\partial L(\theta)}{\partial \theta_1}\\[2mm]\cdots\\[2mm]\dfrac{\partial L(\theta)}{\partial \theta_m}\end{pmatrix}$$

根据迭代过程中样本数据量的多少，梯度下降法可以分为批量梯度下降法、随机梯度下降法和小批量梯度下降法三种。批量梯度下降法在更新参数时使用所有的样本来求解梯度的方向，也称为全量梯度下降法。这种方法易于得到全局最优解，易于实现并行计算。但是当样本数据较大时，计算量大，效率不高。模型参数的更新公式为

$$\theta_{k+1}=\theta_k-\alpha\sum_{i=0}^{n}\left(h_\theta(x)-y_i\right)x_k$$

随机梯度下降法的原理与批量梯度下降法一样，但是在求解梯度时不用所有的样本数据，而是随机选取一个样本，由于仅使用一个样本来决定一次迭代的梯度方向，所以迭代的结果可能不是最优解。其模型参数的更新公式为

$$\theta_{k+1}=\theta_k-\alpha\left(h_\theta(x)-y_i\right)x_k$$

小批量梯度下降法是批量梯度下降法和随机梯度下降法的折中，它从 n 个样本数据中随机选择 t 个样本求解梯度，求解过程比较快，同时也可以保证最终拟合模型一定的准确率。模型参数的更新公式为

$$\theta_{k+1}=\theta_k-\alpha\sum_{i=0}^{t}\left(h_\theta(x)-y_i\right)x_k$$

严格来讲，随机梯度下降法实际上是一种模型优化策略，不能称其为一种独立模型，而是一种训练模型的途径，但由于它应用广泛，因此 Scikit-learn 中专门为其提供了实现类。Scikit-learn 中实现随机梯度下降线性回归的类为 sklearn.linear_model.SGDRegressor（随机梯度下降线性回归评估器），它可用多种不同的基础损失函数（必须为凸函数），例如均方误差、huber 损失函数、ε 不敏感损失函数、平方 ε 不敏感损失函数等。均方误差损失函数就是前面介绍的普通最小二乘法回归所使用的损失函数。

Huber 损失函数也叫平滑平均绝对误差损失函数，是由瑞士统计学家胡贝尔（Peter Jost Huber）定义的，其核心理念是预测偏差小于 δ 时损失函数采用均方误差，大于 δ 时采用线性误差。样本的损失函数定义如下：

$$L\big(y, f(x)\big) = \begin{cases} \dfrac{1}{2}\big(y - f(x)\big)^2 & |y - f(x)| \le \delta \\ \delta |y - f(x)| - \dfrac{1}{2}\delta^2 & \text{其他情况} \end{cases}$$

Huber 损失函数处处可导，满足使用梯度下降法进行模型拟合的条件。Huber 损失函数的优点是能增强均方误差损失函数对噪声（离群点，outliers）的鲁棒性。

ε 不敏感损失函数是 Vladimir Vapnik（支持向量机的主要发明者之一）提出的一种损失函数，它在建立支持向量机方法中起了关键作用。这种损失函数忽略了小于某个阈值 ε 的误差。样本的损失函数定义如下：

$$L\big(y, f(x)\big) = \begin{cases} 0 & |y - f(x)| \le \varepsilon \\ |y - f(x)| - \varepsilon & \text{其他情况} \end{cases}$$

或者简写为

$$L\big(y, f(x)\big) = max\{0, |y - f(x)| - \varepsilon\}$$

ε 作为一个超参数，指定损失函数分支的阈值，与梯度下降法中的学习速率 ε 具有不同的含义。

平方 ε 不敏感损失函数（squared error epsilon insensitive loss）是 ε 不敏感损失函数的变体，损失部分以平方来表示。样本的损失函数定义如下：

$$L\big(y, f(x)\big) = \begin{cases} 0 & |y - f(x)| \le \varepsilon \\ \big(y - f(x)\big)^2 - \varepsilon & \text{其他情况} \end{cases}$$

或者简写为

$$L\big(y, f(x)\big) = max\{0, \big(y - f(x)\big)^2 - \varepsilon\}$$

表 2-22 详细说明了随机梯度下降线性回归评估器 SGDRegressor 的构造函数及其属性和方法。

表2-22　随机梯度下降线性回归评估器SGDRegressor

sklearn.linear_model.SGDRegressor：随机梯度下降线性回归评估器

SGDRegressor(loss='squared_loss', *, penalty='l2', alpha=0.0001, l1_ratio=0.15, fit_intercept=True, max_iter=1000, tol=0.001, shuffle=True, verbose=0, epsilon=0.1, random_state=None, learning_rate='invscaling', eta0=0.01, power_t=0.25, early_stopping=False, validation_fraction=0.1, n_iter_no_change=5, warm_start=False, average=False)

loss	可选。包含以下选项： 　"squared_loss"：表示普通最小二乘拟合； 　"huber"：huber损失函数； 　"epsilon_insensitive"：ε不敏感损失函数； 　"squared_epsilon_insensitive"：平方ε不敏感损失函数。 默认值为"squared_loss"
penalty	可选。一个字符串，表示损失函数的惩罚项，即正则化项的类别。可以为"l2" "l1" "elasticnet"，分别表示L2正则化、L1正则化、弹性网络正则化。默认值为"l2"
alpha	可选。正则化系数。默认值为0.0001
l1_ratio	可选。一个浮点数，表示正则化项为弹性网络时的混合参数。仅在penalty设置为"elasticnet"是有效。默认值为0.15
fit_intercept	可选。一个布尔值，表示模型拟合过程中是否计算截距w_0。默认值为True
max_iter	可选。一个整数，指定对训练数据的最大循环使用次数。 注：本参数只会影响fit()函数，不影响partial_fit()函数。 默认值为1000
tol	可选。一个浮点数或者为None，指定迭代训练停止的条件。默认值为0.001
shuffle	可选。一个布尔值，指定每次循环训练样本是否需要重新随机排序（洗牌）。默认值为True
verbose	可选。一个整数，用来设置输出结果的详细程度。默认为0
epsilon	可选。一个浮点数，指定损失函数的ε阈值，仅在loss参数设置为"huber" "epsilon_insensitive" "squared_epsilon_insensitive"时有效
random_state	可选。如果是一个整型常数值，表示需要生成随机数时，每次返回的都是一个固定的序列值；如果是一个numpy.random.RandomState对象，则表示每次均为随机采样； 　如果设置为None，表示由系统随机设置随机数种子，每次也会返回不同的样本序列。默认值None
learning_rate	可选。一个字符串，指定学习速率的计算方案。 　"constant"：学习速率为常数值； 　"optimal"：优化学习速率； 　"invscaling"：逐步缩小学习速率； 　"adaptive"：自适应确定学习速率。 默认值为"invscaling"
eta0	可选。一个双精度数值，指定初始学习速率。默认值为0.01
power_t	可选。一个双精度数值，当learning_rate设置为"invscaling"时，指定学习速率计算公式中的指数。默认值为0.25

续表

sklearn.linear_model.SGDRegressor：随机梯度下降线性回归评估器	
early_stopping	可选。一个布尔值。如果设置为True，则从训练数据集中预留部分数据用于评分，在n_iter_no_change指定的连续时间段内tol没有提高时终止训练。默认值为False
validation_fraction	可选。指定从训练数据集中预留部分数据，用于判断是否提前结束迭代训练。只有在参数early_stopping设置为True时有效。默认值为0.1
n_iter_no_change	可选。一个整数，指定迭代停止条件没有改进时的迭代次数。默认值为5
warm_start	可选。一个布尔值，指定在迭代训练过程中是否使用前一次的结果。默认值为False。注意：如果设置为True，且shuffle也设置为True，则连续调用fit()或者partial_fit()后，可能获得不同的结果
average	可选。一个布尔值，或一个整数值。如果设置为一个大于1的整数值，则在样本总数达到average时开始进行平均值计算。默认值为False

SGDRegressor的属性	
coef_	包含回归系数的数组，其形状shape为(n_features,)，表示特征变量的权重，也就是回归系数向量
intercept_	一个浮点数，表示回归模型中的截距。如果fit_intercept=False，则本属性为0.0
n_iter_	一个整数，表示到达迭代停止条件时实际运行的迭代次数
t_	一个整数，表示训练期间的权重更新次数

SGDRegressor的方法

densify()：把回归系数矩阵转换为稠密Numpy.ndarray数组形式	
返回值	拟合后的评估器自身

fit(X, y, coef_init＝None, intercept_init＝None, sample_weight＝None)：使用随机梯度下降法SGD拟合模型	
X	必选。类数组对象或稀疏矩阵类型对象，其形状shape为(n_samples,n_features)，表示输入数据集
y	必选。形状shape(n_samples,)的数组，表示目标变量数据集
coef_init	可选。一个形状shape为(n_features,)的数组，指定热启动时使用的回归系数初始值。默认值为None，表示不设置初始值
intercept_init	可选。一个形状shape为(1,)的数组，指定热启动时使用的截距初始值。默认值为None，表示不设置初始值
sample_weight	可选。类数组对象，其形状shape为(n_samples,)，表示每个样本的权重。默认值为None，即每个样本的权重一样（为1）
返回值	拟合后的评估器（模型）

get_params(deep＝True)：获取评估器的各种参数	
deep	可选。布尔型变量。默认值为True，表示不仅包含此评估器自身的参数值，还将返回包含的子对象（也是评估器）的参数值

续表

sklearn.linear_model.SGDRegressor：随机梯度下降线性回归评估器	
返回值	字典对象。包含"（参数名称:值）"的键值对
partial_fit(X, y, sample_weight＝None)：对给定样本数据执行一次循环计算（使用随机梯度下降方法）。在实现中max_iter＝1，只执行一次循环计算，不能保证达到停止条件，所以需要手动停止训练过程	
X	必选。类数组对象或稀疏矩阵类型对象，其形状shape为(n_samples,n_features)，表示输入数据集，其中n_samples为样本数量，n_features为特征变量数量
y	必选。形状shape(n_samples,)的数组，表示目标变量数据集
sample_weight	可选。类数组对象，其形状shape为(n_samples,)，表示每个样本的权重。默认值为None，即每个样本的权重一样（为1）
返回值	拟合后的评估器（模型）
predict(X)：使用拟合的模型对新数据进行预测	
X	必选。类数组对象或稀疏矩阵类型对象，其形状shape为(n_samples,n_features)，表示待预测的数据集
返回值	类数组对象，其形状shape为(n_samples,)，表示预测后的目标变量数据集
score(X, y, sample_weight＝None)：计算随机梯度下降回归模型的拟合优度R^2	
X	必选。类数组对象或稀疏矩阵类型对象，其形状shape为(n_samples,n_features)，表示测试数据集
y	必选。类数组对象，其形状shape为(n_samples,)，或者(n_samples, n_outputs)，表示目标变量的实际值。其中n_outputs为目标变量个数
sample_weight	可选。类数组对象，其形状shape为(n_samples,)，表示每个样本的权重。默认值为None，即每个样本的权重一样（为1）
返回值	返回随机梯度下降回归模型的拟合优度R^2
set_params(**params)：设置评估器的各种参数	
params	字典对象，包含了需要设置的各种参数。
返回值	拟合后的评估器自身
sparsify()：把回归系数矩阵转换为稀疏矩阵形式（scipy.sparse matrix）。注：截距属性intercept_不参与转换	
返回值	拟合后的评估器自身

随机梯度下降评估器SGDRegressor()的使用简洁明了，下面我们以示例形式说明。

```
1.
2.  from sklearn.linear_model import SGDRegressor
3.  from sklearn.datasets import load_boston
4.  from sklearn.model_selection import train_test_split
5.  from sklearn.preprocessing import scale
6.  from sklearn.metrics import mean_squared_error
```

```
7.  from matplotlib.font_manager import FontProperties
8.  import matplotlib.pyplot as plt
9.
10. #1 波士顿房屋价格数据集(共506个样本数据)
11. print("波士顿房价预测...")
12. boston = load_boston()
13. X, y = boston.data, boston.target
14.
15. #2 Z-Score数据标准化
16. X = scale(X)
17. y = scale(y)
18. X_train, X_test, y_train, y_test = train_test_split(X, y, test_size=.15)
19.
20. # 使用默认的均方误差（squared_loss）损失函数
21. sgdr = SGDRegressor(alpha=0.0001, epsilon=0.01, eta0=0.1, penalty='elasticnet')
22. sgdr.fit(X_train, y_train)
23.
24. # 线性回归模型的各种度量指标
25. score = sgdr.score(X_train, y_train)
26. print("拟合优度（R-squared）:", score)
27.
28. y_pred = sgdr.predict(X_test)
29. mse = mean_squared_error(y_test, y_pred)
30. print("      均方误差（MSE）:", mse)
31.
32.
33. # 绘制图形
34. plt.figure()
35. # 通过这种方式可以局部设置字体（支持中文），不影响绘图其他部分
36. font = FontProperties(fname='C:\\Windows\\Fonts\\SimHei.ttf') # , size=16
37.
38. x_ax = range( len(y_test) )
39. plt.plot(x_ax, y_test, label="观测值")
40. plt.plot(x_ax, y_pred, label="预测值")
41. plt.title("波士顿房价数据（测试和预测）", fontproperties=font)
42.
43. plt.xlabel('样本序号', fontproperties=font)
44. plt.ylabel('房屋价格', fontproperties=font)
```

```
45.
46. plt.legend(loc='best',fancybox=True, shadow=True, prop=font)
47. plt.grid(True)
48. plt.show()
49.
```

运行后，输出结果如下（在 Python 自带的 IDLE 环境下）：

```
1.   波士顿房价预测...
2.   拟合优度（R-squared）: 0.7247610880098772
3.        均方误差（MSE）: 0.2690817060524782
```

运行后的输出图形如图 2-11 所示。

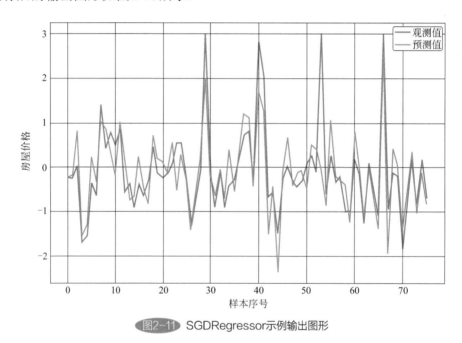

图2-11 SGDRegressor示例输出图形

2.9 被动攻击回归

被动攻击回归算法（Passive Aggressive Algorithm）是由 Koby Crammer 等提出的一种在线学习算法（online-learning algorithms），在这种算法中，通过一个正则化参数 C 指定模型在预测不正确时的修正量，以保持模型的稳定性。如果预测结果是正确的，则保持模型（参数）不变；如果预测结果是错误的，则按照一定规则修正模型。这种算法不需要学习速率，适合大规模的流式数据学习场景。

被动攻击算法的损失函数为 $L(y_t, f(x_t)) = \max\{0, |y_t - f(x_t)| - \varepsilon\}$，$x_t$ 表示第 t 次的样本数据（向量），y_t 为第 t 次样本数据对应的实际值，ε 作为一个超参数，指定损失函数分支的阈值。回归系数的更新规则：

$$w_{t+1} = w_t + \frac{\max\{0, |y_t - f(x_t)| - \varepsilon\}}{\|x_t\|^2 + \dfrac{1}{2C}} \, \text{sign}(y_t - f(x_t)x_t)$$

式中，w_t、w_{t+1} 分别是第 t、$t+1$ 次模型更新时的回归系数向量；C 是正则化参数。

实现被动攻击回归算法的类为 sklearn.linear_model.PassiveAggressiveRegressor（被动攻击回归评估器）。表2-23详细说明了 PassiveAggressiveRegressor 的构造函数及其属性和方法。

表2-23　被动攻击回归评估器PassiveAggressiveRegressor

sklearn.linear_model.PassiveAggressiveRegressor：被动攻击回归评估器	
PassiveAggressiveRegressor(*, C＝1.0, fit_intercept＝True, max_iter＝1000, tol＝0.001, early_stopping＝False, validation_fraction＝0.1, n_iter_no_change＝5, shuffle＝True, verbose＝0, loss＝'epsilon_insensitive', epsilon＝0.1, random_state＝None, warm_start＝False, average＝False)	
C	可选。一个浮点数值，指定正则化参数，也就是最大步长。默认值为1.0
fit_intercept	可选。一个布尔值，表示模型拟合过程中是否计算截距w_0。默认值为True
max_iter	可选。一个整数，指定对训练数据的最大循环使用次数。本参数只会影响fit()函数，不影响partial_fit()函数。默认值为1000
tol	可选。一个浮点数或者为None，指定迭代训练停止的条件。默认值为0.001（1e-3）
early_stopping	可选。一个布尔值。如果设置为True，则从训练数据集中预留部分数据用于评分，如果在n_iter_no_change指定的连续时间段内tol没有提高，则终止训练。默认值为False
validation_fraction	可选。指定从训练数据集中预留部分数据，用于判断是否提前结束迭代训练。只有在参数early_stopping设置为True时有效。默认值为0.1
n_iter_no_change	可选。一个整数，迭代停止条件没有改进时的迭代计算次数。默认值为5
shuffle	可选。一个布尔值，每次训练样本循环一遍后再次使用时是否需要重新随机排序（洗牌）。默认值为True
verbose	可选。一个整数，用来设置输出结果的详细程度。默认为0
loss	可选。一个字符串，指定拟合过程中使用的损失函数。默认值为"epsilon_insensitive"
epsilon	可选。一个浮点数，指定损失函数的阈值，如果当前的准确率小于此值，则无需更新模型。默认值为0.1
random_state	可选。如果是一个整型常数值，需要生成随机数时，每次返回的都是一个固定的序列值；如果是一个numpy.random.RandomState对象，每次均为随机采样；如果设置为None，由系统随机设置随机数种子，每次也会返回不同的样本序列。默认值None
warm_start	可选。一个布尔变量值，指定在迭代训练过程中是否使用前一次的结果。默认值为False

续表

sklearn.linear_model.PassiveAggressiveRegressor：被动攻击回归评估器	
average	可选。前面已解释

PassiveAggressiveRegressor的属性

coef_	包含回归系数的数组，其形状shape为(n_features,)，表示特征变量的权重，也就是回归系数向量
intercept_	一个浮点数，表示回归模型中的截距。如果fit_intercept=False，则本属性为0.0
n_iter_	一个整数，表示满足迭代停止条件时实际运行的迭代次数
t_	一个整数，表示训练期间进行的权重更新次数

PassiveAggressiveRegressor的方法

densify()：把回归系数矩阵转换为稠密Numpy.ndarray数组形式

返回值	拟合后的评估器自身

fit(X, y, coef_init＝None, intercept_init＝None)：使用被动攻击方法拟合模型

X	必选。前面已解释
y	必选。前面已解释
coef_init	可选。一个形状shape为(n_features,)的数组，指定热启动时使用的回归系数初始值。默认值为None，表示不设置初始值
intercept_init	可选。一个形状shape为(1,)的数组，指定热启动时使用的截距初始值。默认值为None，表示不设置初始值
返回值	拟合后的评估器（模型）

get_params(deep＝True)：获取评估器的各种参数

deep	可选。前面已解释
返回值	字典对象。包含"（参数名称:值）"的键值对

partial_fit(X, y)：对给定样本数据执行一次循环计算（使用随机梯度下降方法）。使用此函数时，需要使用者手动停止训练过程

X	必选。类数组对象或稀疏矩阵类型对象，其形状shape为(n_samples,n_features)，表示输入数据集，其中n_samples为样本数量，n_features为特征变量数量
y	必选。形状shape(n_samples,)的数组，表示目标变量数据集
返回值	拟合后的评估器（模型）

predict(X)：使用拟合的模型对新数据进行预测

X	必选。类数组对象或稀疏矩阵类型对象，其形状shape为(n_samples,n_features)，表示待预测的数据集
返回值	类数组对象，其形状shape为(n_samples,)，表示预测后的目标变量数据集

续表

sklearn.linear_model.PassiveAggressiveRegressor：被动攻击回归评估器	
score(X, y, sample_weight＝None)：计算被动攻击回归模型的拟合优度R^2	
X	必选。类数组对象或稀疏矩阵类型对象，其形状shape为(n_samples,n_features)，表示测试数据集
y	必选。类数组对象，其形状shape为(n_samples,)或者(n_samples, n_outputs)，表示目标变量的实际值。其中n_outputs为目标变量个数
sample_weight	可选。类数组对象，其形状shape为(n_samples,)，表示每个样本的权重。默认值为None，即每个样本的权重一样（为1）
返回值	返回被动攻击回归模型的拟合优度R^2
set_params(**params)：设置评估器的各种参数	
params	字典对象，包含了需要设置的各种参数
返回值	拟合后的评估器自身
sparsify()：把回归系数矩阵转换为稀疏矩阵形式（scipy.sparse matrix）。注：截距属性intercept_不参与转换	
返回值	拟合后的评估器自身

被动攻击回归评估器PassiveAggressiveRegressor()的使用简洁明了，我们以示例形式说明。这个例子中使用了函数make_regression()生成回归模型需要的数据。这个函数的定义如下：

sklearn.datasets.make_regression(n_samples＝100, n_features＝100, *, n_informative＝10, n_targets＝1, bias＝0.0, effective_rank＝None, tail_strength＝0.5, noise＝0.0, shuffle＝True, coef＝False, random_state＝None)

其中各参数意义：

（1）n_samples：一个整数，表示将要生成的样本数量；

（2）n_features：一个整数，表示生成的样本数据中的特征变量个数；

（3）n_informative：一个整数，表示有效特征变量数目，即参与模型构建的特征数量；

（4）n_targets：一个整数，表示目标变量个数；

（5）bias：一个浮点数，表示偏差(截距)；

（6）effective_rank：可以为一个整数或者为None。如果设置为一个整数，则表示有效特征变量的个数（通过所有特征变量的秩的数量表示）；如果设置为None，则表示生成一个中心化的、标准差为1的数据集；

（7）tail_strength：一个0～1内的浮点数，表示在effective_rank不等于None时，噪声分布的肥尾效应的重要性；

（8）noise：一个浮点数，表示正态分布噪声的标准差；

（9）shuffle：一个布尔变量值，表示是否对生成的样本进行随机排序；

（10）coef：一个布尔变量值，表示是否返回每次训练的回归系数；

（11）random_state：设置一个随机数种子，可以是一个整型数或一个numpy.random. RandomState对象。

下面是示例代码。

```
1.
2.  import numpy as np
3.  from sklearn.datasets import make_regression
4.  from sklearn.linear_model import LinearRegression
5.  from sklearn.linear_model import PassiveAggressiveRegressor
6.  from matplotlib.font_manager import FontProperties
7.  import matplotlib.pyplot as plt
8.
9.
10. # 生成回归样本数据集
11. n_samples, n_features = 2000, 3
12. X, y, w = make_regression(n_samples=n_samples, n_features=n_features, random_sta
    te=42, coef=True, noise=1.0)
13.
14. # 使用LinearRegression模型（批处理形式）
15. batch_acc = np.zeros((n_samples, 1))
16. lm_rgr = LinearRegression()
17. lm_rgr.fit(X, y)
18. batch_acc.fill( np.abs(lm_rgr.predict(X) - y).sum() )
19.
20.
21. # 逐步学习（在线学习）形式（PassiveAggressiveRegressor）
22. pa_rgr = PassiveAggressiveRegressor()
23. pa_acc = np.zeros((n_samples, 1))
24. coefs = np.zeros((n_samples, n_features))
25. for i, x in enumerate(X):
26.     pa_rgr.partial_fit([x], [y[i]])
27.
28.     # error
29.     pa_acc[i,:]= np.abs(pa_rgr.predict(X) - y).sum()
30.     # coef
31.     coefs[i,:] = pa_rgr.coef_
32.
33.
```

```
34.  # 获得一个字体对象
35.  font = FontProperties(fname='C:\\Windows\\Fonts\\SimHei.ttf')  # , size=16
36.
37.  # 设置图像标题，默认为"Figure 1"
38.  fig = plt.figure("PassiveAggressiveRegressor")
39.  # 调整边距和子图的间距
40.  fig.subplots_adjust(wspace=0.5, hspace=0.5)
41.
42.  #子图1 绘制每个特征变量的回归系数变化趋势
43.  ax1 = fig.add_subplot(211)
44.  ax1.plot(range(n_samples), coefs[:,0], "-b", label="特征变量1")
45.  ax1.plot(range(n_samples), coefs[:,1], "-r", label="特征变量2")
46.  ax1.plot(range(n_samples), coefs[:,2], "-g", label="特征变量3")
47.
48.
49.  # 设置其它组件 -- x,y坐标轴文字以及Title和图例
50.  ax1.set_xlabel("样本序号", fontproperties=font)
51.  ax1.set_ylabel("回归系数", fontproperties=font)
52.  ax1.set_title("逐样本回归系数变化(被动攻击模型)", fontproperties=font)
53.  ax1.legend(loc='best',fancybox=True, shadow=True, prop=font)
54.
55.
56.  #子图2 绘制两种模型误差的变化趋势
57.  ax2 = fig.add_subplot(212)
58.  ax2.plot(range(n_samples), batch_acc, "-b", label="批处理结果")
59.  ax2.plot(range(n_samples), pa_acc,    "-r", label="逐步处理结果")
60.
61.  # 设置其它组件 -- x,y坐标轴文字以及Title和图例
62.  ax2.set_xlabel("样本序号", fontproperties=font)
63.  ax2.set_ylabel("误差", fontproperties=font)
64.  ax2.set_title("\n\n逐样本误差变化", fontproperties=font)
65.  ax2.legend(loc='best',fancybox=True, shadow=True, prop=font)
66.
67.  plt.axis('tight')
68.  plt.show()
69.
```

输出结果如图 2-12 所示（在 Python 自带的 IDLE 环境下）。

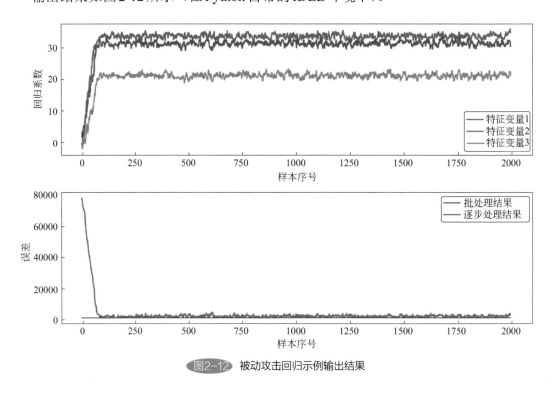

图2-12 被动攻击回归示例输出结果

2.10 鲁棒回归

在构建模型时，训练样本集中的离群点（outliers）对模型的效果影响很大，离群点也称为异常点（abnormalitier），是显著不同于其他数据点的数据。通常把包含离群点的数据集称为损坏数据集（corrupted data set）或者脏数据集（dirty data set）。当训练样本数据集中包含很多离群点时，通常的做法是先进行预处理，剔除离群点，再进行算法训练，构建模型。

鲁棒回归（robustness regression）也称为稳健回归，是一种能够自动处理具有离群点的数据集的回归算法。Scikit-learn 中有三种鲁棒回归算法：随机抽样一致性回归（RANdom SAmple Consensus，RANSAC）、泰尔森回归（Theil Sen regression）和胡贝尔回归（Huber regression）。鲁棒回归中的一个重要概念是分解点（breakdown point）：在模型（估计器）给出错误的估计（预测）之前，脏数据占数据集的最大比例。分解点代表了一个模型对脏数据的最大容忍度。

2.10.1 随机抽样一致性回归

随机抽样一致性回归以随机选择的内点子集作为训练数据集来拟合模型，这些内点全部来自原始训练数据集（可能包含离群点），只能确定一定概率下合理的结果。它通过区分内点（inliers）和外点（也就是离群点，不过这里也包括噪音数据），最后选择内点数据集对模型进行拟合。内点和外点的区别如图2-13所示。

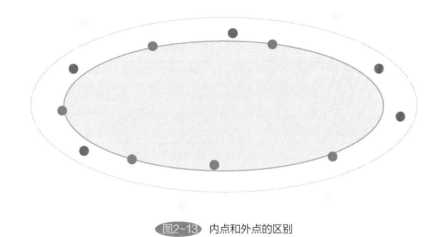

图2-13 内点和外点的区别

在图2-13中，中间淡蓝色椭圆为RANSAC算法拟合的结果（模型）。蓝色点为模型拟合所用样本点，红色点为距离椭圆小于等于某一阈值的点，黄色点为距离椭圆大于阈值的点，蓝色样本点和红色样本点称为内点，黄色样本点称为外点。一般来说，外点包括离群值和噪声数据。

RANSAC算法拟合过程中，每次迭代过程经历以下四个步骤。

（1）选择训练模型所需的样本子集：从原始样本数据集中随机选择min_samples个样本作为训练子集，并检查这个子集的数据是否是有效的（根据is_data_valid）。

（2）拟合训练回归模型：根据选择的训练子集，对指定的模型（评估器，由base_estimator指定）进行拟合训练，并检查这个模型是否是有效的（根据is_model_valid）。

（3）划分内点和外点：根据拟合的模型，计算原始样本数据集中每个样本的残差（base_estimator.predict(X)-y）。残差大于指定阈值（residual_threshold）的样本为外点，小于等于阈值的样本为内点。内点数量的多少是衡量拟合模型好坏的重要指标。

（4）确定并保存最佳模型：内点数量最大化时的模型为最佳模型。内点数量相同的，则评分数值最大（base_estimator.score()）的模型为最佳模型。

上面的四个步骤不断重复进行，直到满足下面的条件之一：

（1）达到了预先指定的重复次数（max_trials）；

（2）已经找到了预先指定的最少数量的内点（stop_n_inliers）；

（3）模型评分（调用score()函数）已经不低于预先指定的最小分数值（stop_score）；

（4）根据预先指定的概率值（stop_probability），在采样过程中至少出现了一个无离群点的训练样本数据集（有效采样），最少采样个数N计算公式如下：

$$N = \frac{\ln(1 - stop\_probability)}{\ln(1 - e^n)}$$

式中，概率值stop_probability通常取值0.99或更大；e为当前内点所占总样本数的比例；n为样本数据集样本数量。

Scikit-learn中实现RANSAC的类为sklearn.linear_model.RANSACRegressor。表2-24详细说明了RANSACRegressor（随机抽样一致性回归评估器）的构造函数及其属性和方法。

表2-24　随机抽样一致性回归评估器RANSACRegressor

sklearn.linear_model.RANSACRegressor：随机抽样一致性回归评估器	
RANSACRegressor(base_estimator＝None, *, min_samples＝None, residual_threshold＝None, is_data_valid＝None, is_model_valid＝None, max_trials＝100, max_skips＝inf, stop_n_inliers＝inf, stop_score＝inf, stop_probability＝0.99, loss='absolute_loss', random_state＝None)	
base_estimator	可选。一个实现了fit()、predict()、score()等函数的评估器对象。默认为None，表示用sklearn.linear_model.LinearRegression作为基础评估器
min_samples	可选。一个大于等于1的整数，或者范围在[0,1]内的浮点数，或者为None，表示每次迭代过程中随机选择的训练子集所包含的最少样本个数。如果设置为大于等于1为整数，则最少样本个数为此参数值；如果设置为[0,1]内的浮点数，则最少样本个数为ceil(min_samples * X.shape[0])。默认值为None，表示最少样本个数为X.shape[1] + 1，其中X为由原始训练集组成的设计矩阵
residual_threshold	可选。一个浮点数，或者为None，指定判断内点的最大残差值（阈值）。默认值为None，表示使用目标变量的绝对中位差MAD（Median Absolute Deviation）作为阈值
is_data_valid	可选。用于判断每次迭代过程中随机选择的训练子集中的样本数据是否有效，其定义形式为is_data_valid(X, y)，如果返回值为False，则跳过本训练子集。默认值为None，表示训练子集有效（即不对训练子集中的样本数据进行有效性判断）。注：回调对象在拟合模型之前调用
is_model_valid	可选。用于判断每次迭代过程中随机选择的训练子集中的样本数据是否有效，其定义形式为is_model_valid(model, X, y)，如果返回值为False，则跳过本训练子集。默认值为None，表示训练子集有效（即不对训练子集中的样本数据进行有效性判断）。注：与is_data_valid不同，is_model_valid回调对象在拟合模型之后调用
max_trials	可选。一个整数，表示最大迭代次数。默认值为100
max_skips	可选。一个整型数，设置忽略训练子集的次数。默认值为inf（无穷大）
stop_n_inliers	可选。一个整数值，当内点数量大于此数值时，迭代停止。默认值为inf（无穷大）
stop_score	可选。一个浮点数值，当评分数值大于此数值时，迭代停止。默认为inf（无穷大）
stop_probability	可选。一个在[0,1]内的浮点数值，当迭代次数大于此计算值时，迭代停止。默认为0.99
loss	可选。一个字符串或者可回调对象。当为字符串时，可以是"absolute_loss"或"squared_loss"，分别表示绝对误差和误差平方。当为可回调对象时，必须以样本点数据对应的真实值数组和预测值数组为输入。默认值为"absolute_loss"
random_state	可选。前面已解释
RANSACRegressor的属性	
estimator_	一个对象（object），表示基础评估器对象
n_trials_	整数值，迭代停止条件满足时训练子集的采样次数

续表

sklearn.linear_model.RANSACRegressor: 随机抽样一致性回归评估器	
inlier_mask_	形状shape为(n_samples,)的数组。如果一个样本点被识别为内点，则这个点被设置为True
n_skips_no_inliers_	整数值，因训练子集中没有内点而忽略训练子集的次数
n_skips_invalid_data_	整数值，因is_data_valid判断训练子集无效而忽略训练子集的次数
n_skips_invalid_model_	整数值，因is_model_valid判断训练子集无效而忽略训练子集的次数
RANSACRegressor的方法	
fit(X, y, sample_weight=None)：使用被动攻击方法拟合模型	
X	必选。前面已解释
y	必选。前面已解释
sample_weight	可选。前面已解释
返回值	拟合后的评估器（模型）。如果没有有效的训练子集，则会触发ValueError异常
get_params(deep=True)：获取评估器的各种参数	
deep	可选。布尔型变量，默认值为True，表示不仅包含此评估器自身的参数值，还将返回包含的子对象（也是评估器）的参数值
返回值	字典对象。包含"（参数名称:值）"的键值对
predict(X)：使用拟合的模型对新数据进行预测	
X	必选。类数组对象或稀疏矩阵类型对象，其形状shape为(n_samples,n_features)，表示待预测的数据集
返回值	类数组对象，其形状shape为(n_samples,)，表示预测后的目标变量数据集
score(X, y)：计算回归模型的平方值。它是对基础评估器（属性estimator_指定）的score()函数的封装	
X	必选。类数组对象或稀疏矩阵类型对象，其形状shape为(n_samples,n_features)，表示测试数据集
y	必选。类数组对象，其形状shape为(n_samples,)，或者(n_samples, n_outputs)，表示目标变量的实际值。其中n_outputs为目标变量个数
返回值	返回随机抽样一致性回归模型的评分值（浮点数）
set_params(**params)：设置评估器的各种参数	
params	字典对象，包含了需要设置的各种参数
返回值	拟合后的评估器自身

随机抽样一致性回归评估器RANSACRegressor功能强大，下面我们以示例形式说明。

```
1.
2.  import numpy as np
3.  from sklearn import linear_model, datasets
4.  from matplotlib.font_manager import FontProperties
```

```
5.  import matplotlib.pyplot as plt
6.
7.  n_samples = 1000
8.  n_outliers = 50
9.
10. X, y, coef = datasets.make_regression(n_samples=n_samples, n_features=1,
11.                                        n_informative=1, noise=10,
12.                                        coef=True, random_state=0)
13.
14. # 制造离群点（outlier）
15. np.random.seed(0)
16. X[:n_outliers] = 3 + 0.5 * np.random.normal(size=(n_outliers, 1))
17. y[:n_outliers] = -3 + 10 * np.random.normal(size=n_outliers)
18.
19. # 使用所有的数据进行回归（这里使用了最小二乘法回归模型LinearRegression）
20. lr = linear_model.LinearRegression()
21. lr.fit(X, y)
22.
23. # 鲁棒回归（随机抽样一致性算法RANSAC）
24. # base_estimator=sklearn.linear_model.LinearRegression()
25. ransac = linear_model.RANSACRegressor()
26. ransac.fit(X, y)
27. inlier_mask = ransac.inlier_mask_
28. outlier_mask = np.logical_not(inlier_mask)
29.
30. # Predict data of estimated models
31. line_X = np.arange(X.min(), X.max())[:, np.newaxis]
32. line_y = lr.predict(line_X)
33. line_y_ransac = ransac.predict(line_X)
34.
35. # Compare estimated coefficients
36. print("Estimated coefficients (true, linear regression, RANSAC):")
37. print(coef, lr.coef_, ransac.estimator_.coef_)
38.
39. # 获得一个字体对象
40. font = FontProperties(fname='C:\\Windows\\Fonts\\SimHei.ttf')  # , size=16
41.
42. plt.figure()
43. plt.scatter(X[inlier_mask], y[inlier_mask], color='yellowgreen', marker
    ='.', label='内点(Inliers)')
```

```
44. plt.plot(line_X, line_y_ransac, color='green', linewidth=2, label='RANSAC评估')
45.
46. plt.scatter(X[outlier_mask], y[outlier_mask], color='gold', marker='.'
    , label='离群点(Outliers)')
47. plt.plot(line_X, line_y, color='gold', linewidth=2, label='最小二乘法回归')
48.
49. plt.legend(loc='best', prop=font)
50. plt.xlabel("X")
51. plt.ylabel("y")
52.
53. plt.axis('tight')
54. plt.show()
55.
```

运行后，输出结果如图2-14所示（在Python自带的IDLE环境下）：

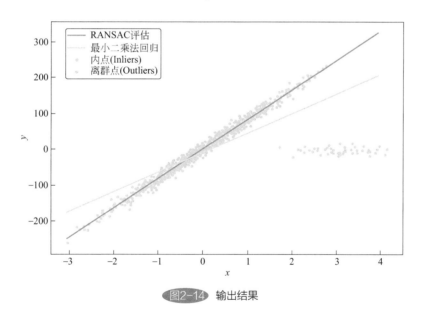

图2-14 输出结果

在图2-14中，绿线是RANSACRegressor评估器的拟合直线，绿色的数据点是内点；黄线是使用基础的LinearRegression评估器的拟合直线，黄色的数据点是外点（离群点）。

2.10.2 泰尔-森回归

泰尔-森回归（Theil-Sen regression）是荷兰计量经济学家Henri Theil提出的一种回归算法，由印度统计学家Pranab Kumar Sen将其推广，故称为Theil-Sen回归算法，也可称为森氏斜率算法、斜率选择算法、单一中位数算法等。泰尔-森回归算法是一种基于中位数的回归算法，它对离群点有很强的稳健性，具有"计算简洁，稳健超强"的特点。泰尔-森回归算法的原理很好理解，这里以一元回归模型为例说明。设一般线性回归方程的形式为 $Y = w_0 + wX + \varepsilon$，$w_0$、$w$ 分别为截距和回归系数（斜率），ε 为模型的随机误差，假设训练样本数据个数为 N，则计算步骤如下。

（1）从 N 个样本中选择 2 个数据点，共有 $C_N^2 = \dfrac{N(N-1)}{2}$ 对组合。

（2）按照线性回归方程计算上述所有组合的斜率：

$$w_{ij} = \frac{y_i - y_j}{x_i - x_j} \qquad x_i \neq x_j, \ i < j$$

（3）对所有斜率 w_{ij} 进行排序，并选择中位数值作为回归系数 w 的估计值。

（4）把回归系数 w 估计值代入线性回归方程，求出每个组合的直线对应的截距 w_{0k}。

（5）对上一步计算的所有截距 w_{0k} 进行排序，并选择中位数值作为回归系数 w_0 的估计值。

随着数据特征变量（维度）的增加，泰尔-森回归的效果不断下降，在高维数据中，它的效果有时还不如普通最小二乘法，所以，它不适合构建高维数据集的回归模型。与普通最小二乘法相比，泰尔-森回归也是渐进无偏的，但它是一种非参数方法，其对数据的潜在分布不做任何假设。在单变量回归问题中，泰尔-森回归的分解点（Breakdown point）为 29.3%，也就是说，在训练样本数据集中，泰尔-森方法可以容忍 29.3% 的数据点是离群点（外点）。

在 Scikit-learn 中，泰尔-森回归算法不是按照"从 N 个样本中选择 2 个数据点的所有组合"求解回归系数，而是基于含 n_subsamples 个样本数据的训练子集，通过最小二乘法求解回归系数和截距，而训练子集的个数等于 N 个样本中 n_subsamples 个数据点的所有组合的个数 K，这样求解出 K 个回归系数值和截距值，最后模型的参数（回归系数和截距）等于 K 个回归系数和截距的空间中位数值。

从 N 个样本中选择 n_subsamples 个数据点的组合，其数量会非常大，因此在实际实现过程中通常设置一个训练子集个数的上限（max_subpopulation），当组合个数达到此上限时，则随机选择最多 max_subpopulation 个训练子集。注意：在截距也需要拟合时，每个训练子集包含的样本个数 n_subsamples 必须大于等于（n_features+1），这里 n_features 为特征变量个数。

在 Scikit-learn 中，实现泰尔-森回归的类为 sklearn.linear_model.TheilSenRegressor，即泰尔-森回归评估器。表 2-25 详细说明了 TheilSenRegressor 的构造函数及其属性和方法。

表2-25　泰尔-森回归评估器TheilSenRegressor

sklearn.linear_model.TheilSenRegressor：泰尔-森回归评估器	
TheilSenRegressor(*, fit_intercept=True, copy_X=True, max_subpopulation=10000.0, n_subsamples=None, max_iter=300, tol=0.001, random_state=None, n_jobs=None, verbose=False)	
fit_intercept	可选。一个布尔值，表示模型拟合过程中是否计算截距 w_0。默认值为True
copy_X	可选。一个布尔值，表示是否对原始训练样本进行拷贝。默认值为True
max_subpopulation	可选。一个浮点数，指定训练子集个数的上限。默认值为10000.0

sklearn.linear_model.TheilSenRegressor：泰尔-森回归评估器	
n_subsamples	可选。一个整数，或者None，指定每次使用最小二乘法求解回归系数和截距时的训练子集大小。其值大于等于特征变量个数，小于等于总样本个数，如果等于总样本个数，则泰尔-森回归就是最小二乘法回归。此值越小，分解点越大，但效率越低。默认值为None，以鲁棒性最强的最小数作为训练子集的大小
max_iter	可选。一个整数，设置求解过程中的最大迭代次数。默认值为300
tol	可选。一个浮点数，设置计算中位数时的精度。默认值为0.001
random_state	可选。前面已解释
n_jobs	可选。前面已解释
verbose	可选。可以是一个布尔值，或者一个整数，用来设置输出结果的详细程度。默认为False
TheilSenRegressor的属性	
coef_	包含回归系数的数组，其形状shape为(n_features,)，表示特征变量的回归系数（权重）
intercept_	一个浮点数，表示回归模型中的截距。如果fit_intercept=False，则本属性为0.0
breakdown_	一个浮点数，表示分解点
n_iter_	一个整数，表示最终实际迭代的次数
n_subpopulation_	一个整数，表示最终训练子集的个数
TheilSenRegressor的方法	
fit(X, y)：使用泰尔-森回归算法拟合模型	
X	必选。前面已解释
y	必选。前面已解释
返回值	拟合后的评估器（模型）
get_params(deep＝True)：获取评估器的各种参数	
deep	可选。前面已解释
返回值	字典对象。包含"（参数名称:值）"的键值对
predict(X)：使用拟合的模型对新数据进行预测	
X	必选。类数组对象或稀疏矩阵类型对象，其形状shape为(n_samples,n_features)，表示待预测的数据集
返回值	数组对象，其形状shape为(n_samples,)，表示预测后的目标变量数据集
score(X, y, sample_weight＝None)：计算泰尔-森回归模型的拟合优度R^2	
X	必选。前面已解释
y	必选。类数组对象，其形状shape为(n_samples,)，表示目标变量的实际值
sample_weight	可选。前面已解释
返回值	返回泰尔-森回归模型的拟合优度R^2
set_params(**params)：设置评估器的各种参数	
params	字典对象，包含了需要设置的各种参数
返回值	拟合后的评估器自身

泰尔-森回归评估器TheilSenRegressor的使用简洁明了，下面我们以示例形式说明。

```python
1.
2.  import time
3.  import numpy as np
4.  from sklearn.linear_model import TheilSenRegressor
5.  from sklearn.linear_model import LinearRegression,RANSACRegressor
6.  from matplotlib.font_manager import FontProperties
7.  import matplotlib.pyplot as plt
8.
9.
10. estimators = [('Theil-Sen', TheilSenRegressor(random_state=42)),
11.               ('RANSAC', RANSACRegressor(random_state=42)),
12.               ('OLS', LinearRegression()),]
13. colors = {'Theil-Sen': 'red', 'RANSAC': 'green', 'OLS': 'yellow'}
14.
15.
16. # 生成200个样本点，其中离群点在X（特征变量）方向
17. n_samples = 200
18.
19. np.random.seed(0)
20. # Linear model y = 3*x + N(2, 0.1**2)
21. x = np.random.randn(n_samples)
22. noise = 0.1 * np.random.randn(n_samples)
23. y = 3 * x + 2 + noise
24.
25. # 使其中10%的点为离群点（outliers）
26. x[-20:] = 9.9
27. y[-20:] += 22
28. X = x[:, np.newaxis]
29.
30.
31. # 绘制图形
32. # 获得一个字体对象
33. font = FontProperties(fname='C:\\Windows\\Fonts\\SimHei.ttf')  # , size=16
34.
35. plt.figure('TheilSenRegressor')
36. plt.scatter(x, y, color='indigo', marker='x', s=40)
```

```
37.
38. line_x = np.array([-3, 10])
39. for name, estimator in estimators:
40.     t0 = time.time()
41.     estimator.fit(X, y)
42.     elapsed_time = time.time() - t0
43.     y_pred = estimator.predict(line_x.reshape(2, 1))
44.     plt.plot(line_x, y_pred, color=colors[name], linewidth=2,
45.              label='%s (拟合时间: %.2fs)' % (name, elapsed_time))
46.
47. plt.axis('tight')
48. plt.legend(loc='best', prop=font)
49. plt.title("特征变量出现离群点时的回归模型比较", fontproperties=font)
50. plt.show()
51.
```

运行后，输出结果如图2-15所示（在Python自带的IDLE环境下）：

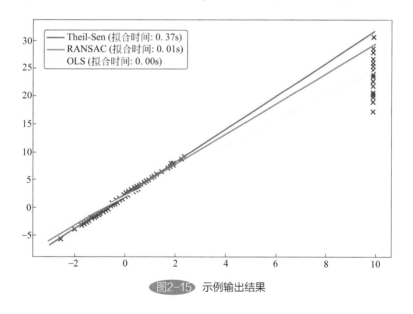

图2-15 示例输出结果

2.10.3 胡贝尔回归

胡贝尔回归（Huber regression）是一种L2正则化回归算法模型，是以胡贝尔损失函数最小化为目标的线性回归算法模型。胡贝尔损失函数为

$$\min_{w,\sigma} \sum_{i=1}^{n} (\sigma + H_\epsilon(\frac{X_i w - y_i}{\sigma})\sigma) + \alpha \|w\|_2^2$$

而 $H_\epsilon(z)$ 函数为

$$H_\epsilon(z) = \begin{cases} z^2 & |z| < \epsilon \\ 2\epsilon|z| - \epsilon^2 & \text{其他情况} \end{cases}$$

式中，α 为正则化系数，$\alpha \in [0, +\infty]$，指定了回归系数的正则化强度；ϵ 为超参数，指定损失函数分支的阈值；参数 σ 可以确保当目标变量放大或缩小某个级别时，无需重新设置 ϵ。与随机抽样一致性回归和泰尔-森回归不同，胡贝尔回归并没有忽略离群点的影响，而是给予它们一个较小的权重。

在 Scikit-learn 中，实现胡贝尔回归的类为 sklearn.linear_model.HuberRegressor，即胡贝尔回归评估器。表 2-26 详细说明了 HuberRegressor 的构造函数及其属性和方法。

表2-26　胡贝尔回归评估器HuberRegressor

sklearn.linear_model.HuberRegressor：胡贝尔回归评估器	
HuberRegressor(*, epsilon＝1.35, max_iter＝100, alpha＝0.0001, warm_start＝False, fit_intercept＝True, tol＝1e−05)	
epsilon	可选。一个浮点数（大于1.0），指定损失函数分支的阈值，可以控制离群点的数量。此参数值越小，模型越稳定。默认值为1.35
max_iter	可选。一个整数，设置求解过程中的最大迭代次数。默认值为100
alpha	可选。一个浮点数，表示正则化系数，数值越大，正则化强度越大。默认值为0.0001（1e-4）
warm_start	可选。一个布尔变量值，指定在迭代训练过程中是否使用前一次的结果。默认值为False
fit_intercept	可选。一个布尔值，表示模型拟合过程中是否计算截距 w_0。默认值为True
tol	可选。一个浮点数值，设置求解过程中迭代停止的精度。默认值为0.00001（1e-5）
HuberRegressor的属性	
coef_	包含回归系数的数组，其形状shape为(n_features,)，表示特征变量的回归系数（权重）
intercept_	一个浮点数，表示回归模型中的截距。如果fit_intercept=False，则本属性为0.0
scale_	一个浮点数，相当于损失函数中的 σ 值
n_iter_	一个整数，表示最终实际迭代的次数
outliers_	形状shape为(n_samples,)的数组，包含了训练数据集中对应的离群点位置的布尔值，也就是如果一个样本点被识别为离群点，则这个点位置被设置为True
HuberRegressor的方法	
fit(X, y, sample_weight＝None)：使用胡贝尔回归算法拟合模型	
X	必选。类数组对象或稀疏矩阵类型对象，其形状shape为(n_samples,n_features)，表示输入数据集，其中n_samples为样本数量，n_features为特征变量数量
y	必选。形状shape(n_samples,)的数组，表示目标变量数据集
sample_weight	可选。形状shape为(n_samples,)的数组对象，表示每个样本的权重；也可以为一个浮点数，表示每个样本的权重均为指定的浮点数值。默认值为None，即每个样本的权重一样（为1）
返回值	拟合后的评估器（模型）
get_params(deep＝True)：获取评估器的各种参数	
deep	可选。布尔型变量，默认值为True，表示不仅包含此评估器自身的参数值，还将返回包含的子对象（也是评估器）的参数值
返回值	字典对象。包含"（参数名称:值）"的键值对

续表

sklearn.linear_model.HuberRegressor：胡贝尔回归评估器	
predict(X)：使用拟合的模型对新数据进行预测	
X	必选。类数组对象或稀疏矩阵类型对象，其形状shape为(n_samples,n_features)，表示待预测的数据集
返回值	数组对象，其形状shape为(n_samples,)，表示预测后的目标变量数据集
score(X, y, sample_weight＝None)：计算胡贝尔回归模型的拟合优度R^2	
X	必选。类数组对象或稀疏矩阵类型对象，其形状shape为(n_samples,n_features)，表示测试数据集
y	必选。类数组对象，其形状shape为(n_samples,)，表示目标变量的实际值
sample_weight	可选。类数组对象，其形状shape为(n_samples,)，表示每个样本的权重。默认值为None，即每个样本的权重一样（为1）
返回值	返回胡贝尔回归模型的拟合优度R^2
set_params(**params)：设置评估器的各种参数	
params	字典对象，包含了需要设置的各种参数
返回值	拟合后的评估器自身

　　胡贝尔回归评估器HuberRegressor的使用简洁明了，下面我们以示例形式说明。在这个例子中，我们把胡贝尔回归和岭回归进行比较（因为两者都是L2正则化），并且会对胡贝尔回归设置不同的epsilon值（决定损失函数分支），以便能够展示不同epsilon值对回归直线的影响。

```
1.
2.  import numpy as np
3.  from sklearn.datasets import make_regression
4.  from sklearn.linear_model import HuberRegressor, Ridge
5.  from matplotlib.font_manager import FontProperties
6.  import matplotlib.pyplot as plt
7.
8.  # 生成训练回归模型所用的训练数据（20个样本）.
9.  rng = np.random.RandomState(0)
10. X, y = make_regression(n_samples=20, n_features=1, random_state=0, noise=4.0,
11.                        bias=100.0)
12.
13. # 增加4个离群点
14. X_outliers = rng.normal(0, 0.5, size=(4, 1))
15. y_outliers = rng.normal(0, 2.0, size=4)
16.
17. X_outliers[:2, :] += X.max() + X.mean() / 4.
18. X_outliers[2:, :] += X.min() - X.mean() / 4.
19. y_outliers[:2] += y.min() - y.mean() / 4.
20. y_outliers[2:] += y.max() + y.mean() / 4.
```

```
21.
22. X = np.vstack((X, X_outliers))
23. y = np.concatenate((y, y_outliers))
24.
25.
26. # 绘制样本数据点
27. plt.figure('HuberRegressor')
28. plt.plot(X, y, 'b.')
29.
30. # 对不同的epsilon值情况下的模型进行拟合
31. colors = ['r-', 'b-', 'y-', 'm-']  # 每条线颜色不同
32.
33. x = np.linspace(X.min(), X.max(), 7)
34. epsilon_values = [1.35, 1.5, 1.75, 1.9]
35. for k, epsilon in enumerate(epsilon_values):
36.     huber = HuberRegressor(alpha=0.0, epsilon=epsilon)
37.     huber.fit(X, y)
38.     coef_ = huber.coef_ * x + huber.intercept_
39.     plt.plot(x, coef_, colors[k], label="胡贝尔回归(epsilon: %s)" % epsilon)
40.
41.
42. # 训练一个岭回归模型，展现与胡贝尔回归的区别
43. ridge = Ridge(alpha=0.0, random_state=0, normalize=True)
44. ridge.fit(X, y)
45. coef_ridge = ridge.coef_
46. coef_ = ridge.coef_ * x + ridge.intercept_
47.
48.
49. # 绘制图形
50. # 获得一个字体对象
51. font = FontProperties(fname='C:\\Windows\\Fonts\\SimHei.ttf')  # , size=16
52.
53. plt.plot(x, coef_, 'g-', label="岭回归")
54.
55. plt.title("胡贝尔回归与岭回归的比较", fontproperties=font)
56. plt.xlabel("X")
57. plt.ylabel("y")
58. plt.legend(loc=0, prop=font)
59. plt.show()
60.
```

运行后，输出结果如图2-16所示（在Python自带的IDLE环境下）：

从图2-16中可以看出，离群点对岭回归有很大的影响，而胡贝尔回归则受到的影响较小，并且epsilon值越小，鲁棒性越好。

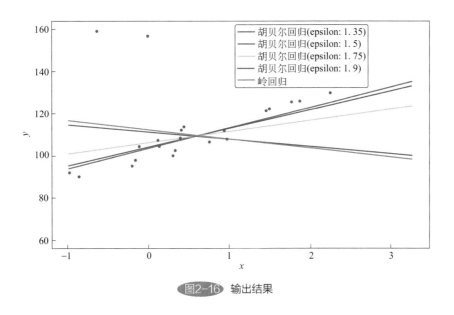

图2-16 输出结果

2.11 多项式回归

多项式是由若干个单项式（monomial）相加组成的代数式，各单项式次数的最大值称为这个多项式的次数（degree of a monomial），一个单项式的次数等于组成这个单项式的所有变量的次数之和，不含变量的单项式称为常数项。在解决实际问题中，经常遇到非线性回归模型，以两个特征变量为例，其多项式形式为 $y = w_0 + w_1 x_1 + w_2 x_2 + w_3 x_1 x_2 + w_4 x_1^2 + w_5 x_2^2 + \cdots + \varepsilon$，此多项式回归的计算完全可以采用前面讲述的线性回归技术来解决，但是需要将 x_1、x_2、$x_1 x_2$、x_1^2、$\cdots$ 视为不同的特征变量 z_1、z_2、z_3、$\cdots$、z_n，即 $y = w_0 + w_1 z_1 + w_2 z_2 + w_3 z_3 + w_4 z_4 + w_5 z_5 + \cdots + \varepsilon$，这种形式就是一个彻底的线性回归方程了，只不过此时的特征变量是 z_1、z_2、z_3、$\cdots$、z_n。线性多项式回归的主要工作是构建由原始变量组成的多项式回归方程，其中每一项可以由回归系数和原始特征变量的乘积组成。这些原始特征变量的乘积项组成了线性回归模型的不同特征变量。Scikit-learn中有一个专门生成多项式特征变量的类：

sklearn.preprocessing.PolynomialFeatures

它可以生成次数小于等于设置值的所有可以组合的多项式特征变量。最终结果中多项式特征变量的个数为

$$\text{Num}(n,d) = C_{n+d}^d = \frac{P_{n+d}^d}{d!} = \frac{(n+d)!}{n! \times d!}$$

式中，n 为原始特征变量的个数，d 为结果多项式的次数。表2-27原始特征变量与生成的多项式特征变量之间的组合关系见表2-27。

表2-27　原始特征变量与生成的多项式特征变量之间的组合关系

原始特征变量	生成的多项式次数	组合结果（所有可能的特征变量）	
x	2	$1,x,x^2$	（3个）
x,y	2	$1,x,y,xy,x^2,y^2$	（6个）
x,y	3	$1,x,y,xy,x^2,y^2,x^2y,xy^2,x^3,y^3$	（10个）
x,y,z	2	$1,x,y,z,xy,xz,yz,x^2,y^2,z^2$	（10个）

在Scikit-learn中使用线性多项式回归的步骤如下。

（1）使用多项式特征变量转换器PolynomialFeatures生成多项式回归所需的特征变量集；

（2）选择一个线性回归模型（例如岭回归、Lasso回归、弹性网络回归等）；

（3）使用由生成的特征变量集和原始目标变量集组成的训练样本集对选定的回归模型进行训练；

（4）应用拟合后的模型对新的观测数据进行预测。在进行预测前，需要对原始特征变量的新数据进行多项式特征变量转换，并且使用步骤（1）中的同一个PolynomialFeatures对象。

从以上步骤可以看出，线性多项式回归没有自己的回归算法模型。转换器PolynomialFeatures的核心工作是构建基于原始特征变量的多项式特征变量集，并基于新的特征变量集生成一个新的设计矩阵，作为拟合算法的训练数据集。表2-28详细说明了多项式特征转换器sklearn.preprocessing.PolynomialFeatures。

表2-28　多项式特征转换器PolynomialFeatures

sklearn.preprocessing.PolynomialFeatures：多项式特征转换器	
PolynomialFeatures(degree＝2, *, interaction_only＝False, include_bias＝True, order＝'C')	
degree	可选。一个整数，设置多项式的最大次数。默认值为2
interaction_only	可选。一个布尔值，表示生成的新特征变量集中是否仅包含原始特征变量的乘积项（交叉项）。默认值为False
include_bias	可选。一个布尔值，表示在新特征变量集中是否包含偏置项（截距）。默认值为True
order	可选。一个字符串，表示按照C语言格式还是Fortum语言格式排列输出数组。默认值为"C"
PolynomialFeatures的属性	
powers_	一个形状shape为(n_output_features, n_input_features)的NumPy数组。其中powers_[i, j]表示第i个输出项中第j个输入特征变量的指数
n_input_features_	一个整数，表示原始输入特征变量的个数
n_output_features_	一个整数，表示转换器输出的多项式特征变量集中特征变量的个数
PolynomialFeatures的方法	
fit(X, y＝None)：计算输出后的多项式特征变量集，供transform()使用	
X	必选。类数组对象，其形状shape为(n_samples, n_samples)，其中n_samples为样本数量
y	忽略，仅仅是个占位符
返回值	训练后的转换器

续表

sklearn.preprocessing.PolynomialFeatures：多项式特征转换器	
fit_transform(X,y＝None,**fit_params)：首先基于X进行多项式特征变量集生成，然后依此变量集对X进行转换	
X	必选。类数组对象，或者稀疏矩阵类型对象，或者Pandas数据框对象，其形状shape为(n_samples,n_features)，表示输入数据集，其中n_samples为样本数量，n_features为特征变量数量
y	可选。目标特征变量，默认值为None
fit_params	词典类型的对象，包含其他额外的参数信息
返回值	一个包含了转换后数据的新NumPy数组，其形状shape为(n_samples, n_features_new)
get_params(deep＝True)：获取转换器的各种参数	
deep	可选。布尔型变量，默认值为True，表示不仅包含此转换器自身的参数值，还将返回包含的子对象的参数值。
返回值	字典对象。包含以参数名称为键值的键值对
set_params(**params)：设置转换器的各种参数	
params	字典对象，包含了需要设置的各种参数
返回值	转换器自身
transform(X)：根据调用fit()方法获得的信息，按照多项式特征变量集对原始数据集进行转换操作，生成新的设计矩阵	
X	必选。类数组对象或CSR/CSC稀疏矩阵，其形状shape为(n_samples, n_features)，表示输入数据集，其中n_samples为样本数量，n_features为原始特征变量个数。注：CSR表示行压缩稀疏矩阵（Compressed Sparse Row matrix）；CSC表示列压缩稀疏矩阵（Compressed Sparse Column matrix）
返回值	一个数组对象，表示转换后的数据集

多项式特征变量转换器的使用简洁明了，下面我们以示例形式说明。

```
1.
2.  import numpy as np
3.  import matplotlib.pyplot as plt
4.  from matplotlib.font_manager import FontProperties
5.
6.  from sklearn.linear_model import Ridge
7.  from sklearn.preprocessing import PolynomialFeatures
8.  from sklearn.pipeline import make_pipeline
9.
10.
11. # f(x) ：关联X和Y
12. def f(x):
13.     return x * np.sin(x)
14.
15.
16. # 生成绘制图形所需要的数据（X轴）
```

```
17.  x_plot = np.linspace(0, 10, 100)
18.
19.  # 生成绘图点对，并取其一个子集
20.  x0 = np.linspace(0, 10, 100)
21.  rng = np.random.RandomState(0)
22.  rng.shuffle(x0)    # 随机洗牌（打乱顺序）
23.
24.  # 取得一个子集：获取前20个数据，并排序
25.  x = np.sort(x0[:20])
26.  y = f(x)   # 通过给定函数处理
27.
28.  # create matrix versions of these arrays
29.  X = x[:, np.newaxis]
30.  X_plot = x_plot[:, np.newaxis]
31.
32.
33.  # 绘图
34.  plt.figure('PolynomialFeatures')
35.  # 获得一个字体对象
36.  font = FontProperties(fname='C:\\Windows\\Fonts\\SimHei.ttf')  # , size=16
37.
38.
39.  plt.plot(x_plot, f(x_plot), color='cornflowerblue', linewidth=2,
40.          label="真实曲线")
41.  plt.scatter(x, y, color='navy', s=30, marker='o', label="训练样本点")
42.
43.  # 下面展示不同次数的多项式回归的效果
44.  colors = ['teal', 'yellowgreen', 'red']
45.  for count, degree in enumerate([3, 4, 5]):
46.      #1 定义多项式特征变量对象
47.      poly = PolynomialFeatures(degree=degree)
48.      #2 对原始特征变量进行转换，生成多项式特征变量集
49.      X_new = poly.fit_transform(X)
50.      #3 使转换后的特征变量集应用于一个回归模型（这里是岭回归）
51.      #  并拟合模型
52.      model = Ridge().fit(X_new, y)
53.      #4 为了适合模型进行预测，转换X_plot，以便符合岭回归模型
54.      X_plot_new = poly.fit_transform(X_plot)
55.      #5 使用拟合后的模型对新数据进行预测，获得预测值
56.      y_plot = model.predict(X_plot_new)
57.
```

```
58.         #6 最后使用预测后的数据进行曲线绘制，以便对比
59.         plt.plot(X_plot, y_plot, color=colors[count], linewidth=2,
60.                 label="%d 次多项式" % degree)
61.
62.    plt.title("线性多项式回归拟合非线性问题", fontproperties=font)
63.    plt.xlabel("X")
64.    plt.ylabel("y")
65.    plt.legend(loc='lower left', prop=font)
66.
67.    plt.show()
68.
```

运行后，输出结果如图2-17所示（在Python自带的IDLE环境下）。

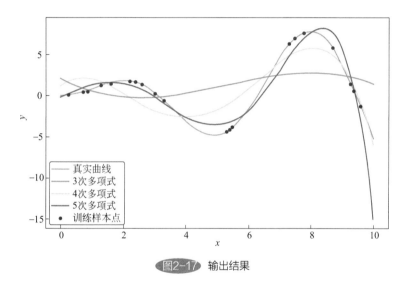

图2-17 输出结果

3 非线性回归模型

3.1 支持向量机回归

根据对训练数据的利用方式和对新数据的预测模式，机器学习可分为基于模型学习和基于实例学习两种方法。基于模型学习（Model-Based Learning）是根据目标函数把模型中与特征变量相关的参数学习出来（模型拟合），在对新数据进行预测时使用参数确定的模型进行预测。岭回归、套索回归、弹性网络模型等均属于基于模型学习。基于实例学习（Instance-Based Learning）是一种非参数学习方法，它不执行显式的推理，而是计算新实例与训练实例集之间的距离或相似度，将新的实例（新数据）与训练集中的数据进行比较，做出决策，确定最终结果。基于实例学习通过训练数据集学习出每个实例的权重，在对新实例（新数据）进行预测时，把相似度的度量应用到新的实例和训练数据集（或其某个子集）上，训练数据集在预测新数据时也会被使用。基于实例学习在计算过程中，训练数据集实例已经存储在内存中，所以也称为基于内存学习（memory-based learning），并且它对数据的处理延迟至对新数据（实例）分类，所以也称为消极学习法。

核方法KMs（kernel methods）是一种基于实例学习的算法，它通过线性或非线性映射将原始数据嵌入到合适的高维特征空间，利用通用的线性模型在新的高维空间中进行分析和处理。核方法的主要思想是基于这样一个假设：在低维空间中不能线性分割的点集，通过转化为高维空间中的点集，很有可能转化为线性可分的。不过如果直接把低维度的数据转化到高维度的空间中，然后再去寻找线性分割平面，很可能会遭遇到维度诅咒（curse of dimensionality），即维度增加时，空间的大小增加得非常，这样计算速度会越来越慢，而且每一个点都必须先转换到高维度空间，然后求取分割平面的参数，这在很多情况下很难实现。而用核函数（kernel function）可以解决上述问题，核函数定义为两个向量的内积，可以理解为两个数据点之间的相似关系。常见的核函数有线性核函数、多项式核函数、径向核函数、sigmoid核函数等。

支持向量机（support vector machine，SVM）是核方法应用的经典算法模型，是苏联学者Vladimir N.Vapkin和Alexey Ya. Chervonenkis于1963年提出的一种功能强大、高度灵活的算法，属于有监督学习算法，经常用来解决分类问题，特别是二分类问题，同时也支持回归问题。在图3-1中，红色三角形和蓝色圆形代表了不同类别的数据点，绿色直线代表区分这两类数据的分隔线（实现了分类的目的）（图3-2～图3-7中符号含义与图3-1相同）。

从图3-1中可以看出，对于给定的样本数据点，可以有多条分隔直线，称为决策边界，也就是说有多种分隔数据点的方案，那么哪条直线是最佳的分隔直线呢？我们知道，距离样本数据点太近的直线不是最优的，因为这样的直线对噪声数据敏感度高（只要这些数据点稍微发生变化，就很容易划分为另外一种类别），容易出现过拟合现象，泛化性能较差。最佳分隔直线应该是离所有数据点距离最远的分隔直线。支持向量机模型的实质，就是找出一个能够将某个指标最大化的超平面（对于二维空间，就是直线），这个指标就是超平面与每个训练样本的距离集合中的最小距离，称为间隔（margin），见图3-2。

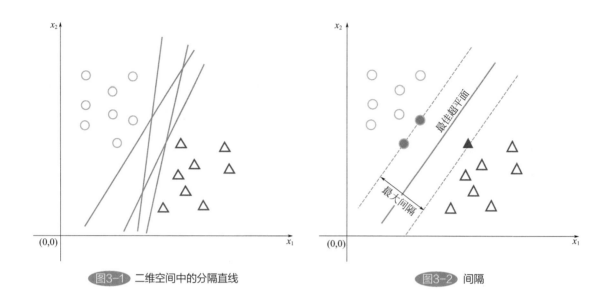

图3-1 二维空间中的分隔直线

图3-2 间隔

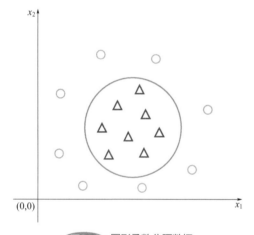

图3-3 圆形函数分隔数据

　　理论上也可以使用非线性函数来进行数据分隔，例如图3-3中使用圆形函数（二次函数）进行分隔。

　　非线性分隔比线性分隔要复杂很多。线性分隔只需要一条直线（或一个平面）就可以了，简单且推广能力强，具有统一的处理规则；而非线性分隔的形式多种多样，仅在二维空间中就有折线、圆、双曲线、圆锥曲线等，并且没有统一的处理规则可循，通过一定方法将其映射至高维特征空间，可进行线性分隔，如图3-4所示。

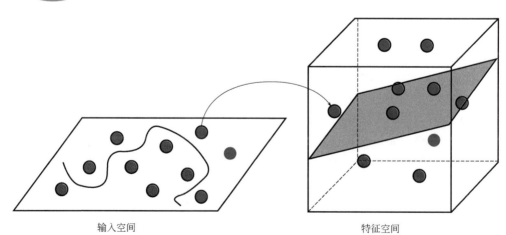

输入空间　　　　　　　　　　　特征空间

图3-4 映射至高维特征空间中进行线性分隔

支持向量机同样也支持多分类问题，对于多分类问题的解决方法，与多项式回归模型中的解决方案类似，一般采取一对多方式或一对一方式。支持向量机具有以下优点：

◇ 在决策函数中仅使用训练样本的子集，即支持向量，计算的复杂性仅取决于支持向量的数目，而不是样本空间的维数；

◇ 在高维空间中能够得到有效使用；

◇ 当空间维度数量大于样本数量时，算法仍然有效；

◇ 可为决策函数提供不同的核函数。不仅适用于常见的通用核函数，也可指定自定义的核函数。

支持向量机的缺点：

◇ 模型没有直接提供概率估计；

◇ 当训练数据集非常大时，性能较差。

在支持向量机模型中，把靠近最佳超平面的数据点称为支持向量（Support Vector），如图3-5所示，由于支持向量离超平面很近，所以很容易错误分类。如果超平面尽可能地远离这些支持向量，达到最大间隔（margin），那么分类效果是最好的，构建支持向量机模型的一个重要任务就是要找到这些支持向量。

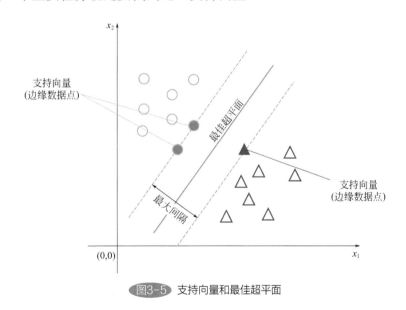

图3-5 支持向量和最佳超平面

支持向量机模型SVM可分为以下几类。

（1）线性可分SVM。一个支持向量机模型，如果其所有的训练数据均可以线性分隔，并且没有任何误差（零误差），则称为线性可分SVM，即线性可分支持向量机模型，也称为硬间隔SVM。

（2）线性SVM。一个支持向量机模型，如果其所有的训练数据不能简单地线性分隔，但是可在容忍一定误差的情况下线性分隔，则称为线性SVM，也称为软间隔SVM，或噪声线性可分SVM，见图3-6。

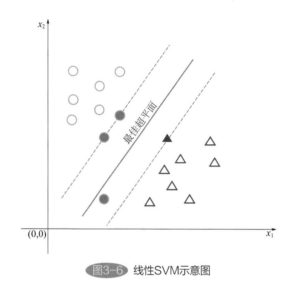

图3-6 线性SVM示意图

（3）非线性SVM。一个支持向量机模型，如果其所有的训练数据不能通过适当的线性SVM进行训练数据的分隔，则可以通过映射，把原始训练样本映射到更高维的特征空间中进行线性分隔，这种支持向量机模型称为非线性SVM。

下面我们以二分类问题为例，简要说明一下线性可分SVM的算法，如图3-7所示，假设超平面方程形式为

$$h=w_0+w_1x_1+w_2x_2+w_3x_3+\cdots+w_mx_m=w_0+\sum_{i=1}^{m}w_ix_i=w_0+W^\mathrm{T}X$$

式中，W为线性方程的系数矩阵，也是超平面的法向量；X为特征向量组；w_0为偏置项（即截距）；$W^\mathrm{T}X$是向量W和X的内积，是一个标量。规定法向量指向的一侧为正类（以+1表示），另一侧为负类（以-1表示）。

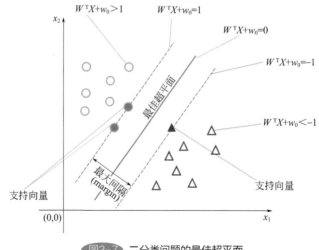

图3-7 二分类问题的最佳超平面

为了找到最佳超平面，我们可以先选择分隔红色三角形和蓝色圆形这两类数据的两个平行超平面（图3-7中的绿色虚线），使得它们之间的间隔（margin）尽可能大，margin的大小为

$$\text{margin} = \frac{2}{\sqrt{w_1^2 + w_2^2 + w_3^2 + \cdots}} = \frac{2}{\|W\|}$$

我们的目标就是找到使 *margin* 最大的超平面：

$$\max_{W, w_0}(\text{margin}) = \max_{W, w_0}\left(\frac{2}{\|W\|}\right)$$

根据以下等价式：

$$\max_{W, w_0}\left(\frac{2}{\|W\|}\right) \rightarrow \max_{W, w_0}\left(\frac{2}{\|W\|}\right)^2 \rightarrow \min_{W, w_0}\left(\frac{1}{2}\|W\|^2\right)$$

可以使模型参数从分母中消除。上式的约束条件为

$$\begin{cases} W^{\mathrm{T}}X + w_0 \geq 1 & y_i = +1 \\ W^{\mathrm{T}}X + w_0 \leq -1 & y_i = -1 \end{cases}$$

因此支持向量机模型的构建属于一个带有约束条件的优化问题，这类问题一般通过拉格朗日乘子法构造拉格朗日函数，再求解其对偶问题(dual problem)，得到原始问题的最优解。限于篇幅，这里直接给出结果，具体推导细节从略，感兴趣的读者请自行查阅相关资料。

$$\begin{cases} \hat{W} = \sum_{i \in sv} \hat{\alpha}_i y_i x_i \\ \hat{b} = y_s - \sum_{i \in sv} \hat{\alpha}_i y_i x_i \end{cases}$$

从上面的结果来看，支持向量机模型只与支持向量有关，而与非支持向量无关，所以，最佳分隔超平面只取决于支持向量。

高维空间中的线性SVM构建不需要显式地定义映射函数，通过事先定义在原始输入空间上的核函数 $K(x_i, x_j)$ 就可以计算高维特征空间中的向量内积（实际上高维特征空间中的向量内积是核函数的一个泰勒级数展开形式）。也就是说，在核函数 $K(x_i, x_j)$ 给定的情况下，可以利用求解线性问题的方法求解在原始输入空间中的非线性问题的SVM，具体推导过程这里从略。

下面给出最为常用的几个核函数的公式。

（1）线性核函数（Linear kernel function）：

$$K(x_i, x_j) = \langle x_i, x_j \rangle = x_i^{\mathrm{T}} x_j$$

（2）多项式核函数（Polynomial Kernel function）：

$$K(x_i, x_j) = (\gamma \langle x_i, x_j \rangle + r)^d = (\gamma x_i^T x_j + r)^d$$

（3）径向基核函数（Radial basis function）：

$$K(x_i, x_j) = \exp\left(-\gamma \| x_i - x_j \|^2\right)$$

（4）Sigmoid 核函数（Sigmoid Kernel function）：

$$K(x_i, x_j) = \tanh(\gamma x_i^T x_j + r)$$

在上面的核函数公式中，γ 为正实数，r 为非负实数，d 是一个正整数（幂级数）。

综上所述，支持向量机在支持向量 x_i 的核函数 $K(x, x_i)$ 所跨越的空间中定义了最佳超平面函数：

$$f(x) = \sum_{i=1}^{n} \left(\alpha_i K(x, x_i) \right) + w_0$$

式中，x_i 是支持向量；n 为支持向量的数量；α_i 是与支持向量对应的基本系数（实际上是拉格朗日乘子）；w_0 为绝对系数（即截距）。

Scikit-learn 中实现了三种支持向量机回归算法：SVR、NuSVR 和 LinearSVR，其中 LinearSVR 是 SVR 在核函数为线性核时的特殊形式，效率更高。Scikit-learn 中的 SVR、NuSVR 和 LinearSVR 实际上是对 Libsvm 和 Liblinear 两个类库的封装，这两个类库均由中国台湾地区的 Chih-Jen Lin 博士开发，并开放源代码，其中 Libsvm 提供 C++ 和 Java 两种代码，Liblinear 提供 C/C++ 代码，网址如下：

https://www.csie.ntu.edu.tw/~cjlin/libsvm/；https://www.csie.ntu.edu.tw/~cjlin/liblinear/。
Scikit-learn 中的类 sklearn.svm.SVR（支持向量机回归评估器 SVR）实现了 SVR 算法，表 3-1 详细说明了这个回归评估器的构造函数及其属性和方法。

表3-1　支持向量机回归评估器SVR

sklearn.svm.SVR: 支持向量机回归评估器SVR	
SVR(*, kernel='rbf', degree=3, gamma='scale', coef0=0.0, tol=0.001, C=1.0, epsilon=0.1, shrinking=True, cache_size=200, verbose=False, max_iter=-1)	
kernel	可选。可以为一个字符串或可回调对象。默认值为"rbf"。 ●当取值为字符串时，可取值有"linear""poly""rbf""sigmoid""precomputed"。 　◇"linear"：线性核函数； 　◇"poly"：多项式核函数； 　◇"rbf"：径向基核函数； 　◇"sigmoid"：Sigmoid核函数； 　◇"precomputed"：预先计算的核矩阵。这个核矩阵是从训练数据集中计算，此时设计矩阵的形状shape应为(n_samples, n_samples)。 ●当设置为一个可回调对象时，用于预先计算核矩阵
degree	可选。一个正整数，表示多项式核函数的幂级数。仅kernel设置为"poly"时有效。默认值为3

续表

sklearn.svm.SVR：支持向量机回归评估器SVR

gamma	可选。一个字符串值，或一个浮点数。默认值为"scale"。 ●当取值为字符串时，可取值有"scale""auto"。 ◇"scale"：核函数γ值计算公式为1/(n_features × X.var())； ◇"auto"：核函数γ值计算公式为1/n_features。 ●设置为一个浮点数时，浮点数值即为γ值
coef0	可选。一个浮点数，表示核函数中的独立项。默认值为0.0 注：此参数仅kernel设置为"poly""sigmoid"时有效
tol	可选。一个浮点数，指定迭代训练停止的条件。默认值为0.001（1e-3）
C	可选。一个正浮点数，用于计算L2正则化参数。正则化的强度与参数C的倒数成正比。默认值为1.0
epsilon	可选。一个浮点数。源自libsvm库中epsilon-SVR模型的参数。默认值为0.1
shrinking	可选。一个布尔变量值，表示是否使用缩减启发式解法。默认值为True
cache_size	可选。一个浮点数，表示求解核函数过程中的缓冲区大小（单位MB）。默认值为200
verbose	可选。可以是一个布尔值，或者一个整数，用来设置输出结果的详细程度。默认为False
max_iter	可选。一个正整数，设置求解过程中所使用的最大迭代次数。默认值为-1，表示不限制最大迭代次数

SVR的属性

support_	形状shape为(n_SV,)的数组，表示所有支持向量在训练数据集中的索引
support_vectors_	形状shape为(n_SV, n_features)的数组，表示所有的支持向量
dual_coef_	形状shape为(1, n_SV)，表示决策函数中支持向量的共轭系数。其中n_SV为支持向量的个数
coef_	形状shape为(1, n_features)的数组。表示线性回归方程的回归系数（特征变量的权重），只有参数kernel设置为"linear"时有效
fit_status_	一个整数值，表示模型拟合的程度
intercept_	形状shape为(1,)的数组，表示决策函数（回归方程）中的截距

SVR的方法

fit(X, y,sample_weight＝None)：根据给定的训练数据集，拟合SVR回归模型

X	必选。类数组对象或稀疏矩阵类型对象，其形状shape为(n_samples,n_features)或(n_samples, n_samples)，表示训练数据集，其中n_samples为样本数量，n_features为特征变量数量。如果参数kernel＝"precomputed"，则其形状shape应为(n_samples, n_samples)
y	必选。类数组对象，其形状shape为(n_samples,)，表示目标变量数据集
sample_weight	可选。形状shape为(n_samples,)的数组，表示每个样本的权重（乘以参数C）
返回值	训练后的SVR回归模型

续表

sklearn.svm.SVR：支持向量机回归评估器SVR	
get_params(deep＝True)：获取评估器的各种参数	
deep	可选。前面已解释
返回值	字典对象。包含"（参数名称:值）"的键值对
predict(X)：使用拟合的模型对新数据进行预测	
X	必选。前面已解释
返回值	类数组对象，其形状shape为(n_samples,)，表示预测后的目标变量数据集
score(X, y,sample_weight ＝ None)：计算SVR模型的拟合优度R^2	
X	必选。类数组对象，其形状shape为(n_samples,n_features)，表示测试数据集
y	必选。类数组对象，其形状shape为(n_samples,)，表示目标变量的实际值
sample_weight	可选。类数组对象，其形状shape为(n_samples,)，表示每个样本的权重。默认值为None，即每个样本的权重一样（为1）
返回值	返回SVR模型的拟合优度R^2
set_params(**params)：设置评估器的各种参数	
params	字典对象，包含了需要设置的各种参数
返回值	评估器自身

下面我们结合例子加以说明。

```
1.
2.   import numpy as np
3.   from sklearn.svm import SVR
4.   from matplotlib.font_manager import FontProperties
5.   import matplotlib.pyplot as plt
6.
7.   # ########################################################################
8.   # 生成样本数据：X为40行，1列，取值范围在[0,5)之间的均匀分布的随机样本值。
9.   X = np.sort(5 * np.random.rand(40, 1), axis=0)
10.  # 对X取正弦作为目标变量y，并降成一维数组。这样(X, y)
11.  y = np.sin(X).ravel()
12.
13.  # ########################################################################
14.  # 对目标变量y，附加噪音（随机误差）
15.  y[::5] += 3 * (0.5 - np.random.rand(8))
16.
17.  # ########################################################################
```

```python
18.  # 拟合不同核函数的SVR模型
19.  svr_rbf = SVR(kernel='rbf', C=100, gamma=0.1, epsilon=.1)
20.  svr_lin = SVR(kernel='linear', C=100, gamma='auto')
21.  svr_poly = SVR(kernel='poly', C=100, gamma='auto', degree=3, epsilon=.1, coe
     f0=1)
22.
23.  # ####################################################################################
24.  # 绘制图形，显示结果
25.  svrs = [svr_rbf, svr_lin, svr_poly]
26.  kernel_label = ['RBF', 'Linear', 'Polynomial']
27.  model_color = ['m', 'c', 'g']
28.
29.  # 获得一个字体对象
30.  font = FontProperties(fname='C:\\Windows\\Fonts\\SimHei.ttf')  #, size=16)
31.
32.  fig, axes = plt.subplots(nrows=1, ncols=3, figsize=(15, 10), sharey=True)
33.  fig.canvas.set_window_title('支持向量回归SVR')
34.
35.  for ix, svr in enumerate(svrs):
36.      axes[ix].plot(X, svr.fit(X, y).predict(X), color=model_color[ix], lw=2,
37.                    label='{} 模型'.format(kernel_label[ix]))
38.      axes[ix].scatter(X[svr.support_], y[svr.support_], facecolor="none",
39.                    edgecolor=model_color[ix], s=50,
40.                    label='{} 支持向量'.format(kernel_label[ix]))
41.      axes[ix].scatter(X[np.setdiff1d(np.arange(len(X)), svr.support_)],
42.                    y[np.setdiff1d(np.arange(len(X)), svr.support_)],
43.                    facecolor="none", edgecolor="k", s=50,
44.                    label='其他训练数据')
45.      axes[ix].legend(loc='upper center', bbox_to_anchor=(0.5, 1.1),
46.                    ncol=1, fancybox=True, shadow=True, prop=font)
47.
48.  fig.text(0.5, 0.04, 'X', ha='center', va='center')
49.  fig.text(0.06, 0.5, 'y', ha='center', va='center', rotation='vertical')
50.  fig.suptitle("支持向量回归", fontsize=18, fontproperties=font)
51.  plt.show()
52.
```

运行后，输出结果如图3-8所示（在Python自带的IDLE环境下）。

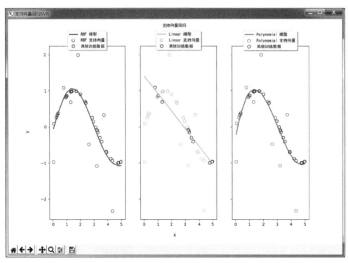

图3-8 不同核函数的SVR模型

Scikit-learn中的类sklearn.svm.NuSVR（支持向量机回归评估器NuSVR）实现了NuSVR算法。表3-2详细说明了这个回归评估器的构造函数及其属性和方法。

表3-2 支持向量机回归评估器NuSVR

sklearn.svm.NuSVR：支持向量机回归评估器NuSVR	
NuSVR(*, nu＝0.5, C＝1.0, kernel='rbf', degree＝3, gamma＝'scale', coef0＝0.0, shrinking＝True, tol＝0.001, cache_size＝200, verbose＝False, max_iter＝－1)	
nu	可选。一个(0,1]内的浮点数，表示训练误差上限以及支持向量所占训练数据集比例的下限。默认值为0.5
C	可选。一个浮点数，用于计算L2正则化参数。正则化的强度与参数C的倒数成正比。默认值为1.0
kernel	可选。前面已解释
degree	可选。一个正整数，表示多项式核函数的幂级数。仅kernel设置为"poly"时有效。默认值为3
gamma	可选。前面已解释
coef0	可选。一个浮点数，表示核函数中的独立项。默认值为0.0。 注：此参数仅kernel设置为"poly""sigmoid"时有效
shrinking	可选。一个布尔变量值，表示是否使用缩减启发式解法。当参数max_iter增加，此参数为True时，可以缩短迭代时间。默认值为True
tol	可选。一个浮点数，指定迭代训练停止的条件。默认值为0.001（1e-3）
cache_size	可选。一个浮点数，表示求解核函数过程中的缓冲区大小（单位MB）。默认值为200（MB）

续表

sklearn.svm.NuSVR：支持向量机回归评估器NuSVR	
verbose	可选。可以是一个布尔值，或者一个整数，用来设置输出结果的详细程度。默认为False
max_iter	可选。一个正整数，设置求解过程中所使用的最大迭代次数。默认值为-1，表示不限制迭代次数
NuSVR的属性	
support_	形状shape为(n_SV,)的数组，表示所有支持向量在训练数据集中的索引
support_vectors_	形状shape为(n_SV, n_features)的数组，表示所有的支持向量
dual_coef_	形状shape为(1, n_SV)，表示决策函数中支持向量的共轭系数。其中n_SV为支持向量的个数
coef_	形状shape为(1, n_features)的数组。表示线性回归方程的回归系数（特征变量的权重），只有参数kernel设置为"linear"时有效
intercept_	形状shape为(1,)的数组，表示决策函数（回归方程）中的截距
NuSVR的方法	
fit(X, y,sample_weight＝None)：根据给定的训练数据集，拟合支持向量回归模型NuSVR	
X	必选。前面已解释
y	必选。类数组对象，其形状shape为(n_samples,)，表示目标变量数据集
sample_weight	可选。形状shape为(n_samples,)的数组，表示每个样本的权重（乘以参数C）。默认值为None，即每个样本的权重一样（为1）
返回值	训练后的支持向量回归模型NuSVR
get_params(deep＝True)：获取评估器的各种参数	
deep	可选。布尔型变量，默认值为True。如果为True，表示不仅包含此评估器自身的参数值，还将返回包含的子对象（也是评估器）的参数值
返回值	字典对象。包含"（参数名称:值）"的键值对
predict(X)：使用拟合的模型对新数据进行预测	
X	必选。前面已解释
返回值	类数组对象，其形状shape为(n_samples,)，表示预测后的目标变量数据集
score(X, y,sample_weight ＝ None)：计算NuSVR模型的拟合优度R^2	
X	必选。类数组对象，其形状shape为(n_samples,n_features)，表示测试数据集
y	必选。类数组对象，其形状shape为(n_samples,)，表示目标变量的实际值
sample_weight	可选。类数组对象，其形状shape为(n_samples,)，表示每个样本的权重。默认值为None，即每个样本的权重一样（为1）
返回值	返回NuSVR模型的拟合优度R^2
set_params(**params)：设置评估器的各种参数	
params	字典对象，包含了需要设置的各种参数
返回值	评估器自身

由于这个评估器的使用与SVR评估器类似，所以这里不再举例说明。

Scikit-learn中的类sklearn.svm.LinearSVR（支持向量机回归评估器LinearSVR）实现了LinearSVR算法。表3-3详细说明了这个回归评估器的构造函数及其属性和方法。

表3-3　支持向量机回归评估器LinearSVR

sklearn.svm.LinearSVR：支持向量机回归评估器LinearSVR	
LinearSVR(*, epsilon＝0.0, tol＝0.0001, C＝1.0, loss＝'epsilon_insensitive', fit_intercept＝True, intercept_scaling＝1.0, dual＝True, verbose＝0, random_state＝None, max_iter＝1000)	
epsilon	可选。一个浮点数，不敏感损失函数中的ε参数值。默认值为0.0
tol	可选。一个浮点数，指定迭代训练停止的条件。默认值为0.0001
C	可选。一个浮点数，用于计算L2正则化参数。正则化的强度与参数C的倒数成正比。默认值为1.0
loss	可选。一个字符串，指定损失函数。默认值为"epsilon_insensitive"
fit_intercept	可选。一个布尔值，表示模型拟合过程中是否计算截距。默认值为True
intercept_scaling	可选。默认值为1.0
dual	可选。一个布尔值,用于选择对偶优化问题或者原始优化问题的算法。如果样本数量大于特征变量数量，则本参数应设置为False。默认值为True
verbose	可选。一个整数值，用来设置输出结果的详细程度。默认为0
random_state	可选。前面已解释
max_iter	可选。一个正整数，设置求解过程中所使用的最大迭代次数。默认值为1000
LinearSVR的属性	
coef_	形状shape为(1, n_features)的数组。表示线性回归方程的回归系数（特征变量的权重）
intercept_	形状shape为(1,)的数组，表示决策函数（回归方程）中的截距
n_iter_	一个整数，表示实际迭代的最大次数
LinearSVR的方法	
fit(X, y,sample_weight＝None)：根据给定的训练数据集，拟合回归模型	
X	必选。前面已解释
y	必选。前面已解释
sample_weight	可选。前面已解释
返回值	训练后的回归模型
get_params(deep＝True)：获取评估器的各种参数	
deep	可选。前面已解释
返回值	字典对象。包含"（参数名称:值）"的键值对
predict(X)：使用拟合的模型对新数据进行预测	
X	必选。类数组对象或稀疏矩阵类型对象，其形状shape为(n_samples,n_features)，表示训练数据集
返回值	类数组对象，其形状shape为(n_samples,)，表示预测后的目标变量数据集

续表

sklearn.svm.LinearSVR：支持向量机回归评估器LinearSVR	
score(X, y,sample_weight = None)：计算LinearSVR模型的拟合优度R^2	
X	必选。类数组对象，其形状shape为(n_samples,n_features)，表示测试数据集
y	必选。类数组对象，其形状shape为(n_samples,)，表示目标变量的实际值
sample_weight	可选。前面已解释
返回值	返回LinearSVR模型的拟合优度R^2
set_params(**params)：设置评估器的各种参数	
params	字典对象，包含了需要设置的各种参数
返回值	评估器自身

由于这个评估器的使用与 SVR 评估器类似，所以这里不再举例说明。

3.2　核岭回归

核岭回归（kernel ridge regression，KRR）是一种将核技巧（kernel trick）应用于岭回归模型的综合模型，这样就可以在由核函数和数据集导出的高维空间中拟合出一个线性模型。Scikit-learn 中实现核岭回归算法的类为 sklearn.kernel_ridge.KernelRidge（核岭回归评估器 KernelRidge）。评估器 KernelRidge 拟合的模型形式与评估器 SVR 的一样，并且两者都经过了 L2 范式正则化，但是两者所用的损失函数不同：前者使用的是均方误差损失函数，后者使用的是 ε 不敏感损失函数。图 3-9 展示了这两种评估器的比较。

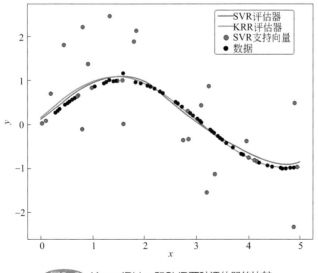

图3-9　KernelRidge和SVR两种评估器的比较

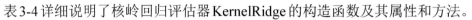

表3-4详细说明了核岭回归评估器KernelRidge的构造函数及其属性和方法。

表3-4　核岭回归评估器KernelRidge

sklearn.kernel_ridge.KernelRidge：核岭回归评估器KernelRidge	
KernelRidge(alpha＝1, *, kernel='linear', gamma＝None, degree＝3, coef0＝1, kernel_params＝None)	
alpha	可选。一个浮点数，表示正则化参数
kernel	可选。一个字符串或可回调对象，表示求解过程中使用的核函数。如果参数kernel设置为一个可回调对象，则这个回调对象应该以一对样本为输入。字符串包括： ● "additive_chi2"：加性卡方核函数； ● "chi2"：卡方核函数； ● "linear"：线性核函数； ● "polynomial"：多项式核函数； ● "poly"：多项式核函数（与polynomial相同）； ● "rbf"：径向基核函数； ● "laplacian"：拉普拉斯核函数； ● "sigmoid"：Sigmoid核函数； ● "cosine"：余弦相似度核函数
gamma	可选。一个浮点数，或者为None。表示核函数的参数。默认值为None，表示参数gamma由各种核函数自行拟定。此参数仅当kernel设置为"rbf""laplacian""polynomial""chi2""sigmoid"时有效
degree	可选。一个正整数，表示多项式核函数的幂级数。仅kernel设置为"polynomial"或者"poly"时有效。默认值为3
coef0	可选。一个浮点数，表示核函数中的独立项。默认值为1.0。 注：此参数仅kernel设置为"polynomial""sigmoid"时有效
kernel_params	可选。当参数kernel设置为一个回调对象时，所需要的其他额外参数。默认值为None
KernelRidge的属性	
dual_coef_	形状shape为(n_samples,)的数组，表示核空间的权重向量
X_fit_	形状shape为(n_samples, n_features)的数组或稀疏矩阵，表示需要预测的训练数据集。如果kernel设置为"precomputed"，则本属性表示形状shape为(n_samples, n_samples)的预计算训练矩阵
KernelRidge的方法	
fit(X, y,sample_weight＝None)：根据给定的训练数据集，拟合核岭回归模型	
X	必选。类数组对象或稀疏矩阵类型对象，其形状shape为(n_samples,n_features)，表示训练数据集。如果参数kernel设置为"precomputed"，则X是形状shape为(n_samples, n_samples)的预计算核矩阵。
y	必选。类数组对象，其形状shape为(n_samples,)，表示目标变量数据集
sample_weight	可选。前面已解释
返回值	训练后的核岭回归模型

续表

sklearn.kernel_ridge.KernelRidge：核岭回归评估器KernelRidge	
get_params(deep＝True)：获取评估器的各种参数	
deep	可选。前面已解释
返回值	字典对象。包含"（参数名称:值）"的键值对
predict(X)：使用拟合的模型对新数据进行预测	
X	必选。类数组对象或稀疏矩阵类型对象，其形状shape为(n_samples,n_features)，表示训练数据集
返回值	类数组对象，其形状shape为(n_samples,)，表示预测后的目标变量数据集
score(X, y,sample_weight ＝ None)：计算核岭回归模型的拟合优度R^2	
X	必选。类数组对象，其形状shape为(n_samples,n_features)，表示测试数据集
y	必选。类数组对象，其形状shape为(n_samples,)，表示目标变量的实际值
sample_weight	可选。前面已解释
返回值	返回核岭回归模型的拟合优度R^2
set_params(**params)：设置评估器的各种参数	
params	字典对象，包含了需要设置的各种参数
返回值	评估器自身

由于这个评估器的使用与前面的评估器类似，所以这里不再举例说明。

3.3 最近邻回归

最近邻回归也称为K最近邻回归（或K最近邻算法）、KNN回归（或KNN算法），如图3-10所示，它是由Cover和Hart于1968年提出的，是一个比较成熟，实现起来也比较简单的分类算法，属于有监督学习方法，通常用作其他较复杂分类器的基准。Scikit-learn提供了有监督最近邻回归模型，它可分为分类（对离散型目标变量）和回归（对连续型目标变量）两种模型。KNN算法是根据新观测值与其他观测值（训练数据）的距离或相似程度进行分类的，两个观测值之间的距离是其不相似性的测量指标。假设有一个分好类别的样本数据，每个样本都有一个对应的已知类别标签，当要对一个新的观测数据进行类别判断时，分别计算出它到每个样本的距离，然后选取距离最小的前K个训练样本进行累计投票，得票数最多的那个类别就是新观测数据的类别（标签）。在图3-10中，中间绿色圆圈表示新的观测数据（下同）。

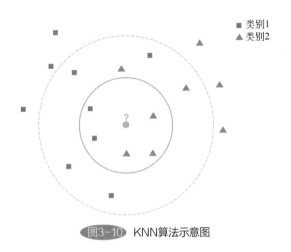

图3-10 KNN算法示意图

图3-11、图3-12分别展示了使用两个不同的K值对新观测数据进行分类的结果。根据大多数相邻元素所属的类别投票，可知当$K=5$时，新观测数据将被置于类别2中，当$K=11$时，新观测值将被置于类别1中。

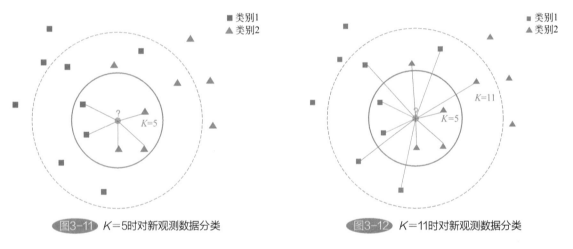

图3-11 $K=5$时对新观测数据分类　　　　　　图3-12 $K=11$时对新观测数据分类

KNN算法也可以用于计算连续目标变量的值，实现回归预测。在这种情况下，新观测数据的目标预测值可以使用K个最近邻元素的对应变量的平均值或它们的中位值等指标来表示。

KNN算法是一种基于实例学习的算法，在构建模型时无需对训练数据做任何分布假设，模型完全由训练数据决定。如果认真思考一下的话，"无参模型"是最能够表达真实世界的，因为大多数观测到的数据并不是十分严格地服从某种分布，因此当关于训练数据的分布信息很少或没有相关先验知识时，KNN算法是分类的首选，这也是它作为其他复杂分类模型基准的原因之一。

KNN也是一种惰性算法（lazy algorithm，与之对应的是急切算法eager algorithm）。惰性算法是指在对新数据进行分类或者预测前，并没有构建模型，在评分应用时利用训练数据作为"知识"，对新数据进行预测，这意味着KNN算法模型需要保留所有的训练数据。表3-5对惰性算法和急切算法进行了对比。

表3-5 惰性算法与急切算法对比

惰性算法	急切算法
算法简单，自动支持增量学习	复杂度视算法本身而定
需要存储大量的训练数据，计算量相对较大，效率低	无需存储大量数据，评分应用快速
在新观测数据与训练数据进行相似性计算时构建最终模型	模型提前构建完毕。评分应用过程只是模型的一次应用
几乎没有训练过程	有完整的训练过程
非常适合样本数据具有代表性，但数据量不大的情况	适合大量数据（大数据）的情况
例子：KNN、惰性贝叶斯规则	例子：线性回归、人工神经网络、决策树

惰性算法和急切算法的区别有点类似于解释性语言和编译性语言的区别。我们知道，Python、Java、C#等属于解释性语言，程序在运行时才翻译成机器语言，而C/C++、GoLang等属于编译性语言，程序代码在执行前需要一个专门的编译过程，程序在运行时不需要编译，直接就可以运行了。

KNN算法在风控、图像识别、推荐系统、客户划分等领域有广泛的应用。

3.3.1 算法简介

KNN算法模型有3个需要明确的要素点：
（1）最近邻数据点的数量K；
（2）观测数据之间的距离（或相似度）的度量指标计算方法；
（3）分类/回归决策规则。

只要这3个要素确定了，那么KNN模型也就确定了。其中对于第三点，分类决策规则一般采用多数投票表决法，也就是在与新观测数据距离最小的前K个样本数据中，哪个类别的样本多，新数据就属于哪个类别；对于回归问题，则取K个样本的目标变量的平均值（或中位值）。对于第二点，KNN模型中所使用的距离指标包括欧几里得距离、平方欧几里得距离、契比雪夫距离、城市街区距离等；这里我们重点讲述一下第一点中K值的确定。K值是模型的一个超参数，需要预先确定，但并没有一个固定的规则。在确定K值时，如果K值过小，过拟合的风险会增大，噪声数据影响加大，此时模型预测的偏差会变小，但是方差加大；如果K值过大，欠拟合的风险就会增大，模型预测的偏差会变大，但是方差变小；可根据错误率指标来预估，即尝试不同K值，选取预测错误率最低的作为最终值，也可通过交叉验证的方式预估K；一种经验估计方法是取$K=\sqrt{n}$，n为训练样本数据的个数；另外K尽量取奇数，以避免出现两个类别投票数相等的情况。

在K值、距离计算方法和分类决策规则确定之后，就可以基于训练数据对新观测数据进行预测了。假设我们有表3-6所示的数据，它包含了某个培训班学员的名称、年龄、体重以及体育考试能否通过（目标变量）的数据，其中最后一条是最新的观测数据（学生名称为Jason），我们要解决的问题是预测Jason能否通过体育考试。

表3-6　示例数据

学生名称	年龄	身高	体育考试能否通过
John	17	178	N
Jack	21	175	N
Robert	18	165	N
Kayla	23	176	N
Kate	22	170	N
Marie	18	185	N
Alexis	17	164	Y
Madison	22	185	Y
George	25	172	Y
Taylor	24	173	Y
Jotham	19	177	Y
Jason	18	169	?

　　在本例中我们设 $K = 5$，两个样本数据之间的距离采用欧几里得距离，决策规则采用简单的多数投票表决法。通常情况下，不同特征变量（本例为年龄、身高）使用的度量单位不同，数值差别巨大，这会导致预测结果被某些特征变量所主导，影响预测结果。为了解决这种问题，需要对数据进行标准化处理，把所有特征变量的值映射到同一个尺度内。常用的数据标准化方法包括0-1标准化、Z-Score标准化、log函数转换等等。在本例中我们使用0-1标准化对数据进行处理，见表3-7。

表3-7　对表3-6中数据进行标准化后的结果

学生名称	年龄	身高	体育考试能否通过
John	0	0.666666667	N
Jack	0.5	0.523809524	N
Robert	0.125	0.047619048	N
Kayla	0.75	0.571428571	N
Kate	0.625	0.285714286	N
Marie	0.125	1	N
Alexis	0	0	Y
Madison	0.625	1	Y
George	1	0.380952381	Y
Taylor	0.875	0.428571429	Y
Jotham	0.25	0.619047619	Y
Jason	0.125	0.238095238	?

新观测数据与第一条（学生名称为John）数据之间的欧几里得距离为

$$d_1 = \sqrt{\sum_{k=1}^{2}(x_{ik}-x_{jk})^2} = \sqrt{(0.125-0)^2+(0.238095238-0.666666667)^2} = 0.44642857152$$

同理计算其他数据的欧几里得距离，见表3-8，表中最后一列为距离最小的前5个样本数据（$k=5$）的排序。

表3-8　新观测数据与每条训练数据的距离计算结果

学生名称	年龄	身高	体育考试能否通过	计算距离	排序
John	0	0.666666667	N	0.446428572	4
Jack	0.5	0.523809524	N	0.471442099	5
Robert	0.125	0.047619048	N	0.19047619	1
Kayla	0.75	0.571428571	N	0.708333333	
Kate	0.625	0.285714286	N	0.502262455	
Marie	0.125	1	N	0.761904762	
Alexis	0	0	Y	0.268913262	2
Madison	0.625	1	Y	0.911317105	
George	1	0.380952381	Y	0.886585113	
Taylor	0.875	0.428571429	Y	0.773809524	
Jotham	0.25	0.619047619	Y	0.400936051	3
Jason	0.125	0.238095238	?		

从表3-8中可以看出，在与新观测数据距离最小的前5个样本数据中，有3个数据的"体育考试能否通过"值为"N"，有2个数据的"体育考试能否通过"值为"Y"，很显然，我们预测新观测数据（学生Jason）的"体育考试能否通过"值为"N"，即Jason本次体育考试不能通过。

3.3.2　距离度量指标

实数值向量空间中，两个数据点之间的距离度量指标有欧几里得距离、曼哈顿距离(也称为街区距离)、契比雪夫距离等，如表3-9所示。

表3-9　实数值向量空间中两个数据点之间的距离指标

Sklearn中的标识符	其他参数	说明	距离公式
euclidean	（无）	欧几里得距离	$\sqrt{\sum_{i=1}^{n}(x_i-y_i)^2}$
manhattan	（无）	曼哈顿距离	$\sum_{i=1}^{n}\|x_i-y_i\|$

Sklearn中的标识符	其他参数	说明	距离公式
chebyshev	（无）	切比雪夫距离	$\max\limits_{1\le i\le n}\|x_i-y_i\|$
minkowski	p	闵可夫斯基距离	$\sqrt[p]{\sum\limits_{i=1}^{n}\|x_i-y_i\|^p}$
wminkowski	p、w	权重闵可夫斯基距离	$\sqrt[p]{\sum\limits_{i=1}^{n}\|w(x_i-y_i)\|^p}$
seuclidean	V（样本方差向量）	标准化欧几里得距离	$\sqrt{\sum\limits_{i=1}^{n}\dfrac{(x_i-y_i)^2}{V}}$
mahalanobis	V（样本协方差矩阵）	马氏距离	$\sqrt{(x-y)^{\mathrm{T}}V^{-1}(x-y)}$

地理空间中，两个数据点之间的距离度量指标有大圆距离、Haversine距离，Scikit-learn目前只实现了Haversine距离。注意输入和输出均以弧度为单位，并且输入形式为[纬度，经度]，见表3-10。

表3-10　地理空间中两个数据点之间的距离度量指标

Sklearn中的标识符	其他参数	说明	距离公式
haversine	（无）	Haversine距离	$2\arcsin\big(\mathrm{sqrt}(\sin^2(0.5\mathrm{d}x))\big)$ $+\cos(x_1)\cos(x_2)\sin^2(0.5\mathrm{d}y)$

注：公式中 $\mathrm{d}x$ 表示两点间维度差，$\mathrm{d}y$ 为两点间经度差。

在整数值向量空间中，两个数据点之间的距离度量指标有汉明距离、坎贝拉距离等，见表3-11。

表3-11　整数值向量空间中两个数据点之间的距离度量指标

Sklearn中的标识符	其他参数	说明	距离公式
hamming	（无）	汉明距离	$\dfrac{N\_unequal(x,y)}{N\_total}$
canberra	（无）	坎贝拉距离	$\sum\limits_{i=1}^{n}\dfrac{\|x_i-y_i\|}{\|x_i\|+\|y_i\|}$
braycurtis	（无）	Bray-Curtis距离	$\sum\limits_{i=1}^{n}\|x_i-y_i\|\bigg/\bigg(\sum\limits_{i=1}^{n}\|x_i\|+\sum\limits_{i=1}^{n}\|y_i\|\bigg)$

在布尔值向量空间中，两个数据点之间的距离度量指标包括杰卡德距离、匹配距离等，如表3-12所示。

表3-12　布尔值向量空间中两个数据点之间的距离度量指标

Sklearn中的标识符	其他参数	说明	距离公式
jaccard	（无）	杰卡德距离	$\dfrac{NNEQ}{NNZ}$
matching	（无）	匹配距离	$\dfrac{NNEQ}{N}$
dice	（无）	dice距离	$\dfrac{NNEQ}{NTT+NNZ}$
kulsinski	（无）	kulsinski距离	$\dfrac{NNEQ+N-NTT}{NNEQ+N}$
rogerstanimoto	（无）	Rogerstanimoto距离	$\dfrac{2\times NNEQ}{N+NNEQ}$
russellrao	（无）	russellrao距离	$\dfrac{NNZ}{N}$
sokalmichener	（无）	Sokalmichener距离	$\dfrac{2\times NNEQ}{N+NNEQ}$
sokalsneath	（无）	sokalsneath距离	$\dfrac{NNEQ}{NNEQ+0.5\times NTT}$

注：在目前版本的Scikit-learn中，Rogerstanimoto距离和Sokalmichener距离的计算公式相同。

表中各字符含义如下。

N：维度数量；

NTT：两者同为正值的维度数量；

NTF：第一个维度值为True，第二个维度值为False的维度数量；

NFT：第一个维度值为False，第二个维度值为True的维度数量；

NFF：两者同为负值（False）的维度数量；

$NNEQ$：不相等维度的数量，$NNEQ = NTF+NFT$；

NNZ：两者不同为负值的维度数，$NNZ = NTF+NFT+NTT$。

Scikit-learn支持自定义距离指标函数，这极大地扩展了灵活性，其形式如表3-13所示。

表3-13　Sckit-learn 自定义距离指标函数

Sckit-learn 中的标识符	其他参数
"pyfunc"	func

func输入两个一维Numpy数组，输出的距离值必须符合以下特征：

➤ 非负性：两个数据点之间的距离$d(x,y)\geq0$；

➤ 一致性：如果$d(x,y)=0$，则$x=y$；

➤ 对称性：$d(x,y)=d(y,x)$；

➤ 三角不等式：$d(x,y)+d(y,x)\geq d(x,z)$

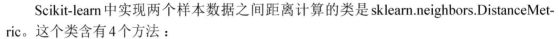

Scikit-learn中实现两个样本数据之间距离计算的类是sklearn.neighbors.DistanceMetric。这个类含有4个方法：

（1）get_metric(identifier)　根据距离指标在Sklearn中的标识符获得一个距离指标对象；

（2）pairwise(X,Y)　使用距离指标对象计算成对数据点之间的距离；

（3）dist_to_rdist()　把真实距离转换为缩减距离；

（4）rdist_to_dist()　把缩减距离转换为真实距离。

3.3.3　最近邻回归评估器

Scikit-learn实现了两种最近邻回归评估器：

● K最近邻回归评估器KNeighborsRegressor：距离新数据点最近的*K*个数据点为最近邻点。

● 径向基最近邻回归评估器RadiusNeighborsRegressor：以新数据点周围某半径范围内的数据点为最近邻点。

1. K最近邻回归评估器

在Scikit-learn中，实现K最近邻回归的类为sklearn.neighbors.KneighborsRegressor（K最近邻回归评估器KNeighborsRegressor）。表3-14详细说明了这个回归评估器的构造函数及其属性和方法。

表3-14　K最近邻回归评估器KNeighborsRegressor

sklearn.neighbors.KNeighborsRegressor：K最近邻回归评估器KNeighborsRegressor
KNeighborsRegressor(n_neighbors＝5, *, weights＝'uniform', algorithm＝'auto', leaf_size＝30, p＝2, metric＝'minkowski', metric_params＝None, n_jobs＝None, **kwargs)

n_neighbors	可选。一个正整数，指定最近邻数据点的个数。默认值为5
weights	可选。指定最近邻点的权重类型。默认值为"uniform"。 ◇ "uniform"：均匀权重模式。在这种模式下，最近邻的所有数据点具有相同的权重； ◇ "distance"：距离权重模式。在这种模式下，最近邻的所有数据点的权重值等于距离指标的倒数，与待预测数据最近的数据点具有更大的权重。 当设置为一个可回调对象时，此对象将以一个距离数组为输入，返回一个具有相同形状shape的权重值数组
algorithm	可选。一个字符串，指定寻找最近邻数据点的算法。 ◇ "auto"：评估器基于函数fit()的输入自主决定寻找最近邻数据点的算法； ◇ "ball_tree"：使用函数sklearn.neighbors.BallTree()寻找最近邻数据点； ◇ "kd_tree"：使用函数sklearn.neighbors.KDTree()寻找最近邻数据点； ◇ "brute"：使用穷举方法寻找最近邻数据点。 默认值为"auto"
leaf_size	可选。传递给算法BallTree()或者KDTree()的参数，指定转向穷举方法时样本数据量的大小。默认值为30

续表

sklearn.neighbors.KNeighborsRegressor：K最近邻回归评估器KNeighborsRegressor	
p	可选。一个实数，表示闵可夫斯基距离（"minkowski"）的幂参数值。默认值为2
metric	可选。一个字符串，指定学习过程中所使用的距离指标类型
metric_params	可选。一个字典对象，表示参数metric指定的距离指标使用的额外参数。默认值为None，表示没有额外的参数
n_jobs	可选。一个整数值或None，表示计算过程中所使用的最大计算任务数（可以理解为线程数量）
kwargs	可选。词典类型的对象，包含其他额外的参数信息

KNeighborsRegressor的属性

effective_metric_	表示学习过程中使用的（有效）距离指标类型与参数metric类似
effective_metric_ params_	属性effective_metric_指定的距离指标计算参数
n_samples_fit_	拟合数据中的样本数量

KNeighborsRegressor的方法

fit(X, y)：根据给定的训练数据集，拟合K最近邻回归评估器

X	必选。类数组对象或稀疏矩阵类型对象，其形状shape为(n_samples,n_features)或(n_samples, n_samples)，表示训练数据集，如果参数kernel="precomputed"，则其形状shape应为(n_samples, n_samples)
y	必选。类数组对象，其形状shape为(n_samples,)，表示目标变量数据集
返回值	训练后的K最近邻回归评估器

get_params(deep=True)：获取评估器的各种参数

deep	可选。前面已解释
返回值	字典对象。包含"（参数名称:值）"的键值对

kneighbors(X=None, n_neighbors=None, return_distance=True)：搜索一个数据点的K个最邻近点，返回最近邻点的索引和距离值

X	可选。表示待搜索的数据点。形状shape为(n_queries, n_features)；如果构造函数的参数metric设置为"precomputed"，则形状shape为(n_queries, n_indexed)，其中n_queries表示待搜索的数据点个数，n_indexed为搜索到的索引数据点个数。默认值为None，表示训练集中每个索引数据点的K个最近邻点都返回，待搜索的数据点本身不被看作是一个最近邻点
n_neighbors	可选。一个整数值，指定最近邻数据点的个数。默认值为None，表示等于构造函数的参数n_neighbors的值
return_distance	可选。一个布尔值，表示是否返回最近邻点的距离
返回值	neigh_dist：形状shape为(n_queries, n_neighbors)的数组，表示最近邻点与指定数据点的距离。只有参数return_distance设置为True时才返回； neigh_ind：形状shape为(n_queries, n_neighbors)的数组，表示最近邻点的索引

续表

sklearn.neighbors.KNeighborsRegressor：K最近邻回归评估器KNeighborsRegressor	
kneighbors_graph(X=None, n_neighbors=None, mode='connectivity')计算一个数据点的K个最近邻点的权重	
X	可选。前面已解释
n_neighbors	可选。前面已解释
mode	可选。一个字符串，指定返回结果矩阵的类型。 ● "connectivity"：表示返回结果为具有0、1元素的连接矩阵，其中1表示两个数据点是连接的，0表示不连接。 ● "distance"：表示返回结果为以两个数据点之间距离为元素的矩阵。 默认值为 "connectivity"
返回值	形状shape为(n_queries, n_samples_fit)的矩阵，为行压缩稀疏矩阵（Compressed Sparse Row）格式。其中n_samples_fit是拟合样板数据的个数
predict(X)：使用拟合的模型对新数据进行预测	
X	必选。类数组对象或稀疏矩阵类型对象，其形状shape为(n_queries, n_features)，表示训练数据集。如果参数metric= "precomputed"，则其形状shape应为(n_queries, n_indexed)
返回值	类数组对象，其形状shape为(n_queries,)，表示预测后的目标变量数据集
score(X, y,sample_weight=None)：计算拟合模型的拟合优度R^2	
X	必选。类数组对象，其形状shape为(n_samples,n_features)，表示测试数据集
y	必选。类数组对象，其形状shape为(n_samples,)，表示目标变量的实际值
sample_weight	可选。类数组对象，其形状shape为(n_samples,)，表示每个样本的权重。默认值为None，每个样本的权重一样
返回值	返回拟合模型的拟合优度R^2
set_params(**params)：设置评估器的各种参数	
params	字典对象，包含了需要设置的各种参数
返回值	评估器自身

下面给出一个使用K最近邻回归评估器KNeighborsRegressor的例子。在这个例子中，首先通过np.random.rand()函数生成40个样本数据，并进行排序，目标变量的生成是对样本数据取正弦，并附加随机误差。

```
1.
2.  import numpy as np
3.  import matplotlib.pyplot as plt
4.  from sklearn import neighbors
5.  from matplotlib.font_manager import FontProperties
6.
7.  # 初始化随机数种子
8.  np.random.seed(0)
```

```
9.
10.  # 初始特征变量数据集(X)，40个数据点(40X1)
11.  X0 = 5 * np.random.rand(40, 1)
12.  # 将指定轴上的元素按照从小到大的顺序排列
13.  X = np.sort(X0, axis=0)
14.
15.  # 生成目标变量数据集
16.  y = np.sin(X).ravel()
17.  # 每隔5个元素，添加随机误差[start:end:step]
18.  y[::5] += 1 * (0.5 - np.random.rand(8))
19.
20.  # 待预测的特征变量数据集
21.  # linspace(start, stop, num)，返回均匀间隔的数据
22.  T = np.linspace(0, 5, 500)[:, np.newaxis]
23.
24.
25.  # ###################################################################
26.  # 拟合K最近邻回归模型
27.  # 获得一个字体对象
28.  font = FontProperties(fname='C:\\Windows\\Fonts\\SimHei.
     ttf')  #, size=16)
29.
30.  fig = plt.figure()
31.  fig.canvas.set_window_title('KNeighborsRegressor评估器')
32.
33.  n_neighbors = 5
34.  for i, weights in enumerate(['uniform', 'distance']):
35.      knn = neighbors.KNeighborsRegressor(n_neighbors, weights=weights)
36.      y_ = knn.fit(X, y).predict(T)
37.
38.      plt.subplot(2, 1, i + 1)
39.      plt.scatter(X, y, color='darkorange', label='原始数据')
40.      plt.plot(T, y_, color='navy', label='预测值')
41.      plt.axis('tight')
42.      plt.legend(prop=font)
43.      plt.title("KNeighborsRegressor (k = %i, weights = '%s')" % (n_neighbors,
```

```
44.                                                    weights))
45. plt.tight_layout()
46. plt.show()
47.
```

不同权重类型回归效果对比如图3-13所示（在Python自带的IDLE环境下）。

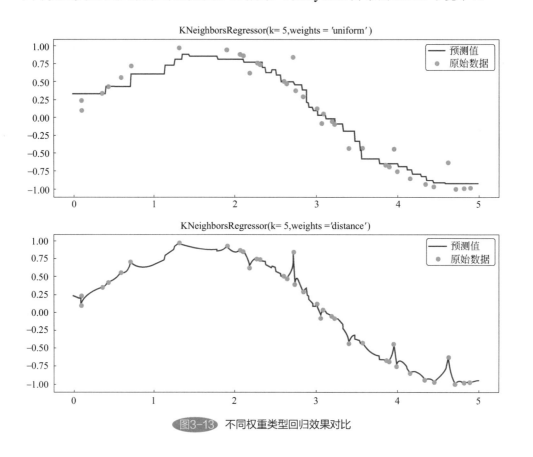

图3-13 不同权重类型回归效果对比

2. 径向基最近邻回归评估器

Scikit-learn中实现径向基最近邻回归的类为sklearn.neighbors.RadiusNeighborsRegressor（径向基最近邻回归评估器），与上面讲述的K最近邻回归评估器KNeighborsRegressor非常类似，但有以下两点区别：

➤ 在构造函数中，参数n_neighbors改变为radius，以新数据点周围半径R范围内的数据点为最近邻点；

➤ 搜索最近邻点的函数由kneighbors()和kneighbors_graph()改变为radius_neighbors()和radius_neighbors_graph()，但是它们的作用是完全相同的。

由于两者的高度相似性，这里不再对RadiusNeighborsRegressor评估器进行详细讲述。

3.4　高斯过程回归

在随机过程中，如果每个随机变量都服从高斯分布（正态分布），并且这些随机变量的有限集合形成的组合服从多元高斯分布（多元正态分布），则称这种随机过程为高斯过程。高斯是德国著名的数学家、物理学家，图3-14为卡尔·弗里德里希·高斯。

高斯过程可以看作是多元高斯分布的无限维推广，而多元高斯分布（也称为联合正态分布）则是一维正态分布向更高维度的推广。多元高斯分布有两个重要参数，一个是均值函数 $\vec{\mu}$，另一个是协方差函数 Σ。多元高斯分布向量 $\vec{X}$ 表示如下：

$$\vec{X} \sim N(\vec{\mu}, \Sigma)$$

式中，$\vec{X}=(X_1, X_2, \cdots, X_K)$，$X_1, X_2, \cdots, X_K$ 为向量分量，均服从高斯分布，即

$$X_i \sim N(\mu_i, \sigma_i^2)$$

$\vec{\mu}=(\mu_1, \mu_2, \cdots, \mu_K)$，为 K 维均值向量，表达了该分布的期望值；$\Sigma=\mathrm{cov}(X, X)=(\sigma_{ij})_{K \times K}$，为 $\vec{X}$ 的协方差矩阵，其中 σ_{ij} 为随机变量 X_i、X_j 之间的协方差，$|\mathrm{cov}(X, X)|$ 为随机向量 $\vec{X}$ 的广义方差，它是协方差矩阵的行列式之值。协方差的意义在于衡量两个随机变量偏差的变化趋势是否一致，如果它再除以两变量标准差之积，实现标准化（归一化），即成为两个变量之间的相关系数（相似性度量）。所以，协方差矩阵能够表示随机向量 $\vec{X}$ 各个分量之间的相关性。多元高斯分布向量 $\vec{X}$ 的概率密度函数为

$$f(\vec{X})=f(X_1, X_2, \cdots, X_K)=\frac{e^{\left(-\frac{1}{2}(\vec{X}-\vec{\mu})^T \Sigma^{-1}(\vec{X}-\vec{\mu})\right)}}{\sqrt{(2\pi)^K |\Sigma|}}$$

特别地，当 $K=1$ 时，就是一元（单变量）正态分布的密度函数。图3-15为二元高斯分布图形。

从图3-15可以看出，该分布有一个中心（就是均值向量 $\vec{\mu}$），其协方差矩阵决定了分布的形状。

多元高斯分布的边际分布是正态的，它的条件分布（即在给定一部分变量值的情况下，其余变量的联合分布）也是正态的。

从模型算法角度看，高斯过程是定义在目标变量（响应变量）上的高斯分布。在高斯过程模型中，使用概率分布而不是点估计来进行预测，也就是说，在给定的训练数据集中，一个样本数据中的目标变量不再被认为是某个固定的值，而是从某个正态分布总体中抽取的样本值。高斯过程的输入空间中每个观测点（即目标变量值）都与一个正

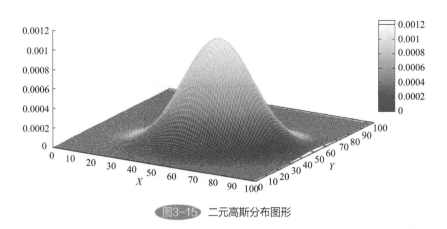

图3-15　二元高斯分布图形

态分布的随机变量相关联。如果高斯过程中观测变量空间是实数域，则可以进行回归预测；如果高斯过程中观测变量空间是整数域（观测点是离散的），则可以进行分类预测。

高斯过程的回归与前面讲过的回归分析模型的预测有明显的不同，在前面的回归分析中，回归模型构建的目的是找到一个给定形式的函数，这个函数尽可能充分地描述一组给定的数据点（训练数据），这个函数称为回归（拟合）函数，截距和回归系数是固定的。而高斯过程的解决方法不是寻找某个回归函数，而是寻找函数值的分布，通过概率分布的均值表示新的数据预测，即在高斯过程回归模型中，没有建立目标变量 Y 和特征变量 X 的直接函数关系，而是通过核函数的方式直接建立目标变量值之间的关系。我们已经在前面讲述支持向量机时讨论过核函数，这里不再赘述。在高斯过程模型中，通过核函数来表示目标变量 Y 的协方差矩阵，所以核函数也称为协方差函数，其取值恒为非负。在实际应用中，有多种核函数可以使用。在前面讲述支持向量机 SVM 的内容中，我们提到过线性核函数、多项式核函数、径向基核函数和 Sigmoid 核函数。在高斯过程回归中常用的核函数包括 Matérn 核函数、二次有理函数核、正弦平方核函数、点积核函数等等，具体的选择要根据训练数据集的特点和解决的问题来确定。高斯过程模型的优点也正在于可以定义各种各样的核函数来表示目标变量之间的协方差，而无需明确指定出特征变量。高斯过程摒弃了线性模型参数的思想，直接通过核函数建立目标变量之间的关系，这样从一个有参模型过渡到一个无参模型。图3-16 为一个高斯过程示意图。

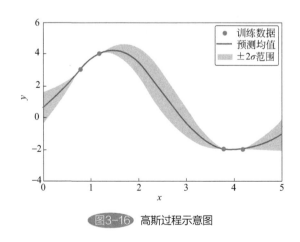

图3-16　高斯过程示意图

高斯回归模型假设每一个目标变量的值是对带有噪声项的某个目标函数的一次计算结果（高斯噪声函数），即

$$Y=f(X)+\varepsilon=f(X)+N(0,\sigma_\varepsilon^2)$$

对函数$f(X)$的先验知识以高斯过程(Gaussian Process)来表示：

$$p(f)=GP\big(m(\bullet),k(\bullet,\bullet)\big)$$

式中，$m(\bullet)$是均值函数，这里假设$m(\bullet)=0$；$k(\bullet,\bullet)$是核函数。此时，观测目标变量的似然函数以高斯分布来表示，即

$$P(y|f)=N(f,\sigma_\varepsilon^2)$$

设给定训练样本数据集D（有n个观测数据样本），$D=\{(X_i,Y_i)|i=1,\cdots,n\}$，在给定新的数据$X_{new}$时，新的目标值$Y_{new}=f(X_{new})+\varepsilon$的后验概率的形式可表示为

$$Y_{new}\sim N\big(\mu(X_{new}|D),\sigma^2(X_{new}|D)\big)$$

$\mu(X_{new}|D)$表示目标变量Y_{new}的预测均值，$\mu(X_{new}|D)=k^T(K+\sigma_\varepsilon^2I)^{-1}Y_{1:n}$；$\sigma^2(X_{new}|D)$是$Y_{new}$针对新数据$X_{new}$的方差，$Y_{1:n}$为训练集中目标变量的值；$\sigma^2(X_{new}|D)=k(X_{new},X_{new})-k^T(K+\sigma_\varepsilon^2I)^{-1}k+\sigma_\varepsilon^2$，$I$为单位矩阵，$K$为协方差矩阵（核函数矩阵），$K_{ij}=k(X_i,X_j)$。至此，新的目标变量值$Y_{new}$即可得出。注意：$Y_{new}$也是一个服从高斯分布的随机变量。为了能够对新的数据集进行高斯过程回归的应用，需要在模型中保存以下模型信息：训练数据集，目标变量的响应向量，核函数，指定核函数的参数，噪声方差。在Scikit-learn中，包sklearn.gaussian_process.kernels实现了各种高斯过程回归中的核函数，如表3-15所示。

表3-15　sklearn.gaussian_process.kernels实现的各种核函数

核函数	说明
gaussian_process.kernels.Kernel()	Sklearn中所有其他核函数的基类
gaussian_process.kernels.Hyperparameter(⋯)	核函数参数的表达规范
gaussian_process.kernels.ConstantKernel([⋯])	常量核函数
gaussian_process.kernels.DotProduct([⋯])	点积核函数
gaussian_process.kernels.ExpSineSquared([⋯])	正弦平方核函数（周期性核函数）
gaussian_process.kernels.Exponentiation(⋯)	指数核函数
gaussian_process.kernels.Matern([⋯])	Matérn核函数
gaussian_process.kernels.PairwiseKernel([⋯])	对sklearn.metrics.pairwise封装的核函数
gaussian_process.kernels.Product(k1, k2)	两个核函数的乘积核函数
gaussian_process.kernels.RBF([length_scale, ⋯])	径向基核函数（平方指数核函数）

核函数	说明
gaussian_process.kernels.RationalQuadratic([⋯])	二次有理函数核
gaussian_process.kernels.Sum(k1, k2)	两个核函数的和核函数
gaussian_process.kernels.WhiteKernel([⋯])	白噪声核函数
gaussian_process.kernels.CompoundKernel(kernels)	组合函数

　　Scikit-learn 实现高斯过程回归的类为sklearn.gaussian_process.GaussianProcessRegressor，也是高斯过程回归评估器，表3-16详细说明了这个回归评估器的构造函数及其属性和方法。

表3-16　高斯过程回归评估器GaussianProcessRegressor

sklearn.gaussian_process.GaussianProcessRegressor：高斯过程回归评估器	
GaussianProcessRegressor(kernel＝None, *, alpha＝1e-10, optimizer＝'fmin_l_bfgs_b', n_restarts_optimizer＝0, normalize_y＝False, copy_X_train＝True, random_state＝None)	
kernel	可选。指定一个核函数实例。默认值为None，表示使用ConstantKernel(1.0, constant_value_bounds="fixed" * RBF(1.0, length_scale_bounds="fixed")作为核函数实例
alpha	可选。一个浮点数或形状shape为(n_samples,)的数组，指定添加到核矩阵对角线元素上的数值。默认值为1e-10
optimizer	可选。一个字符串，指定一个内置优化核函数参数的优化器；或者为一个可回调对象。默认值为字符串"fmin_l_bfgs_b"，表示使用scipy.optimize.minimize中的"fmin_l_bfgs_b"方法
n_restarts_optimizer	可选。一个整数，指定优化器运行的次数。默认值为0（表示只运行一次）
normalize_y	可选。一个布尔值，表示拟合前是否需要对目标变量进行规范化处理。默认值为False
copy_X_train	可选。一个布尔值，表示保存一份训练数据集的副本。默认值为True
random_state	可选。前面已解释
GaussianProcessRegressor的属性	
X_train_	形状shape为(n_samples, n_features)的数组，或者一个列表对象，表示训练数据集中的特征向量
y_train_	形状shape为(n_samples,)的数组，表示训练数据集中的目标数据
kernel_	核函数实例
L_	形状shape为(n_samples, n_samples)的数组，表示属性X_train_中核函数Cholesky分解的下三角矩阵
alpha_	形状shape为(n_samples,)的数组，表示核空间中训练数据集的对偶系数
log_marginal_likelihood_value_	一个浮点数，表示kernel_.theta的对数边缘似然估计

续表

sklearn.gaussian_process.GaussianProcessRegressor：高斯过程回归评估器	
GaussianProcessRegressor的方法	
fit(X, y)：根据给定的训练数据集，拟合高斯过程回归模型	
X	必选。形状shape为(n_samples,n_features)的数组或对象列表，表示训练数据集中的特征变量
y	必选。形状shape为(n_samples,)的数组，表示训练数据集中的目标变量
返回值	训练后的高斯过程回归模型（评估器）
get_params(deep＝True)：获取评估器的各种参数	
deep	可选。前面已解释
返回值	字典对象。包含"（参数名称:值）"的键值对
log_marginal_likelihood(theta＝None, eval_gradient＝False, clone_kernel＝True)：计算并返回训练数据集超参数theta的对数边缘似然估计值	
theta	可选。形状shape为(n_kernel_params,)的数组，评估对数边缘似然估计值的核函数超参数。默认值为None，表示返回预先计算的self.kernel_.theta的对数边缘似然估计值
eval_gradient	可选。一个布尔变量值，表示是否返回theta值对应的梯度。默认值为False。注：当设置为True时，参数theta不能为None
clone_kernel	可选。一个布尔变量值，表示构造函数的参数kernel是否需要事先拷贝。设置为False时，参数kernel可被修改，提升性能。默认值为True
返回值	包括log_likelihood和log_likelihood_gradient两种。 log_likelihood：theta的对数边缘似然估计； log_likelihood_gradient：形状shape为(n_kernel_params,)的数组，theta的对数边缘似然估计对应的梯度值
predict(X, return_std＝False, return_cov＝False)：使用拟合的模型对新数据进行预测	
X	必选。形状shape为(n_samples,n_features)的数组或对象列表，表示需要预测的数据点
return_std	可选。一个布尔变量值，表示预测数据点分布的标准差是否随均值返回。默认值为False
return_cov	可选，一个布尔变量值，表示预测数据点分布的联合协方差是否随均值返回。默认值为False。注：return_std和return_cov不能同时设置为True
返回值	y_mean：形状shape为(n_samples,)的数组，表示预测数据点分布的均值。 y_std：形状shape为(n_samples,)的数组，表示预测数据点分布的标准差，只有在return_std设置为True时才返回。 y_cov：形状shape为(n_samples,)的数组，表示预测数据点分布的联合协方差，只有在return_cov设置为True时才返回

续表

sklearn.gaussian_process.GaussianProcessRegressor：高斯过程回归评估器	
sample_y(X, n_samples＝1, random_state＝0)：从高斯过程中抽取样本，并对X进行评估	
X	必选。前面已解释
n_samples	可选。一个正整数，指定从高斯过程中抽取的样本数量。默认值为1
random_state	请见构造函数的参数random_state，它们含义相同
返回值	y_samples，形状shape为(n_samples_X, [n_output_dims], n_samples)的数组，表示抽取的样本以及评估的数据点值
score(X, y,sample_weight ＝ None)：计算高斯过程回归模型的拟合优度R^2	
X	必选。类数组对象，其形状shape为(n_samples,n_features)，表示测试数据集
y	必选。类数组对象，其形状shape为(n_samples,)，表示目标变量的实际值
sample_weight	可选。类数组对象，其形状shape为(n_samples,)，表示每个样本的权重。默认值为None，即每个样本的权重一样（为1）
返回值	返回高斯过程回归模型的拟合优度R^2
set_params(**params)：设置评估器的各种参数	
params	字典对象，包含了需要设置的各种参数
返回值	评估器自身

评估器GaussianProcessRegressor的参数optimizer可以设置为一个可回调对象，可回调对象的定义必须遵循下面的规范。

```
1.   def optimizer(obj_func, initial_theta, bounds):
2.       # obj_func：需要最小化目标函数（损失函数）
3.       # 它至少具有一个模型超参数theta
4.       # 以及一个标识参数eval_gradient（用于指定目标函数是否需要返回梯度）
5.       # initial_theta：theta的初始值，可用于优化器
6.       # bounds：theta取值的范围
7.
8.       # 函数代码
9.       ....
10.
11.      # 返回值为最优超参数theta以及对应的目标函数值（也是最小值）
12.      return theta_opt, func_min
```

下面以例子的形式对评估器GaussianProcessRegressor的使用加以说明。

```
1.
2.   import numpy as np
3.   from sklearn.gaussian_process.kernels import RBF
4.   from sklearn.gaussian_process import GaussianProcessRegressor
```

```
5.  from matplotlib import pyplot as plt
6.  from matplotlib.font_manager import FontProperties
7.
8.  #1 构建高斯过程回归对象
9.  kernel = 1.0 * RBF(length_scale=1.0, length_scale_bounds=(1e-1, 10.0))
10. gp = GaussianProcessRegressor(kernel=kernel)
11.
12. #2 准备绘制图形
13. plt.figure(figsize=(8, 8))
14. plt.subplots_adjust(hspace=0.6)
15. font = FontProperties(fname='C:\\Windows\\Fonts\\SimHei.ttf')  #, size=16)
16.
17. # 3 绘制先验图形（GP prior），此时无需事先调用fit()函数
18. plt.subplot(2, 1, 1)
19.
20. X_ = np.linspace(0, 5, 100)
21. y_mean, y_std = gp.predict(X_[:, np.newaxis], return_std=True)
22.
23. plt.plot(X_, y_mean, 'k', lw=3, zorder=9)
24. plt.fill_between(X_, y_mean - y_std, y_mean + y_std,
25.                  alpha=0.2, color='k')
26. y_samples = gp.sample_y(X_[:, np.newaxis], 10)
27. plt.plot(X_, y_samples, lw=1)
28.
29. plt.xlim(0, 5)
30. plt.ylim(-3, 3)
31. plt.title("先验(kernel:  %s)" % kernel, fontsize=12, fontproperties=font)
32.
33. # 4 生成训练数据，并使用这些数据进行模拟
34. rng = np.random.RandomState(4)
35. X = rng.uniform(0, 5, 10)[:, np.newaxis]
36. y = np.sin((X[:, 0] - 2.5) ** 2)
37. gp.fit(X, y)
38.
39. # 5 绘制后验图形（Plot posterior），需事先调用fit()函数
40. plt.subplot(2, 1, 2)
41.
42. X_ = np.linspace(0, 5, 100)
43. y_mean, y_std = gp.predict(X_[:, np.newaxis], return_std=True)
44.
```

```
45. plt.plot(X_, y_mean, 'k', lw=3, zorder=9)
46. plt.fill_between(X_, y_mean - y_std, y_mean + y_std,
47.                   alpha=0.2, color='k')
48.
49. y_samples = gp.sample_y(X_[:, np.newaxis], 10)
50. plt.plot(X_, y_samples, lw=1)
51. plt.scatter(X[:, 0], y, c='r', s=50, zorder=10, edgecolors=(0, 0, 0))
52.
53. plt.xlim(0, 5)
54. plt.ylim(-3, 3)
55. plt.title("后验(kernel: %s)\n Log-Likelihood: %.3f"
56.           % (gp.kernel_, gp.log_marginal_likelihood(gp.kernel_.theta)),
57.           fontsize=12, fontproperties=font)
58. plt.tight_layout()
59.
60. plt.show()
```

运行后结果如图3-17所示（在Python自带的IDLE环境下）。

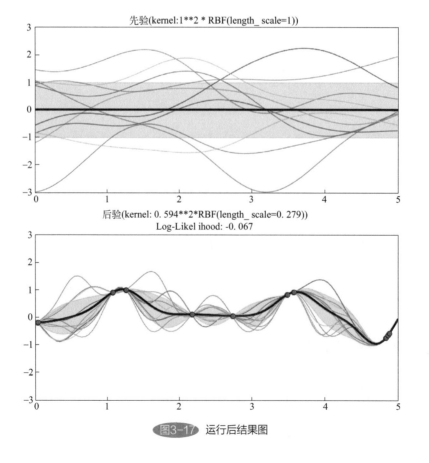

图3-17 运行后结果图

3.5 决策树

决策树模型在形式上是一种流程图式模型，它模拟人类的判断思维流程，能够非常清楚地显示一系列决策的过程和各种结果，常常用于分析决策，从最终用户来看，它的最大优点就是非常容易理解和执行。图3-18为一个决策树模型的示意图。

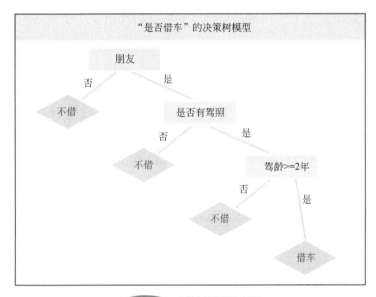

图3-18 决策树模型示意图

一个典型的决策树模型由四部分组成：根节点（root node）、内部节点（internal node）、叶子节点（leaf node）以及分支（branch）。根节点表示模型选择的第一个特征属性，是决策树的起始点，它只有出边，没有入边，即入度为0，出度不为0。内部节点表示其他特征属性，它有一条入边以及至少两条出边，内部节点也称为非叶子节点、分支节点（branch node）或者决策节点（decision node）。叶子节点对应着目标类别，它只有一条入边，没有出边，叶子节点也称为终端节点或者决策结果节点（decision result node）。分支是连接节点的弧（一般以直线表示），代表了从问题到答案的决策过程。

决策树模型具有以下优点：

- 简单易懂，结果可解释，能够可视化展示，清楚明了；
- 无需复杂的数据预处理工作；
- 使用成本与训练树的数据点数量有关；
- 可以处理连续型变量和分类、定序型变量，并且是一种非参数模型，对数据的要求较低；
- 能够处理多分类问题；
- 决策树模型属于一种白盒模型；
- 可以使用统计检验技术验证模型的可靠性。

决策树模型的缺点：

- 决策树模型可能会产生超级复杂的树结构，从而不能很好地训练数据（过拟合）；
- 决策树模型有时会不稳定，因为数据的微小变化可能导致生成完全不同的树；
- 决策树模型的预测既不平滑也不连续，模型不擅长趋势外推；
- 不能保证返回全局最优的决策树；
- 决策树模型不能很好地表达某些规则，例如异或、奇偶或复用器等；
- 如果训练数据集分布不均衡，则很可能构建的是一个"有偏"的树模型。

决策树模型本质上也是一种有向无环图模型，这有点类似于贝叶斯网络模型。另外，决策树模型与规则集模型（RuleSet Model）是有密切关系的，可以很容易地把一个决策树模型转换为 if-then 格式的规则集模型。决策树的构造过程就是基于特征变量值测试结果将原始数据集分割为不同的子集，并以递归方式对每个派生的子集重复构建，这种方法称为递归分区（recursive partitioning）。当某个节点上的子集都具有相同的目标变量值，或者没有特征变量对目标变量有所贡献时，递归就完成了。决策树的构造不需要专门的参数设置，因此非常适合探索性的知识发现。作为一种有监督学习模型，决策树模型既可以解决分类问题，也可以解决回归问题，具有预测精度高、稳定性高和容易对结果进行解释的特点，并且能够很好地映射特征变量与目标变量之间的非线性关系。

3.5.1　决策树模型算法简介

比较典型的决策树模型算法有以下几种：

✓ 卡方自动交互检验 CHAID（Chi-square Automatic Interaction Detector）；
✓ 迭代二叉树 ID3（Iterative Dichotomiser 3）；
✓ 分类器 C4.5 和 C5.0；
✓ 分类与回归树 CART（Classification and Regression Trees）。

1. 卡方自动交互检验 CHAID

卡方自动交互检验是由 G.V.Kass 于 1980 年提出的决策树算法，其构建决策树的过程包括两大步骤：合并和分裂。合并是指对一个特征变量不同取值的合并，首先判断特征变量的两两取值之间是否具有显著性差异，如果没有显著性差异，则合并成新的值，并重新判断，这是一个循环的过程，直到都有显著性差异为止。分裂过程也就是决策树的成长过程，根据合并后的特征变量与目标变量之间的相关性强度，决定特征变量进入决策树的顺序，直到不再需要继续分裂为止。在这个过程中，CHAID 算法会自动剔除对模型没有显著贡献的特征变量。

在用于分类预测时，CHAID 算法通过构建卡方统计量 χ^2，利用卡方检验来识别最优分支变量，进而生成决策树；在用于回归预测时（目标变量为连续型变量），CHAID 算法通过构建 F 统计量，利用 F 检验 (而不是卡方检验) 来识别最优分割（分支）变量。图

3-19为一个CHAID算法的决策树模型，这是一棵深度为3的决策树，每个节点中以灰色背景展示了占主导地位的目标类别。根节点（节点0）提供了数据集中所有实例（记录）的摘要：在2464个历史数据中，超过40%的信用评级（Credit rating）为不良（Bad）。这个决策树的第一个分支变量是"Income"，其余两个变量分别是"Credit_cards"和"Age"。在利用CHAID算法构建决策树模型时，需要解决以下两个问题：决定分支变量的规则，处理连续型特征变量的方法。

一般来说，CHAID算法的流程包含以下几个步骤。

（1）计算并检验每个特征变量与目标变量的统计显著性。其中对于连续型目标变量使用F检验，对于分类型或定序型目标变量使用χ^2检验。

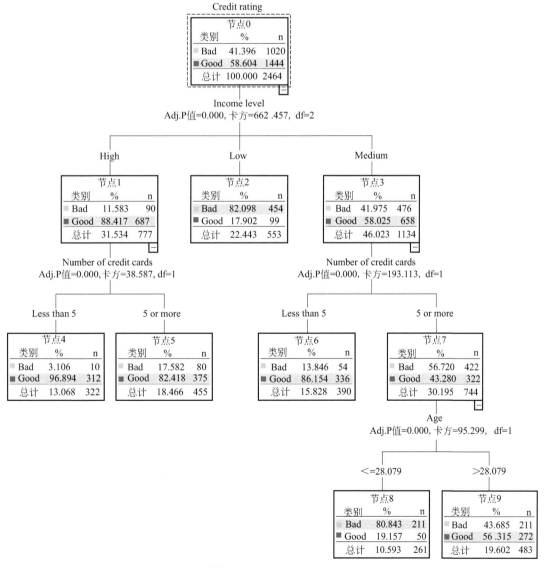

图3-19 CHAID算法决策树模型

（2）确定显著性最强的特征变量为第一个分支变量，判断标准是具有最小的Bonferroni校正后概率。关于Bonferroni校正的相关知识，请读者自行查阅相关资料。

（3）按照分支变量的不同取值对当前节点进行划分，生成响应子节点。

（4）对于每一个子节点，依次检验剩余的特征变量与目标变量的统计显著性，并按照步骤2和步骤3的方式进行子节点的划分。

（5）重复步骤4，直到无法进行分割为止。这样最终形成了一颗完整的决策树。

对于连续型变量，一般采用ChiMerge离散化方法，我们结合实例来说明一下。假设我们有表3-17所示的示例数据集，第一列为连续型特征变量，第二列为目标变量，有三个类别值："setosa""versicolor""virginica"。

表3-17　示例数据集（共13条记录）

sepal length	Target
5.1	setosa
4.8	setosa
5.1	setosa
5.0	setosa
7.0	versicolor
6.4	versicolor
6.9	versicolor
5.7	versicolor
6.2	versicolor
5.7	versicolor
6.3	virginica
7.1	virginica
6.3	virginica

（1）升序排序。对数据集按照特征变量"*sepal length*"从小到大的升序排序。本例中，特征变量"*sepal length*"的最小值为4.8，最大值为7.1。排序结果如表3-18所示。

表3-18　升序排序后的数据集

序号	sepal length	Target
1	4.8	setosa
2	5.0	setosa
3	5.1	setosa
4	5.1	setosa

续表

序号	*sepal length*	*Target*
5	5.7	versicolor
6	5.7	versicolor
7	6.2	versicolor
8	6.3	virginica
9	6.3	virginica
10	6.4	versicolor
11	6.9	versicolor
12	7.0	versicolor
13	7.1	virginica

（2）定义初始区间。按照排序结果定义初始区间，使特征变量"*sepal length*"的不同值均落入相应区间内，区间数目等于不同值的个数。区间边界的选择并没有固定的规则，只要保证每个不同值落在不同的区间即可。在本例中，考虑到特征变量值小数点后有一位有效数字，所以为了构建包含变量值的区间，区间左边界为当前变量值减去0.01，区间右边界为下一个变量值减去0.01。表3-19列出了示例数据区间划分，最后一个区间的右边界为变量最大值加0.01。

表3-19　示例数据的区间划分

序号	*sepal length*	*Target*	区间
1	4.8	setosa	[4.79,4.99)
2	5.0	setosa	[4.99,5.09)
3	5.1	setosa	[5.09,5.69)
4	5.1	setosa	[5.09,5.69)
5	5.7	versicolor	[5.69,6.19)
6	5.7	versicolor	[5.69,6.19)
7	6.2	versicolor	[6.19,6.29)
8	6.3	virginica	[6.29,6.39)
9	6.3	virginica	[6.29,6.39)
10	6.4	versicolor	[6.39,6.89)
11	6.9	versicolor	[6.89,6.99)
12	7.0	versicolor	[6.99,7.09)
13	7.1	virginica	[7.09,7.11)

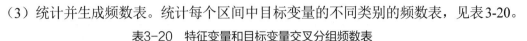

（3）统计并生成频数表。统计每个区间中目标变量的不同类别的频数表，见表3-20。

表3-20 特征变量和目标变量交叉分组频数表

序号	sepal length	区间	Target		
			setosa	versicolor	virginica
1	4.8	[4.79,4.99)	1	0	0
2	5.0	[4.99,5.09)	1	0	0
3	5.1	[5.09,5.69)	2	0	0
4	5.7	[5.69,6.19)	0	2	0
5	6.2	[6.19,6.29)	0	1	0
6	6.3	[6.29,6.39)	0	0	2
7	6.4	[6.39,6.89)	0	1	0
8	6.9	[6.89,6.99)	0	1	0
9	7.0	[6.99,7.09)	0	1	0
10	7.1	[7.09,7.11)	0	0	1

（4）计算相邻区间的卡方值，并根据计算结果判断相邻区间是否合并。这里略过计算过程，直接给出结果，见表3-21。

表3-21 相邻区间卡方值计算结果

序号	sepal length	区间	Target			卡方值
			setosa	versicolor	virginica	
1	4.8	[4.79,4.99)	1	0	0	
2	5.0	[4.99,5.09)	1	0	0	$3.9999999999999996 \times 10^{-4}$
3	5.1	[5.09,5.69)	2	0	0	$3.9999999999999996 \times 10^{-4}$
4	5.7	[5.69,6.19)	0	2	0	4.0001999999999995
5	6.2	[6.19,6.29)	0	1	0	$3.9999999999999996 \times 10^{-4}$
6	6.3	[6.29,6.39)	0	0	2	3.0002000000000004
7	6.4	[6.39,6.89)	0	1	0	3.0002
8	6.9	[6.89,6.99)	0	1	0	$3.9999999999999996 \times 10^{-4}$
9	7.0	[6.99,7.09)	0	1	0	$3.9999999999999996 \times 10^{-4}$
10	7.1	[7.09,7.11)	0	0	1	2.0002

合并具有最小卡方值的相邻区间。在表3-21中，最小卡方值为$3.9999999999999996 \times 10^{-4}$。相邻区间[4.79,4.99)、[4.99,5.09)和[5.09,5.69)（即序号为1、2、3的区间）、相邻区间[6.69,6.19)和[6.19,6.29)（即序号为4、5的区间）以及相邻区间[6.39,6.89)、[6.89,6.99)和

[6.99,7.09)（即序号为7、8、9的区间）都具有最小的卡方值。根据卡方分布的自由度，确定卡方临界值，按照卡方检验的要求，设置显著性水平$\alpha = 0.10$。在相邻卡方统计量计算中，由于行数为2，列数为3，所以自由度＝（行数－1）×（列数－1）＝（2－1）×（3－1）＝2。根据χ^2分布表可得到卡方临界值为4.605（见图3-20）。最后比较最小卡方值与卡方临界值，确定是否可以合并。如果最小卡方值小于卡方临界值，说明特征变量在该相邻区间上的划分对目标变量的取值没有显著影响，可以合并，否则不能合并。

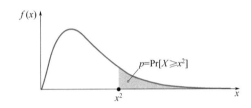

df	p										
	0.995	0.975	0.20	0.10	0.05	0.025	0.02	0.01	0.005	0.002	0.001
1	0.0000393	0.000982	1.642	2.706	3.841	5.024	5.412	6.635	7.879	9.550	10.828
2	0.0100	0.0506	3.219	4.605	5.991	7.378	7.824	9.210	10.597	12.429	13.816
3	0.0717	0.216	4.642	6.251	7.815	9.348	9.837	11.345	12.838	14.796	16.266
4	0.207	0.484	5.989	7.779	9.488	11.143	11.668	13.277	14.860	16.924	18.467
5	0.412	0.831	7.289	9.236	11.070	12.833	13.388	15.086	16.750	18.907	20.515
6	0.676	1.237	8.558	10.645	12.592	14.449	15.033	16.812	18.548	20.791	22.458
7	0.989	1.690	9.803	12.017	14.067	16.013	16.622	18.475	20.278	22.601	24.322
8	1.344	2.180	11.030	13.362	15.507	17.535	18.168	20.090	21.955	24.352	26.124
9	1.735	2.700	12.242	14.684	16.919	19.023	19.679	21.666	23.589	26.056	27.877
10	2.156	3.247	13.442	15.987	18.307	20.483	21.161	23.209	25.188	27.722	29.588

图3-20   卡方分布表

由于表3-21中的最小卡方值$3.9999999999999996 \times 10^{-4}$远小于卡方临界值4.605，所以这些相邻区间是可以合并的。第一步合并结果如表3-22所示。这样就完成了第一轮的相邻区间合并的工作，其结果就是生成了新的区间分布。

表3-22   第一步合并结果（序号重新从1排列）

序号	sepal length	区间	Target		
			setosa	versicolor	virginica
1	4.8 5.0 5.1	[4.79,5.69)	4	0	0
2	5.7 6.2	[5.69,6.29)	0	3	0

序号	*sepal length*	区间	Target		
			setosa	versicolor	virginica
3	6.3	[6.29,6.39)	0	0	2
4	6.4 6.9 7.0	[6.39,7.09)	0	3	0
5	7.1	[7.09,7.11)	0	0	1

（5）基于新的区间分布，重复上一步骤的工作，分别计算它们的卡方值，并与卡方临界值进行比较，进行新一轮的区间合并。表3-23为基于上一步骤的结果计算的卡方值。

表3-23 新区间中两两相邻区间的卡方值

序号	*sepal length*	区间	Target			卡方值
			setosa	versicolor	virginica	
1	4.8 5.0 5.1	[4.79,5.69)	4	0	0	
						7.0001999999999995
2	5.7 6.2	[5.69,6.29)	0	3	0	
						5.0001999999999995
3	6.3	[6.29,6.39)	0	0	2	
						5.0001999999999995
4	6.4 6.9 7.0	[6.39,7.09)	0	3	0	
						4.0001999999999995
5	7.1	[7.09,7.11)	0	0	1	

在表3-23中，最小卡方值为4.0001999999999995，小于卡方临界值4.605，需要把具有最小卡方值的相邻区间进行合并。依次类推，循环进行卡方值计算及相邻区间合并，直到任何两个相邻的区间无法合并为止，最终结果如表3-24所示。

表3-24 最终结果（此时两个类别之间的卡方值为13.0）

序号	*sepal length*	区间	Target		
			setosa	versicolor	virginica
1	4.8 5.0 5.1	[4.79,5.69)	4	0	0
2	5.7 6.2 6.3 6.4 6.9 7.0 7.1	[5.69,7.11)	0	6	3

至此，连续型特征变量"*sepal length*"的离散化就完成了。在本例中，该特征变量最后的区间划分为两个：[4.79, 5.69)，[5.69, 7.11)。

以上是连续型变量的ChiMerge离散化过程。对于数据量庞大的训练样本集来说，一个连续型变量的不同取值个数可能会非常多，所以原始区间数目也会非常大，这样计算量也会非常大。在实际应用中，为了减少计算量，提高模型构建效率，通常采用分位数划分或设置最大区间数法，并与等宽区间法相结合，实现连续型变量的离散化。

ChiMerge离散化方法同样可以应用于分类型特征变量和定序型变量不同取值的合并中。对于分类型特征变量，可以合并任何类别组合；对于定序型特征变量，只能合并相邻的类别。在实际应用中，往往需要对决策树进行"剪枝"，使决策树得到简化，变得更加容易理解和使用，同时能够克服噪声数据的影响，避免过拟合问题的出现。剪枝在决策树的生成过程中往往是必不可少的一个步骤，通常使用的剪枝技术包括预剪枝和后剪枝。预剪枝是在决策树生成之前就限定了树的深度（层数）以及父节点和子节点最小实例数量；后剪枝是在树得到充分生长后，基于损失矩阵或复杂度等方法实施剪枝。关于剪枝技术的详细说明，请读者自行查阅相关资料，这里不再赘述。

2. 迭代二叉树ID3

CHAID算法是从特征变量和目标变量的统计关系角度来选择分支变量的，并且以卡方值来度量二者之间的关系强度，卡方值越大，表明它们的统计关系越强，其中重要性最强的特征变量会被选择为根节点的第一个分支变量。所以，CHAID算法的根节点代表的是整个训练样本集合，提供了数据集中所有实例（记录）的摘要。而迭代二叉树ID3算法则是从节点不纯度（impurity）指标来选择分支变量的。

一个节点的不纯度是度量一个节点的数据集针对目标类别的异质性（heterogeneity，与同质性homogeneity相对应）指标，表示节点的混乱程度。一个节点的不纯度越大，表明节点数据集中目标类别分布越均匀，或者说越混乱，说明节点的纯度越低或同质性越差。很显然，不纯度函数$I(X)$表示形式如下：

$$I(X)=I\left(\frac{N_1}{N},\ \frac{N_2}{N},\ \cdots,\ \frac{N_K}{N}\right)=I(p_1,p_2,...,p_K)$$

式中，K为目标类别个数；N为节点数据集中实例个数；N_i为节点数据集中属于目标类别i的实例个数；$p_1,p_2,\cdots,p_K$为目标类别i出现的概率，$p_i=\dfrac{N_i}{N}$。

不纯度函数有几个特点：

✓ 当所有样本都属于同一个目标类别时，节点的不纯度函数取最小值；

✓ 当所有样本均匀分布，每个目标类别下样本实例个数相同时，节点的不纯度函数取最大值；

✓ 不纯度函数对于每个目标类别出现的概率值是对称的；

✓ 节点的不纯度函数是一个绝对凸函数。

在实际应用中，不纯度指标的计算方法有多种，其中最常用的是信息熵（information entropy）和基尼指数（Gini index，也称为基尼系数），实际上方差（variance）也是一种不纯度指标。对于分类问题，常用信息熵和基尼指数来度量；对于回归问题，一般使用均方误差、泊松偏差等指标来度量。表3-25列出了不同不纯度指标的含义。

表3-25　不同不纯度指标的含义

不纯度指标	适合问题	计算公式	描述
信息熵	分类	$\sum_{i=1}^{c} -p_i\log_2 p_i$	C为目标变量的分类数目，p_i为节点中类别i出现的概率，其值等于节点中属于类别i的实例个数占节点总实例个数的比例
基尼指数	分类	$\sum_{i=1}^{c} p_i(1-p_i)=1-\sum_{i=1}^{c} p_i^2$	同上
均方误差（L2误差）	回归	$\dfrac{1}{N}\sum_{i=1}^{N}(y_i-\mu)^2$	y_i是节点中第i个实例目标变量的值，N为节点实例的总数，而μ为目标变量的均值
泊松偏差	回归	$\dfrac{2}{N}\sum_{i=1}^{N}(y_i\ln\dfrac{y_i}{\mu}-y_i+\mu)$	同上，泊松偏差等价于参数power=1时的Tweedie偏差
平均绝对误差	回归	$\dfrac{1}{N}\sum_{i=1}^{N}|y_i-y_m|$	y_m是目标变量的中位数值

另外一个常用的指标是信息增益（information gain）。信息增益是度量父节点与子节点之间不纯度差别的指标，等于父节点的不纯度减去所有子节点权重的不纯度之和，其中每个子节点的权重等于子节点的实例数与父节点实例数的比例。信息增益的计算公式如下：

$$IG(D,s)=Impurity(D)-\sum_{i=0}^{K}\left(\frac{N_i}{N}\times Impurity(D_i)\right)$$

式中，K为子节点的个数；N为父节点中实例个数；N_i为第i个子节点中的数据集D_i的实例个数；D_i代表子第i个子节点中的数据集。$IG(D,s)$也称为不纯度的减少。在构造决策树的时候，$IG(D,s)$最大的特征变量会被选为当前节点的分支变量。如果信息熵等于0或者信息增益小于一个给定阈值，则不再进行进一步的分割，当前节点就是叶子节点。迭代二叉树ID3算法是J. Ross Quinlan于1975年由提出的决策树生成算法，它使用信息熵作为不纯度指标，利用信息增益作为节点划分的标准。虽然这种算法的名称是"迭代二叉树"，但它同样支持多分支决策树的生成。下面我们以例子的形式详细讲解ID3算法的计算流程。本例使用表3-26所示的数据集，构建一个决策树模型，以便能够对新的数据进行评分应用。本示例数据集中一共有14天的数据，包括4个分类型特征变量和一个分类型目标变量。其中特征变量分别是*Outlook*（天气状况）、*Temperature*（气温）、

Humidity（空气湿度）和*Wind*（风力），目标变量为*Decision*（决定是否去打网球，*Yes*为去打网球，*No*为不去打网球）。

表3-26 ID3算法使用的样本数据

Day	Outlook	Temperature	Humidity	Wind	Decision
1	Sunny	Hot	High	Weak	No
2	Sunny	Hot	High	Strong	No
3	Overcast	Hot	High	Weak	Yes
4	Rain	Mild	High	Weak	Yes
5	Rain	Cool	Normal	Weak	Yes
6	Rain	Cool	Normal	Strong	No
7	Overcast	Cool	Normal	Strong	Yes
8	Sunny	Mild	High	Weak	No
9	Sunny	Cool	Normal	Weak	Yes
10	Rain	Mild	Normal	Weak	Yes
11	Sunny	Mild	Normal	Strong	Yes
12	Overcast	Mild	High	Strong	Yes
13	Overcast	Hot	Normal	Weak	Yes
14	Rain	Mild	High	Strong	No

第一步，计算根节点的信息熵。基于ID3算法的决策树与CHAID算法一样，根节点代表的是整个训练样本集合，提供了数据集中所有实例（记录）的摘要。所以，我们首先要先计算根节点的信息熵。根节点的信息熵$H(Decision)$为

$$H(Decision) = -\big(P(Yes) \times \log_2 P(Yes) + P(Yes) \times \log_2 P(Yes)\big)$$
$$= -\Big(\frac{9}{14} \times \log_2 \frac{9}{14} + \frac{5}{14} \times \log_2 \frac{5}{14}\Big) = 0.940$$

第二步，根据信息增益公式计算以某个特征变量为分支变量的信息增益值。本例中先假定以*Wind*（风力）这个特征变量作为分支变量，计算其信息增益值。特征变量*Wind*为一个分类型变量，有两个取值，因此根节点应该分为两个子节点，其中一个节点的样本实例的特征变量*Wind*（风力）取值*Weak*（微风），另一个节点的样本实例的特征变量*Wind*（风力）均取值*Strong*（大风）。对于第一个子节点，特征变量*Wind* = *Weak*时节点数据如表3-27所示。

表3-27　特征变量*Wind=Weak*时的节点数据

Day	Outlook	Temperature	Humidity	Wind	Decision
1	Sunny	Hot	High	Weak	No
3	Overcast	Hot	High	Weak	Yes
4	Rain	Mild	High	Weak	Yes
5	Rain	Cool	Normal	Weak	Yes
8	Sunny	Mild	High	Weak	No
9	Sunny	Cool	Normal	Weak	Yes
10	Rain	Mild	Normal	Weak	Yes
13	Overcast	Hot	Normal	Weak	Yes

这个子节点的信息熵为$H(Decision|Wind=Weak)=-\left(\dfrac{2}{8}\times\log_2\dfrac{2}{8}+\dfrac{6}{8}\times\log_2\dfrac{6}{8}\right)=0.811$。对于第二个子节点，特征变量*Wind＝Strong*时节点的数据如表3-28所示。

表3-28　特征变量*Wind＝Strong*时节点的数据

Day	Outlook	Temperature	Humidity	Wind	Decision
2	Sunny	Hot	High	Strong	No
6	Rain	Cool	Normal	Strong	No
7	Overcast	Cool	Normal	Strong	Yes
11	Sunny	Mild	Normal	Strong	Yes
12	Overcast	Mild	High	Strong	Yes
14	Rain	Mild	High	Strong	No

这个子节点的信息熵为

$$H(Decision|Wind=Strong)=-\left(P(Yes)\times\log_2 P(Yes)+P(Yes)\times\log_2 P(Yes)\right)$$
$$=-\left(\dfrac{3}{6}\times\log_2\dfrac{3}{6}+\dfrac{3}{6}\times\log_2\dfrac{3}{6}\right)=1.0$$

以特征变量*Wind*（风力）为分支变量的情况下的信息增益值*IG(Decision|Wind)*为

$$H(Decision)-[\,p(decision\,|\,Wind=Weak)\times H(Decision|Wind=Weak)$$
$$+p(decision\,|\,Wind=Strong)\times H(Decision|Wind=Strong)]$$
$$=0.940-\left[\dfrac{8}{14}\times0.811+\dfrac{6}{14}\times1.0\right]=0.048$$

为了能够比较，从而选择出最优的分支变量，我们还需要分别计算以特征变量*Humidity*（空气湿度）、*Temperature*（气温）以及*Outlook*（天气状况）为分支变量的情况下它们的信息增益值。由于计算过程和上面一样，所以这里省略计算过程。最终结果如下：

$$IG(Decision|Humidity)=0.151$$
$$IG(Decision|Temperature)=0.029$$
$$IG(Decision|Outlook)=0.246$$

第三步，根据计算的信息增益值，选择最重要的分支变量。从上面的结果可知，特征变量 *Outlook*（天气状况）作为分支变量的情况下的信息增益值最大，所以这里选择特征变量 *Outlook*（天气状况）作为根节点的分支变量，决策树如图3-21所示。

图3-21 以*Outlook*为分支变量的决策树

第四步，重复以上步骤，构建完整的决策树。如果在一个子节点中，所有样本实例的目标变量的取值都相同，则无需进行进一步分割了，此子节点即为叶子节点。如果所有样本实例的目标变量的取值仍有不同，则需要重复以上步骤，寻找最优分支变量，最终生成一个完整的决策树。

第五步，剪枝。ID3算法同样也会遇到决策树深度过大或者过拟合的问题，解决方法这里不再赘述。

3. 分类器 C4.5 和 C5.0

分类器 C4.5 和 C5.0 是迭代二叉树 ID3 算法的升级版本，其升级主要针对 ID3 算法的以下缺点：

➤ 不能处理连续型变量，一定程度上限制了 ID3 算法的应用场景；
➤ 在相同条件下，取不同值个数较多的特征变量（高分支变量）比取不同值个数较少的特征变量（低分支变量）信息增益要大；
➤ 无法对缺失值进行处理；
➤ 无法对噪声数据进行处理，往往会导致过拟合的问题。

由于 ID3 算法存在以上不足，它的发明者 J. Ross Quinlan 对其进行了完善，并命名为分类器 C4.5。读者也许好奇：为什么不命名为 ID4 或者 ID5 呢？一种说法是当时决策树研究非常火爆，ID3 算法提出后，其他研究员很快以 ID4、ID5 命名各自的算法了，J. Ross Quinlan 为了区别，以 C4.0 命名自己的 ID3 完善后版本，表示 Classifer 4.0（分类器4.0）的意思，随后不久便发布了目前非常流行的 C4.5 版本。C5.0 是 C4.5 的商用版本，在算法原理上是一致的，但是在性能上有所提升。C4.5 算法不再用信息增益作为分支变量的选择标准，而是使用信息增益比IGR（Information gain ratio）指标，也称为信息增益率，目的是避免ID3算法中采用信息增益最大作为分支变量选择标准的缺点。信息增益比计算公式为：$IGR =$ 补偿因子 × 信息增益 IG，补偿因子通常等于特征变量内在信息熵（Intrinsic information entropy）的倒数。内在信息熵计算公式为

$$H_A = \sum_{i=1}^{K} \left(\frac{N_i}{N} \times \log_2 \frac{N_i}{N} \right)$$

式中，N 为数据集 D 中实例个数；N_i 为特征变量取第 i 个不同值时对应的实例个数；K 为特征变量取不同值的个数。下面我们仍然以例子的形式，详细讲解C4.5算法的计算流程。本例使用的样本数据如表3-29所示。

表3-29　C4.5算法使用的样本数据

Day	Outlook	Temperature	Humidity	Wind	Decision
1	Sunny	85	85	Weak	No
2	Sunny	80	90	Strong	No
3	Overcast	83	78	Weak	Yes
4	Rain	70	96	Weak	Yes
5	Rain	68	80	Weak	Yes
6	Rain	65	70	Strong	No
7	Overcast	64	65	Strong	Yes
8	Sunny	72	95	Weak	No
9	Sunny	69	70	Weak	Yes
10	Rain	75	80	Weak	Yes
11	Sunny	75	70	Strong	Yes
12	Overcast	72	90	Strong	Yes
13	Overcast	81	75	Weak	Yes
14	Rain	71	80	Strong	No

第一步，计算根节点的信息熵。根节点的信息熵为

$$H(Decision) = -\big(P(Yes) \times \log_2 P(Yes) + P(Yes) \times \log_2 P(Yes) \big)$$
$$= -\left(\frac{9}{14} \times \log_2 \frac{9}{14} + \frac{5}{14} \times \log_2 \frac{5}{14} \right) = 0.940$$

第二步，计算分类型特征变量的信息增益比。C4.5算法可以处理分类型特征变量，也可以处理连续型特征变量。这一步的任务是处理分类型特征变量。在这一步中，将依

次计算每一个分类型特征变量的信息增益比，即在以某个分类型特征变量作为分支变量的情况下，计算其信息增益比。本例数据中有两个分类型特征变量：*Wind*（风力）、*Outlook*（天气状况）。我们知道，信息增益比是信息增益与内在信息熵的比率。在上面描述ID3算法时，已经详细描述了信息增益的计算过程，所以这里我们将简要描述信息增益比的计算过程。参考上面ID3算法的计算过程，特征变量*Wind*（风力）的信息增益为

$$IG(Decision|Wind) = H(Decision) - [p(\text{decision} \mid \text{Wind=Weak}) \times H(Decision|Wind=Weak)$$
$$+ p(\text{decision} \mid \text{Wind=Strong}) \times H(Decision|Wind=Strong)]$$

$$= 0.940 - [\frac{8}{14} \times 0.811 + \frac{6}{14} \times 1.0] = 0.048$$

特征变量*Wind*（风力）的内在信息熵 $H_A(Decision|Wind) = -(\frac{8}{14} \times \log_2 \frac{8}{14} + \frac{6}{14} \times \log_2 \frac{6}{14}) = 0.985$。则特征变量*Wind*（风力）的信息增益比为

$$IGR(Decision|Wind) = \frac{IG(Decision|Wind)}{H_A(Decision|Wind)} = \frac{0.048}{0.985} = 0.049$$

同样可以计算出特征变量*Outlook*（天气状况）的信息增益比为

$$IGR(Decision|Outlook) = \frac{IG(Decision|Outlook)}{H_A(Decision|Outlook)} = \frac{0.246}{1.577} = 0.155$$

至此，我们对分类型特征变量的信息增益比全部计算完毕。

第三步，计算连续型特征变量的信息增益比。在这一步中，将依次计算每一个连续型特征变量的信息增益比，本例中有两个连续型特征变量：*Humidity*（空气湿度）、*Temperature*（气温）。首先需要把连续型变量转换为分类型变量。C4.5算法通过一个阈值把一个连续型变量一分为二，小于等于阈值的为一个类别，大于阈值的为一个类别。为了获得这个阈值，C4.5算法从特征变量最小值开始，迭代计算全部信息增益，最终选择信息增益最大的取值作为阈值。这里我们以特征变量*Humidity*（空气湿度）为例说明C4.5如何计算连续型特征变量的信息增益比。

① 首先对特征变量*Humidity*（空气湿度）进行升序排序，如表3-30所示，表中只显示了和*Humidity*（空气湿度）有关的部分数据。

表3-30 特征变量*Humidity*（空气湿度）排序后数据

day	Humidity	Decision
7	65	Yes
6	70	No
9	70	Yes
11	70	Yes

day	Humidity	Decision
13	75	Yes
3	78	Yes
5	80	Yes
10	80	Yes
14	80	No
1	85	No
2	90	No
12	90	Yes
8	95	No
4	96	Yes

② 循环测试特征变量 Humidity（空气湿度）的每个值（从最小值到最大值）。首先选择特征变量 Humidity（空气湿度）的最小值（65），并按照最小值把样本实例分成两部分：一部分小于等于最小值，另一部分大于最小值，按照这种划分计算信息增益和信息增益比。

$$H(Decision|Humidity<=65)=-\left(P(Yes)\times\log_2 P(Yes)+P(Yes)\times\log_2 P(Yes)\right)$$

$$=-\left(\frac{1}{1}\times\log_2\frac{1}{1}+\frac{0}{1}\times\log_2\frac{0}{1}\right)=0.0$$

$$H(Decision|Humidity>65)=-\left(P(Yes)\times\log_2 P(Yes)+P(Yes)\times\log_2 P(Yes)\right)$$

$$=-\left(\frac{8}{13}\times\log_2\frac{8}{13}+\frac{5}{13}\times\log_2\frac{5}{13}\right)=0.961$$

$$IG(Decision|Humidity)=H(Decision)-[p(decision\,|\,Humidity<=65)\times H(Decision|Humidity<=65)$$

$$+p(decision\,|\,Humidity>65)\times H(Decision|Humidity>=65)]$$

$$=0.940-\left[\frac{1}{14}\times 0.0+\frac{13}{14}\times 0.961\right]=0.048$$

$$H_A(Decision|Humidity)=-\left(\frac{1}{14}\times\log_2\frac{1}{14}+\frac{13}{14}\times\log_2\frac{13}{14}\right)=0.371$$

$$IGR(Decision|Humidity)=\frac{IG(Decision|Humidity)}{H_A(Decision|Humidity)}=\frac{0.048}{0.371}=0.126$$

然后对特征变量 Humidity（空气湿度）的每个取值分别计算其信息增益比。最后的计算结果如表3-31所示。

表3-31　特征变量*Humidity*（空气湿度）的信息增益和信息增益比

序号	*Humidity*	信息增益	信息增益比
1	65	0.048	0.126
2	70	0.014	0.016
3	75	0.045	0.047
4	78	0.090	0.090
5	80	0.101	0.107
6	85	0.024	0.027
7	90	0.010	0.016
8	95	0.048	0.128
9	96	—	—

　　Humidity $=96$（最大值）的情况没有计算信息增益和信息增益比，因为此时已经没有大于最大值（96）的样本实例了。当*Humidity*取值80的时候，信息增益达到最大，因此对特征变量*Humidity*的划分阈值应该是80，此时 $IG(Decision|Humidity)=0.101$，$IGR(Decision|Humidity)=0.107$。

　　针对特征变量*Temperature*（气温）可以采用同样的步骤，当其取值83时，其信息增益达到最大：$IG(Decision|Temperature)=0.113$，$IGR(Decision|Temperature)=0.305$。

　　第三步，根据上面第二步、第三步计算的结果，选择最重要的分支变量。汇总上面计算的结果，如表3-32所示。

表3-32　所有特征变量计算结果

特征变量	信息增益	信息增益比
Wind	0.049	0.049
Outlook	0.246	0.155
Humidity（80）	0.101	0.107
Temperature（83）	0.113	0.305

　　根据表3-32，按照C4.5算法的规则，选择信息增益比最大的特征变量为当前最优分支变量，所以这里选择特征变量*Temperature*（气温）作为分支变量。这部分的决策树如图3-22所示。

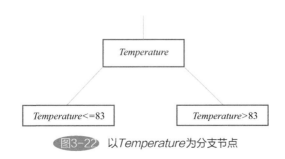

图3-22　以*Temperature*为分支节点

第四步，重复以上步骤，构建完整的决策树。

第五步，剪枝。解决方法在上面已经简要讲述过，这里不再赘述。

4. 分类与回归树CART

分类与回归树CART是由Breiman、Friedman、OlShen和Stone于1984年提出的，是一个原理简单、效果强大的决策树算法。从名称上就可以看出，这种算法既可以解决分类问题，也可以完成回归预测。当目标变量是连续型变量时，该算法会生成一棵回归树，利用叶子节点中目标变量的均值（或中位值）作为新数据的预测值；当目标变量是分类型或定序型变量时，该算法将生成一棵分类树，用于对新数据的分类。与前面讲述的CHAID、ID3、C4.5等算法不同，CART算法是一种二叉树，即每一个非叶子节点只能有两个子节点（两个分支），所以当某个分类型分支变量的不同值（或称为水平）个数多于2个时，该特征变量就有可能被多次使用。在创建决策树的时候，CART算法使用基尼系数Gini（Gini index）作为选择最优分支变量的度量指标。基尼系数也是一种表示数据集D的不纯度的指标，体现了数据集的不确定性，用$Gini(D)$表示。基尼系数越大，表示数据集D的不确定性越大。基尼系数的计算公式：

$$Gini(D)=\sum_{i=1}^{c}\left(p_i(1-p_i)\right)=1-\sum_{i=1}^{c}p_i^2$$

式中，C为目标变量的分类数目；p_i为节点中类别i出现的概率，其值等于节点中属于类别i的实例个数占节点总实例个数的比例。

对于数据集D，一个特征变量A进行分支后的基尼系数等于子节点权重的基尼系数之和，每个子节点的权重等于子节点的实例数与父节点实例数的比例。其计算公式如下：

$$Gini(D,A)=\sum_{i=1}^{K}\left(\frac{N_i}{N}\times Gini(D_i)\right)$$

式中，K为特征变量A取不同值的个数；N为数据集D中实例的个数；N_i为第i个子节点的数据集的实例个数；D_i为第i个子节点的数据集。

在CART算法中，最优分支变量将具有最小的$Gini(D,A)$值，也就是子节点的分割使父节点的基尼系数变化最大。CART算法中有一个基尼增益（Gini gain）指标，这个指标是度量父节点与子节点之间不纯度差别的指标，等于父节点的不纯度减去所有子节点权重的不纯度之和，每个子节点的权重等于子节点的实例数与父节点实例数的比例。假设s为对一个父节点的数据集D进行的分割，则基尼增益$GG(D,s)$的计算公式如下：

$$GG(D,s)=Impurity(D)-\sum_{i=0}^{K}\left(\frac{N_i}{N}\times Impurity(D_i)\right)$$

式中，K为子节点的个数；N为父节点中实例个数；N_i为第i个子节点中的数据集D_i的实例个数；D_i代表子第i个子节点中的数据集。

同信息增益指标一样，$GG(D,s)$ 也是度量不纯度的减小的指标。一个较好的分割将使子节点具有更小的不纯度，趋向更加条理，更具同质性。所以，在构造决策树的时候，$GG(D,s)$ 最大的特征变量将被选为当前节点的分支变量。在CART算法中，不纯度指标使用的是基尼系数 $Gini(D)$，因此对于一个分支变量 A 来说，其基尼增益公式如下：

$$GG(D,s) = Gini(D) - Gini(D,A)$$

同其他决策树算法一样，CART算法同样需要对连续型变量进行离散化处理。处理的方法类似于卡方自动交互检验CHAID算法中的方式，只是考虑到CART决策树是二叉树，每次迭代计算仅进行二元分类。首先进行升序排序（去重），依次计算相邻两元素值的中位数，以中位数将数据集一分为二，计算以该点作为分割点时的基尼值较分割前的基尼值的下降程度，并选择基尼增益 $GG(D,s)$ 最大值对应的点为最优分割点。

对于多分类的分类型变量和定序型变量的处理，CART算法与CHAID算法的处理方式类似，只是需要考虑到CART决策树是二叉树，仅需要进行二元分割。具体步骤，这里不再举例说明了。CART算法中最重要的仍然是分支变量的选择和剪枝，其总体步骤如下：

（1）确定训练数据，包含一个目标变量和一个特征变量列表；

（2）对特征变量进行最佳分割，对每一个特征变量，根据变量类型（分类型或连续型）采取不同方法计算不同组合的基尼系数，确定最佳分割点（二分叉）；

（3）根据计算的基尼系数，确定最佳分支特征变量；

（4）循环执行上述第二步和第三步，直到满足停止条件；

（5）剪枝：对决策树进行必要的剪枝。

3.5.2 决策树回归评估器

在Scikit-learn中，实现决策树回归功能的类为sklearn.tree.DecisionTreeRegressor（决策树回归评估器）。表3-33详细说明了这个回归评估器的构造函数及其属性和方法。

表3-33 决策树回归评估器DecisionTreeRegressor

sklearn.tree.DecisionTreeRegressor: 决策树回归评估器	
DecisionTreeRegressor(*, criterion='mse', splitter='best', max_depth=None, min_samples_split=2, min_samples_leaf=1, min_weight_fraction_leaf=0.0, max_features=None, random_state=None, max_leaf_nodes=None, min_impurity_decrease=0.0, min_impurity_split=None, ccp_alpha=0.0)	
criterion	可选。一个字符串，指定节点分支指标。 "mse"：均方误差； "friedman_mse"：融合Friedman提升分数的均方误差； "mae"：平均绝对误差； "poisson"：泊松偏差。 默认值为"mse"

续表

sklearn.tree.DecisionTreeRegressor：决策树回归评估器	
splitter	可选。一个字符串，指定节点分支所采用的策略。 "best"：优先选择最重要的特征变量构造分支，比较适合样本数量不大的情况； "random"：随机选择特征变量构造分支，适合样本数量非常大的情况，并且能够一定程度上减少过拟合。 默认值为"best"
max_depth	可选。一个正整数，或者None，指定决策树的最大深度。默认值为None，表示一个节点将持续分支，直到节点是"纯粹的"（即这个节点的所有样本属于同一类别）或者节点包含的样本数量小于min_samples_split
min_samples_split	可选。 如果为一个整数，则表示分支所需的最小样本个数；如果为一个浮点数，则以ceil(min_samples_split×n_samples)作为分支所需的最小样本个数。默认值为2
min_samples_leaf	可选。如果为一个整数，则表示作为叶子节点所需的最小样本个数；如果为一个浮点数，则以ceil(min_samples_leaf×n_samples)作为叶子节点所需的最小样本个数。默认值为1
min_weight_fraction_leaf	可选。一个浮点数，表示一个叶子节点所需要包含的最小样本数，不过以所有输入样本的权重之和的最小分数指定。 默认值为0.0
max_features	可选。 整数：考虑这个整数数量的特征变量； 浮点数：考虑int(max_features×n_features)个特征变量； "auto"：考虑所有特征变量，max_features=n_features； "sqrt"：max_features=sqrt(n_features)； "log2"：max_features=log2(n_features)。 默认值为None，表示max_features=n_features，即考虑所有特征变量，相当于设置为"auto"
random_state	如果是一个整型常数值，表示需要生成随机数时每次返回的都是一个固定的序列值；如果是一个numpy.random.RandomState对象，则表示每次均为随机采样；如果设置为None，表示由系统随机设置随机数种子，每次返回不同的样本序列。默认值None。 注意：在每次分支过程中，即使参数splitter设置为"best"，特征变量也总是随机排列的。当max_features < n_features时，算法会随机从n_features个特征变量中选择max_features个特征变量，然后从中选出最佳的分支变量。所以，每次运行很有可能会获得不同的最佳分支变量。如果每次构造决策树时要产生确定的结果，参数random_state应该设置为一个固定的整数
max_leaf_nodes	可选。一个整数，或None，表示一个结果树中叶子节点的最大数量。默认值为None，表示不限制最大叶子节点数量
min_impurity_decrease	可选。一个浮点数，表示如果一个分支节点不纯度的减小数大于等于此值，则会触发此节点的进一步分支。默认值为0.0
min_impurity_split	可选。此参数已经被min_impurity_decrease代替，保留仅为兼容性考虑。请设置为默认值None。

续表

sklearn.tree.DecisionTreeRegressor：决策树回归评估器

ccp_alpha	可选。一个非负浮点数，指定代价复杂度剪枝（Cost-Complexity Pruning）算法的复杂度参数alpha。 默认值为0.0，表示不进行剪枝操作

DecisionTreeRegressor的属性

feature_importances_	形状shape为(n_features,)的数组，表示特征变量的重要性，也就是基尼指数
max_features_	拟合后参数max_features的值
n_features_	拟合后的特征变量个数
n_outputs_	拟合后的目标变量个数
tree_	代表决策树的sklearn.tree._tree.Tree对象

DecisionTreeRegressor的方法

apply(X, check_input＝True)：应用模型计算并返回每个样本数据所属叶子节点的索引

X	必选。形状shape为(n_samples, n_features)的数组或一个稀疏矩阵，表示输入样本数据
check_input	可选。一个布尔变量值，表示是否可以忽略输入样本数据的检查。一般建议设置为默认值True
返回值	形状shape为(n_samples,)的数组，包含每个样本数据所属叶子节点的索引。索引值的范围为[0, self.tree_.node_count)，中间可能有间断

cost_complexity_pruning_path(X, y, sample_weight＝None)：计算在使用最小代价复杂度剪枝算法时的剪枝路径

X	必选。形状shape为(n_samples, n_features)的数组或一个稀疏矩阵，表示输入样本数据的特征变量数据集
y	必选。形状shape为(n_samples,)或者(n_samples, n_outputs)的数组，表示输入样本数据的目标变量数据集
sample_weight	可选。形状shape为(n_samples,)的数组，表示每个样本的权重。默认值为None，即每个样本的权重一样（为1）
返回值	返回结果为一个sklearn.utils.Bunch对象。在这个对象中包括ccp_alphas和impurities两部分，ccp_alphas包含了剪枝过程中各个有效子树复杂度系数数组，impurities包含了与ccp_alphas数组中每个元素对应的子树叶子节点的不纯度值数组

decision_path(X, check_input＝True)：计算并返回数据的决策路径

X	必选。形状shape为(n_samples, n_features)的数组或一个稀疏矩阵，表示输入样本数据的特征变量数据集
check_input	可选。一个布尔变量值，表是否可以忽略输入样本数据的检查。一般建议设置为默认值。默认值为True
返回值	形状shape为(n_samples, n_nodes)的稀疏矩阵，其中非零元素指示了样本流转的路径

续表

sklearn.tree.DecisionTreeRegressor：决策树回归评估器	
fit(X, y, sample_weight＝None, check_input＝True, X_idx_sorted＝'deprecated')：根据给定的训练数据集，拟合决策树回归模型	
X	必选。形状shape为(n_samples,n_features)的数组或对象列表，表示训练数据集中的特征变量数据集
y	必选。形状shape为(n_samples,)或者(n_samples, n_outputs)的数组，表示训练数据集中给的目标变量数据集
sample_weight	可选。形状shape为(n_samples,)的数组，表示每个样本的权重。默认值为None，即每个样本的权重一样（为1）
check_input	可选。一个布尔变量值，表是否可以忽略输入样本数据的检查。一般建议设置为默认值。 默认值为True
X_idx_sorted	可选。此参数已经过时，保留仅为兼容性考虑。请设置为默认值。 默认值为“deprecated”
返回值	训练后的决策树回归模型（评估器）
get_depth()：返回决策树的深度。决策树的深度等于根节点与各个叶子之间距离的最大值	
返回值	一个整数值，决策树的深度，等于self.tree_.max_depth
get_n_leaves()：返回决策树的叶子节点数量	
返回值	一个整数值，决策树的叶子节点数量，等于self.tree_.n_leaves
get_params(deep＝True)：获取评估器的各种参数	
deep	可选。布尔型变量，默认值为True，表示不仅包含此评估器自身的参数值，还将返回包含的子对象（也是评估器）的参数值
返回值	字典对象。包含“（参数名称:值）”的键值对
predict(X, check_input＝True)：使用拟合的模型对新数据进行预测	
X	必选。形状shape为(n_samples,n_features)的数组，表示需要预测的数据集
check_input	可选。一个布尔变量值，表是否可以忽略输入样本数据的检查。一般建议设置为默认值。默认值为True
返回值	类数组对象，其形状shape为(n_samples,)或者(n_samples, n_outputs)的数组，表示预测后的目标变量数据集
score(X, y,sample_weight ＝ None)：计算决策树回归模型的拟合优度R^2	
X	必选。类数组对象，其形状shape为(n_samples,n_features)，表示测试数据集
y	必选。类数组对象，其形状shape为(n_samples,)，表示目标变量的实际值
sample_weight	可选。类数组对象，其形状shape为(n_samples,)，表示每个样本的权重。默认值为None，即每个样本的权重一样（为1）
返回值	返回决策树回归模型的拟合优度R^2
set_params(**params)：设置评估器的各种参数	
params	字典对象，包含了需要设置的各种参数
返回值	评估器自身

下面以例子的形式对评估器DecisionTreeRegressor的使用加以说明。

```python
1.
2.  import numpy as np
3.  import pandas as pd
4.  import matplotlib.pyplot as plt
5.  from matplotlib.font_manager import FontProperties
6.  from sklearn.tree import DecisionTreeRegressor
7.
8.  #1 导入数据集
9.  dataset = pd.read_csv('Position_Salaries.csv')
10. X = dataset.iloc[:, 1:2].values   # 返回的类型是二维数组
11. y = dataset.iloc[:, 2].values
12.
13. #2 由于数据集样本数不大，所以此例中不再分割。
14. #   使用默认参数创建决策树回归评估器
15. regressor = DecisionTreeRegressor(random_state=0)
16. regressor.fit(X,y)
17.
18. #3 预测新的数据
19. y_pred = regressor.predict([[5.5]])
20.
21. #4 准备绘制图形
22. plt.figure(figsize=(8, 8))
23. plt.subplots_adjust(hspace=0.5)
24. font = FontProperties(fname='C:\\Windows\\Fonts\\SimHei.ttf')  #, size=16)
25.
26. #4 绘制决策树回归结果
27. plt.subplot(2, 1, 1)
28.
29. plt.scatter(X, y, color = 'red')
30. plt.plot(X, regressor.predict(X), color = 'blue')
31. plt.title('决策树回归结果', fontproperties=font)
32. plt.xlabel('职务级别', fontproperties=font)
33. plt.ylabel('薪水', fontproperties=font)
34.
```

```
35. #5 绘制决策树回归结果（精度更高）
36. plt.subplot(2, 1, 2)
37.
38. X_grid = np.arange(min(X), max(X), 0.01)
39. X_grid = X_grid.reshape((len(X_grid), 1))
40.
41. plt.scatter(X, y, color = 'red')
42. plt.plot(X_grid, regressor.predict(X_grid), color = 'blue')
43. plt.title('决策树回归结果(精度更高)', fontproperties=font)
44. plt.xlabel('职务级别', fontproperties=font)
45. plt.ylabel('薪水', fontproperties=font)
46.
47. plt.show()
48.
```

运行后，输出两个不同精度的回归曲线结果，如图3-23所示（在Python自带的
IDLE环境下）。

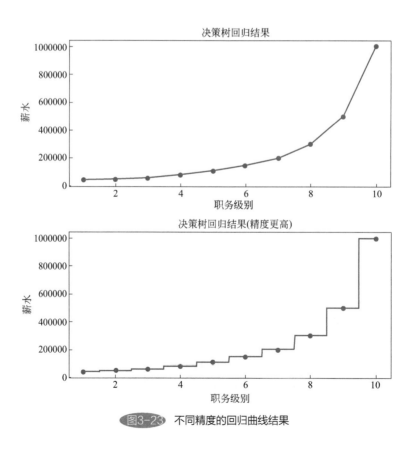

图3-23 不同精度的回归曲线结果

3.6　神经网络模型

　　神经生理学家 Warren McCulloch 教授和数学家 Walter Pitts 教授于 1943 年在论文《A logical calculus of the ideas immanent in nervous activity》中首次提出神经网络的数学模型（MCP 模型），经过几十年的发展，目前人工神经网络已发展成为一门多学科交叉融合的技术，成为实现深度学习的重要手段，已经在分类、预测、图像识别、语音识别等各种场景取得了巨大的成功。人工神经网络模拟生物神经元的功能机理，具有接收数据、处理数据、输出处理结果等功能，图 3-24 为生物神经元的示意图。人工神经网络模型是一种由多个层次的神经元（基于生物神经元抽象出来的数学模型）组成的网络系统模型，其中每个神经元也称为感知机（Perceptron），它可以接收多个输入变量，经过特定的处理后产生输出。人工神经网络模型包括输入层、隐含层和输出层，每层包含若干个互不连接的神经元，相邻层之间的神经元通过不同的权重（连接强度）进行连接。其中隐含层也称为隐藏层或中间层，在某些简单问题中，隐含层的层数可能为 0，而在某些复杂问题中，隐含层的层数也可能成百上千。输出层可以有多个节点。图 3-25 是一个包含两层隐含层的神经网络模型的示意图。

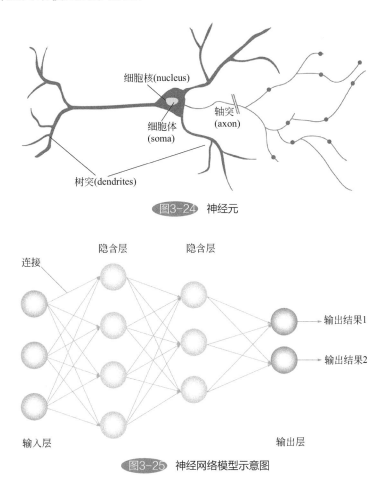

图3-24　神经元

图3-25　神经网络模型示意图

图3-26所示为人工神经网络模型中的神经元，图中 b 为偏置项，以增加神经网络模型的灵活性，f 为激活函数。实际上我们可以把偏置项 b 看作是一个值恒等于1、连接权重为 b 的输入变量（输入神经元），如图3-27所示，这样我们就可以对神经网络模型进行统一处理。

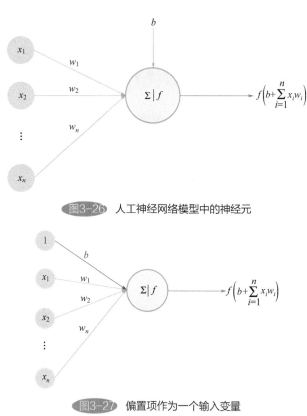

图3-26 人工神经网络模型中的神经元

图3-27 偏置项作为一个输入变量

在一个神经网络模型中，相邻层上的神经元（或节点）互相连接，每条连接都有一个权重，权重值代表了不同输入对神经元的影响程度。一个神经元接收的输入为 x_1，x_2，$\cdots$，x_n，相应的连接权重为 w_1，w_2，$\cdots$，w_n。一个神经元的工作可以分成三步。第一步，计算净输入 $net = x_1 w_1 + x_2 w_2 + \cdots + x_n w_n + b$；第二步，激活函数根据自己的计算规则生成中间值 $u = f(net)$；第三步，通过 softmax 或 simplemax 等归一化方法对中间结果 u 进行归一化处理，作为神经元的输出 $Output$。在实际使用模型中第二步和第三步可以合二为一。激活函数 f 的输入是所有输入变量的权重和（再加上一个偏置项），其输出结果决定了一个神经元是否可以被"触发"。通过对神经元输出结果进行归一化（规范化）处理，可以有效防止输出结果由于级联效应变得不可控。

作为一个神经元的决策中心，激活函数的引入使输入变量与响应变量之间具有了复杂的非线性映射关系，使得神经网络模型具有非线性特点。由于其主要工作是将神经元的输入转换为输出结果，并把输出结果传递给下一层神经元，所以激活函数也称为传递函数（Transfer Function），它可以是一个线性函数，也可以是一个非线性函数。在一个神经网络模型中，如果输出层的预测结果与预期的输出结果差别较大，则调整（更新）

神经元之间的连接权重，重新计算，这个过程迭代进行，直到获得一个满意的结果。

下面按照时间顺序，以重大事件的形式列举神经网络模型的发展简史。

➤ 1943 年

Warren McCulloch 和 Walter Pitts 发表论文探讨神经元工作机理，将神经网络模拟成电路模型。

➤ 1949 年

Donald Hebb 指出神经元之间的连接会因为每次信息传输而变得更强。

➤ 1950 年

IBM 研究院的 Nathanial Rochester 在实验室尝试模拟神经网络。

➤ 1956 年

达特茅斯的暑假人工智能研讨会大力推动了人工智能与神经网络的发展。

➤ 1957 年

Johnvon Neumann 建议用真空管或电报继电器模拟简单的神经元方程。

➤ 1958 年

Frank Rosenblatt 开始对感知机（perceptron）进行研究与探索。

➤ 1959 年

斯坦福大学的 Bernard Widrow 和 Marcian Hoff 共同建立了 ADALINE 和 MADALINE 模型用来解决实际问题。

➤ 1969 年

Marvin Minsky 与 Seymour Papert 证明了感知机的局限性。

➤ 1981 年

神经网络相关研究陷于停滞状态。

➤ 1982 年

John Hopfield 提出一种单层反馈神经网络。同年日本宣布启动对神经网络研究的第五代计划，美国因担心在此领域落后于日本，加大资助神经网络的研究。

➤ 1985 年

美国物理协会举办了 Neural Networks for Computing 会议，之后成为一年一度的会议。

➤ 1997 年

Schmidhuber 和 Hochreiter 共同提出了 LSTM 网络框架。

➤ 1998 年

YannLeCun 发表了题为《Gradient-Based Learning Applied to Document Recognition》重要论文。

进入二十一世纪后，神经网络的研究和应用遍地开花。目前神经网络已经成为人工智能技术研究中最热门的领域，这方面的资料非常多，所以本章不对神经网络做深入的探讨，感兴趣的读者可以自行查找相关的资料。下面简要介绍神经网络模型中几个重要的概念。

（1）输入层　输入层是输入神经元（输入节点）的集合，代表了外部环境对神经网络模型的输入。在这一层中无需任何形式的计算，只是将信息传递到隐含层或输出层。输入层的每个神经元代表了一个对目标变量有影响的预测变量（特征变量）。

（2）隐含层　隐含层与外部环境没有直接连接（因此称为"隐含层"），它是具有激活功能的神经元的集合，处于输入层和输出层之间。一个隐含层对从上一层（输入层或另一个隐含层）传递来的信息进行处理后，向下一层（另一个隐含层或输出层）传递。一个神经网络模型中可以有0个、1个或多个隐含层。

（3）输出层　输出层是输出神经元的集合，通过激活函数的计算把结果展示给外部。输出层中神经元的数量与模型需要解决的业务问题直接相关，所以要确定输出层中神经元的数量，首先要考虑神经网络的预期用途。

（4）连接和权重　一个神经网络模型相邻层的神经元通过连接形成一个网状的模型，连接能够把一个神经元的计算结果传递给下一层的神经元，并且每个连接都有一个权重，表示当前神经元对连接的下一个神经元的影响程度。

（5）激活函数　激活函数定义了一个神经元的计算功能，这是神经网络模型中最重要的特征。前面讲过，它的主要工作是将输入数据转换为输出结果，并把输出结果传递给下一层神经元，所以也称为传递函数，它代表了计算结果的传递规则。非线性激活函数可使神经网络模型仅用少量节点（神经元）就能解决某些非平凡问题（nontrivial problems），获得有实际意义的答案，这很重要，因为现实世界的大多数数据之间的关系都是非线性的，我们当然希望神经网络模型能够学习这种非线性的表示形式。

（6）学习规则　学习规则是指更新和确认神经网络模型参数的规则或算法，例如常用的BP（Back Propagation）网络就是通过采用"信息正向传播，误差反向传播"的规则计算每个连接权重等参数，完成模型构建的。

（7）网络层数　由于输入层的特殊性（没有激活函数），在计算模型层数的时候，一般不包括输入层。单层（1层）神经网络就是一个没有隐含层的网络（输入层直接映射到输出层）。从这种意义上讲，逻辑回归或支持向量机只是单层神经网络的一种特殊情况。

（8）模型规模　有两个指标用来衡量神经网络模型规模：神经元的数量、需要学习的参数数量。我们以图3-25中的神经网络模型为例来说明，它包括一个输入层（3个神经元）、两个隐含层（分别有4个和3个神经元）和一个输出层（2个神经元），这是一个3层的神经网络模型，神经元的数量为4+3+2＝9（输入层的神经元不计算在内），需要学习的参数数量为(3×4)+(4×3)+(3×2)＝30，偏置项个数为4+3+2＝9，总共有39个需要学习的参数。

在神经网络模型的构建过程中，激活函数的选择是至关重要的一步。从纯粹数学的角度看，神经网络模型是一个多层复合函数，而其激活函数的作用是保证模型的非线性。假设神经网络模型的输入是 n 维向量 X，输出是 m 维向量 y，它实际上实现了 n 维向量到 m 维向量的映射（一般 $n > m$），映射函数 f 记为 $y = f(X)$，这个映射函数就是激活函数。

神经网络模型中，第 i 层变换的向量形式为 $net^i = W^i X^{i-1} + b^i$，$X^i = f(net^i)$，$W$ 是权重

矩阵，b 是偏置向量，X 是模型中每一层的输出（输出层为 y）。激活函数分别作用于向量 net 的每一个分量，产生一个向量输出 X。在构建模型时，有多种激活函数可以使用，表 3-34 列举了常用的一些激活函数。

表3-34 神经网络模型常用的激活函数（公式中 x 相当于净输入 net）

序号	类型	激活函数公式	说明
1	identity	$f(x)=x$	恒等函数，适合回归
2	logistic	$f(x)=\dfrac{1}{1+\exp(-x)}$	也称为sigmoid函数、S形函数。适合二分类
3	Softmax	$f(x)_i=\dfrac{\exp(x_i)}{\sum_{j=1}^{K}\exp(x_j)}$	是对sigmoid函数的推广，与sigmoid函数一样，会产生一个(0,1)内的数值，表示类别的概率。适合多分类，一般应用于输出层
4	tanh	$f(x)=\dfrac{\exp(2x)-1}{\exp(2x)+1}$	双曲正切函数。适合分类
5	ReLU(rectifier)	$f(x)=\max(0,x)$	修正线性单元函数(Rectified Linear Unit)
6	threshold	$f(x)=\begin{cases}1 & x>t \\ 0 & x\leqslant t\end{cases}$	阈值函数，也称为阶梯函数（即step函数）
7	exponential	$f(x)=\exp(x)$	指数函数
8	reciprocal	$f(x)=\dfrac{1}{x}$	倒数函数
9	square	$f(x)=x^2$	平方函数
10	Gauss(Gaussian)	$f(x)=\exp(-x^2)$	高斯函数
11	sine	$f(x)=\sin(x)$	正弦函数
12	cosine	$f(x)=\cos(x)$	余弦函数
13	Elliott	$f(x)=\dfrac{x}{1+|x|}$	艾略特函数
14	arctan	$f(x)=\arctan(x)$	反正切函数
15	radialBasis	$f(x)=\exp(\alpha-x)$	径向基函数，常用于径向基函数网络（RBFN）
16	PReLU	$f(x)=\begin{cases}x & x>0 \\ \alpha x & x\leqslant 0\end{cases}$	参数化修正线性单元函数(Parametric Rectified Linear Unit)
17	ELU	$f(x)=\begin{cases}x & x>0 \\ \alpha(e^x-1) & x\leqslant 0\end{cases}$	指数线性单元函数(Exponential Linear Unit)
18	BNLL	$f(x)=\ln\big(1+\exp(x)\big)$	二项式正态对数似然函数(binomial normal log likelihood)

在多层网络模型中，整个模型可以使用一种激活函数，也可以使用多种激活函数（但是一般同一层中使用相同的激活函数）。实际上，这里的激活函数与广义回归模型中的连接函数非常类似。激活函数的选择是设计一个良好的神经网络模型的关键，隐藏层

激活函数的选择决定了模型从训练数据集中学习效果的好坏。一般来说，所有隐藏层使用相同的激活函数，而输出层的激活函数会因预测问题类型的不同而有所不同。隐藏层会使用一个可微的非线性激活函数（如ReLU、sigmoid），这可以使模型能够支持更复杂的非线性功能；而输出层激活函数的选择主要取决于模型能够预测的问题类型。图3-28展示了一种选择输出层激活函数的方法。

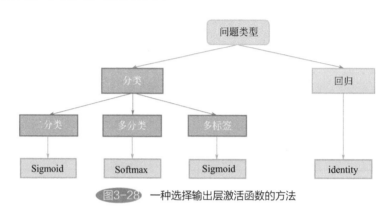

图3-28 一种选择输出层激活函数的方法

最后，从神经元之间连接权重的计算方式来看，有两种基本拓扑形式的神经网络模型：前馈神经网络模型（Feedforward Neural Network）和反馈神经网络模型（Feedback Neural Network）。两者的区别在于前馈网络没有反馈回路，信息只从输入层流向输出层。

Scikit-learn中实现神经网络功能的类为sklearn.neural_network.MLPRegressor，是一个多层感知机回归评估器（multi-layer perceptron，MLP）。表3-35详细说明了这个回归评估器的构造函数及其属性和方法。

表3-35 多层感知机回归评估器MLPRegressor

sklearn.neural_network.MLPRegressor：多层感知机回归评估器	
MLPRegressor(hidden_layer_sizes＝100, activation＝'relu', *, solver='adam', alpha＝0.0001, batch_size＝'auto', learning_rate＝'constant', learning_rate_init＝0.001, power_t＝0.5, max_iter＝200, shuffle＝True, random_state＝None, tol＝0.0001, verbose＝False, warm_start＝False, momentum＝0.9, nesterovs_momentum＝True, early_stopping＝False, validation_fraction＝0.1, beta_1＝0.9, beta_2＝0.999, epsilon＝1e-08, n_iter_no_change＝10, max_fun＝15000)	
hidden_layer_sizes	可选。一个元组对象，表示隐含层的大小。默认值为(100,)，表示只有一个隐含层，这个隐含层包含了100个神经元
activation	可选。指定隐含层的激活函数
solver	可选。指定学习过程中的求解优化器。默认值为"adam"
alpha	可选。一个浮点数，表示L2正则化系数，数值越大，正则化强度越大。默认值为0.0001
batch_size	可选。一个整型数或字符串"auto"，指定随机梯度下降算法使用的批量大小。默认值为"auto"
learning_rate	可选。一个字符串，指定学习速率更新策略，默认值为"constant"
learning_rate_init	可选。一个双精度数值，指定初始学习速率。默认值为0.001

续表

sklearn.neural_network.MLPRegressor：多层感知机回归评估器	
power_t	可选。一个双精度数值，指定学习速率计算公式中的指数。默认值为0.5
max_iter	可选。一个正整数，指定学习过程中的最大迭代次数。默认值为200
shuffle	可选。一个布尔值，训练样本每循环一遍，再次使用时是否需要重新随机排序（洗牌）。默认值为True。仅对solver="sgd"或solver="adam"有效
random_state	可选。用于设置随机数种子。默认值为None
tol	可选。一个浮点数，指定优化的误差。默认值为0.0001
verbose	可选。可以是一个布尔值或者一个整数，用来设置输出结果的详细程度。默认值为False
warm_start	可选。一个布尔变量值，指定在迭代训练过程中是否使用前一次的结果。默认值为False
momentum	可选。一个浮点数，随机梯度下降算法中的动量值，取值范围为[0,1]。默认值为0.9
nesterovs_ momentum	可选。一个布尔变量值，指示是否使用Nesterov矩向量。默认值为True
early_stopping	可选。一个布尔值，训练结果不再改善时，是否提前结束迭代训练
validation_fraction	可选。用于判断是否提前结束迭代训练。只有在参数early_stopping设置为True时有效。默认值为0.1
beta_1	可选。Adam优化算法中估算一阶矩向量的指数衰减率，范围为[0,1)。默认值为0.9
beta_2	可选。Adam优化算法中估算二阶矩向量的指数衰减率，范围为[0,1)。默认值为0.999
epsilon	可选。一个浮点数，指定adam优化器中的稳定性数值。默认值为1e-08
n_iter_no_change	可选。一个整数，满足参数tol指定的迭代停止条件时，最大迭代计算次数
max_fun	可选。仅适用于参数solver="lbfgs"的情况，指定损失函数调用的最大次数。默认值为15000
MLPRegressor的属性	
loss_	当前损失函数值（浮点数）
best_loss_	损失函数的最小值（浮点数）
loss_curve_	形状shape为(n_iter_,)的数组，包含每次迭代时的损失函数值
t_	拟合过程中求解器使用的样本数量（整数）
coefs_	形状shape为(n_layers-1,)的列表对象
intercepts_	形状shape为(n_layers-1,)的列表对象
n_iter_	求解器迭代运行的次数（整数）
n_layers_	模型层数（整数）
n_outputs_	输出目标变量个数（整数）
out_activation_	输出层激活函数（字符串）
MLPRegressor的方法和特性	
fit(X, y)：拟合多层感知机模型	
X	必选。类数组对象或稀疏矩阵类型对象，其形状shape为(n_samples,n_features)，表示特征变量数据集
y	必选。类数组对象，其形状shape为(n_samples,)，或者(n_samples,n_outputs)，表示目标变量数据集
返回值	训练后的多层感知机模型
get_params(deep=True)：获取评估器的各种参数	
deep	可选。布尔型变量，默认值为True，表示不仅包含此评估器自身的参数值，还将返回包含的子对象（也是评估器）的参数值
返回值	字典对象。包含"（参数名称:值）"的键值对

sklearn.neural_network.MLPRegressor：多层感知机回归评估器	
property partial_fit：对给定数据一次迭代地更新模型	
X	与fit()的参数X相同
y	与fit()的参数y相同
返回值	训练后的多层感知机模型
predict(X)：使用拟合的多层感知机模型对新数据进行预测	
X	必选。类数组对象或稀疏矩阵类型对象，其形状shape为(n_samples,n_features)，表示待预测的数据集
返回值	类数组对象，其形状shape为(n_samples,)，表示预测后的目标变量数据集
score(X, y,sample_weight = None)：计算多层感知机模型的拟合优度R^2	
X	必选。类数组对象或稀疏矩阵类型对象，其形状shape为(n_samples,n_features)，表示测试数据集
y	必选。类数组对象，其形状shape为(n_samples,)，或者(n_samples,n_outputs)，表示目标变量的实际值。其中n_outputs为目标变量个数
sample_weight	可选。类数组对象，其形状shape为(n_samples,)，表示每个样本的权重。默认值为None，即每个样本的权重一样（为1）
返回值	返回多层感知机模型的拟合优度R^2
set_params(**params)：设置评估器的各种参数	
params	字典对象，包含了需要设置的各种参数
返回值	评估器自身

下面我们以示例形式说明多层感知机回归评估器 **MLPRegressor** 的使用。

```
1.   import numpy as np
2.   from sklearn.neural_network import MLPRegressor
3.   import matplotlib.pyplot as plt
4.   from matplotlib.font_manager import FontProperties
5.
6.
7.   #1 构造训练数据集
8.   x = np.arange(0.0, 1, 0.01).reshape(-1, 1)
9.   y = np.sin(2 * np.pi * x).ravel()
10.
11.  #2 创建多层感知机
12.  mlp_reg = MLPRegressor( hidden_layer_sizes=(10,), activation='logistic',
13.          solver='lbfgs', alpha=0.001, learning_rate_init=0.01, max_iter=1000 )
14.
15.  #3 拟合、构造模型
16.  mlp_reg.fit(x, y)
17.
18.  #4 构造测试数据集，并预测
19.  test_x = np.arange(0.0, 1, 0.05).reshape(-1, 1)
20.  test_y = mlp_reg.predict(test_x)
```

```
21.
22. #5 绘制图形
23. #4 准备绘制图形
24. plt.figure()
25. font = FontProperties(fname='C:\\Windows\\Fonts\\SimHei.ttf')  #, size=16)
26.
27. plt.scatter(x, y, s=20, c='b', marker="x", label='真实值')
28. plt.scatter(test_x,test_y, s=10, c='r', marker="o", label='预测值')
29. plt.title('多层感知机回归结果', fontproperties=font)
30. plt.xlabel('X', fontproperties=font)
31. plt.ylabel('Y', fontproperties=font)
32. plt.legend(prop=font)
33.
34. plt.show()
35.
```

运行后，回归结果如图3-29所示（在Python自带的IDLE环境下）。

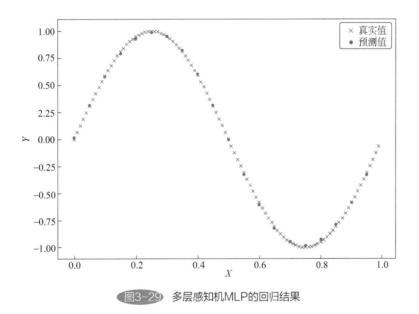

图3-29　多层感知机MLP的回归结果

3.7　保序回归

保序回归（isotonic regression）也称为单调回归（monotonic regression），是回归分析的一种，它是在单调函数空间内对给定数据进行非参数估计的回归模型。在理论上，保序回归是寻找一组非递减的片段连续线性函数（piecewise linear continuous functions），即保序函数，使其与样本尽可能接近；在计算上，保序回归是一个二次规划问题，即寻找一组保序函数，使得样本的估计值与样本的真实值间的离差平方和达到最小，保证目标变量随特征变量的变化是单调的。保序回归是非参数模型（不对训练样本的总体分布做任何假设，即无需知道总体分布的任何参数），其目标函数的复杂度与样本个数有关。

在 Scikit-learn 中，实现保序回归算法的类是 sklearn.isotonic.IsotonicRegression，它使用 PAV 算法（pair-adjacent violators algorithm）求解，其主要思想是通过不断合并、调整违反单调性的局部区间，使得最终得到的区间满足单调性。表3-36 详细说明了保序回归评估器 IsotonicRegression 的构造函数及其属性和方法。

表3-36　保序回归评估器IsotonicRegression

sklearn.isotonic.IsotonicRegression：保序回归评估器	
sklearn.isotonic.IsotonicRegression(*, y_min＝None, y_max＝None, increasing＝True, out_of_bounds＝'nan')	
y_min	可选。一个浮点数，设置目标变量预测值的下限。默认值为None，表示下限为负无穷大（−inf）
y_max	可选。一个浮点数，设置目标变量预测值的上限。默认值为None，表示上限为正无穷大（+inf）
increasing	可选。一个布尔值或者字符串"auto"。表示目标变量的预测值是否严格随着特征变量的增加（减少）而增加（减少）。如果设置为字符串"auto"，则表示由评估器根据斯皮尔曼相关估计的符号来决定。默认值为True
out_of_bounds	可选。一个字符串值，指定预测新数据时，在特征变量超出训练数据集范围的情况下，对目标变量预测值的处理方式。可取值"clip""raise""nan"。 "clip"：预测值将被设置为最近邻局部区间的末端值； "raise"：评估器将抛出一个ValueError的异常； "nan"：预测值将被设置为NaN。 默认值为"nan"
IsotonicRegression的属性	
X_min_	一个浮点数，输入训练样本中的最小值
X_max_	一个浮点数，输入训练样本中的最大值
X_thresholds_	形状shape为(n_thresholds,)的数组，表示适合$y = f(X)$单调函数插值的唯一特征变量值，其中n_thresholds表示区间阈值个数
y_thresholds_	形状shape为(n_thresholds,)的数组，表示适合$y = f(X)$单调函数插值的去重y值
f_	覆盖特征变量范围的插值函数
increasing_	一个布尔值，表示构造函数的参数increasing的真实值
IsotonicRegression的方法	
fit(X, y, sample_weight＝None)：根据给定的训练数据集，拟合保序回归评估器	
X	必选。类数组对象，其形状shape为(n_samples,)或(n_samples, 1)，表示训练数据集
y	必选。类数组对象，其形状shape为(n_samples,)，表示目标变量数据集
sample_weight	可选。类数组对象，其形状shape为(n_samples,)，表示每个样本的权重
返回值	拟合后的保序回归评估器
fit_transform(X, y＝None, **fit_params)：拟合数据，并对数据进行转换	
X	必选。类数组对象，其形状shape为(n_samples,n_features)，表示输入数据集
y	可选。指定目标特征变量，其形状shape为(n_samples,)。 对于非监督学习（转换），设置为None。默认值为None

续表

sklearn.isotonic.IsotonicRegression：保序回归评估器	
fit_params	可选。词典类型的对象，包含其他额外的参数信息
返回值	形状shape为(n_samples, n_features_new)的数组，表示转换后的X值
get_params(deep＝True)：获取评估器的各种参数	
deep	可选。布尔型变量，默认值为True，表示不仅包含此评估器自身的参数值，还将返回包含的子对象（也是评估器）的参数值
返回值	字典对象。包含"（参数名称:值）"的键值对
predict(T)：使用线性插值，预测新数据	
T	必选。类数组对象或稀疏矩阵类型对象，其形状shape为(n_samples,)或(n_samples,1)，表示需要预测的数据集
返回值	类数组对象，其形状shape为(n_samples,)，表示预测后的目标变量数据集
score(X, y, sample_weight＝None)：计算保序回归模型的拟合优度R^2	
X	必选。类数组对象或稀疏矩阵类型对象，其形状shape为(n_samples,n_features)，表示测试数据集
y	必选。类数组对象，其形状shape为(n_samples,)，表示目标变量的实际值
sample_weight	可选。类数组对象，其形状shape为(n_samples,)，表示每个样本的权重。默认值为None，即每个样本的权重一样（为1）
返回值	返回保序回归模型的拟合优度R^2
set_params(**params)：设置评估器的各种参数	
params	字典对象，包含了需要设置的各种参数
返回值	评估器自身
transform(T)：使用线性插值，转换新数据	
T	必选。类数组对象或稀疏矩阵类型对象，其形状shape为(n_samples,)或(n_samples,1)，表示需要转换的数据集
返回值	类数组对象，其形状shape为(n_samples,)，表示预测后的目标变量数据集。实际上与predict()等效

　　下面给出一个使用保序回归评估器的例子。在这个例子中，比较了参数out_of_bounds取不同值时的情况。

```
1.
2.  from sklearn.datasets import make_regression
3.  from sklearn.isotonic import IsotonicRegression
4.
5.  X, y = make_regression(n_samples=10, n_features=1, random_state=41)
6.  X = X.ravel() # 转换为 1维数组，sklearn 0.24版本将支持一个特征变量的2维数组
7.  print("特征变量的取值范围：[%f, %f]" % (X.min(), X.max()))
8.  X1 = [0.1, 0.2, 0.78, 0.9]
9.  print("待预测特征变量值    :»", X1)
10. print("-"*37, "\n")
11.
12. #1 使用默认构造函数参数，创建保序回归模型，并拟合
13. print("1 保序回归模型（out_of_bounds='nan'）")
```

```
14.  iso_reg = IsotonicRegression().fit(X, y)
15.  print("目标变量各区间开始，结束范围:")
16.  print(iso_reg.y_thresholds_)
17.  prdct = iso_reg.predict(X1)
18.  print("目标变量的预测值为: ")
19.  print(prdct)
20.
21.  print("\n", "*"*37, "\n")
22.
23.  print("2 保序回归模型（out_of_bounds='clip'）")
24.  iso_reg = IsotonicRegression(out_of_bounds='clip').fit(X, y)
25.  print("目标变量各区间开始，结束范围:")
26.  print(iso_reg.y_thresholds_)
27.
28.  prdct = iso_reg.predict(X1)
29.  print("目标变量的预测值为: ")
30.  print(prdct)
31.
```

运行后，输出结果如下（在Python自带的IDLE环境下）：

```
1.   特征变量的取值范围: [-1.226216, 0.789852]
2.   待预测特征变量值  : [0.1, 0.2, 0.78, 0.9]
3.   ----------------------------------
4.
5.   1 保序回归模型（out_of_bounds='nan'）
6.   目标变量各区间开始和结束范围:
7.   [-22.84222682 -19.37671292 -17.65968912 -17.23483473  -5.04289054
8.     -2.86271047   1.9531333    4.66688896 10.5648807    14.71353861]
9.   目标变量的预测值为:
10.  [ 1.86282267   3.72564535 14.53001686              nan]
11.
12.   *************************************
13.
14.  2 保序回归模型（out_of_bounds='clip'）
15.  目标变量各区间开始和结束范围:
16.  [-22.84222682 -19.37671292 -17.65968912 -17.23483473  -5.04289054
17.    -2.86271047   1.9531333    4.66688896 10.5648807    14.71353861]
18.  目标变量的预测值为:
19.  [ 1.86282267   3.72564535 14.53001686 14.71353861]
```

构造函数参数out_of_bounds取不同值时，同样的特征值的预测输出不同。在这个例子中，特征变量X的取值范围是[-1.226216, 0.789852]，很显然当$X=0.9$时，已经超过了这个范围，这种情况下，当out_of_bounds = 'nan'时，$X=0.9$对应的目标标量预测为'nan'；当out_of_bounds = 'clip'时，$X=0.9$对应的目标标量预测这为14.71353861。这是目标变量最后一个区间的结束值。

4 分类模型

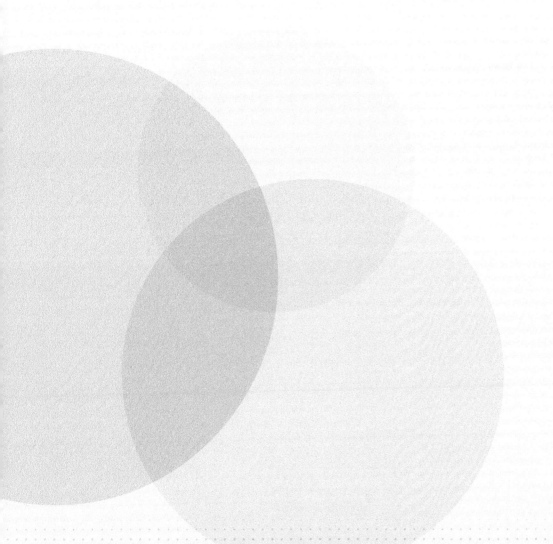

分类技术是机器学习和数据挖掘的重要组成部分，数据科学中大约70%的问题是分类问题。分类模型与回归模型一样，也是一种应用非常广泛的机器学习算法，它的目标是在给定输入向量，并且每一个输入向量都有与之对应的类别的条件下，寻找到一个分类模型，要求对于新的观测数据，根据分类模型预测对应的目标类别。从一个样本数据是否可以具有多个标签角度看，分类模型可以分单标签分类模型和多标签分类模型。单标签分类模型的一个样本数据只有一个类别标签，并且不同类别标签之间是相互独立的，不会交叉；多标签分类模型的一个样本数据可以有多个类别标签，并且不同样本可以有不同数量的类别标签，不同类别标签之间完全可以存在相互依赖关系。

4.1 广义线性回归分类与非线性分类模型

广义线性回归中体现分类功能的几种模型主要有二项逻辑回归（二分类逻辑回归）、多项逻辑回归（多分类逻辑回归）、定序型逻辑回归（一种特殊的多分类逻辑回归，目标变量类别是有等级划分的）。

1. 二项逻辑回归

在逻辑回归中，关于目标变量的连接函数是一种逻辑函数，它可以把连续实数值映射到某个具体区间内，函数式为

$$f(x) = \frac{L}{1 + e^{-k(x-x_0)}}$$

式中，L 为函数的最大值；x_0 为函数曲线中点的 x 值；k 为逻辑增长率或曲线的陡度。假设 $L = 4$，$k = 1, x_0 = 2$，则逻辑函数曲线如图4-1所示。

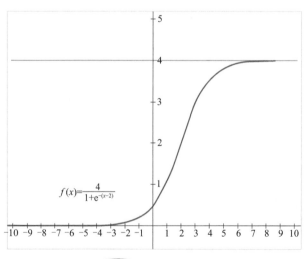

图4-1 逻辑函数曲线

可以看出，$1-f(x)=f(-x)$。逻辑函数有一个特殊形式，称为 Sigmoid 函数，它是在逻辑函数在 $k=1$, $x_0=0$, $L=1$ 时的一种特例，Sigmoid 函数有时也称为标准逻辑函数（standard logistic function）。Sigmoid 函数的值域为 $(0, 1)$，其函数曲线如图 4-2 所示。

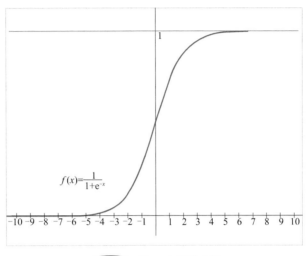

图4-2 Sigmoid函数曲线

Sigmoid 函数的导函数为

$$f'(x)=\frac{\mathrm{d}f(x)}{\mathrm{d}x}=\frac{\mathrm{e}^x(1+\mathrm{e}^x)-\mathrm{e}^x\times\mathrm{e}^x}{(1+\mathrm{e}^{-x})^2}=\frac{\mathrm{e}^x}{(1+\mathrm{e}^x)^2}=f(x)\big(1-f(x)\big)$$

二项逻辑回归中使用 Sigmoid 函数来表示目标变量的发生概率。此时函数形式为

$$f(x)=\frac{1}{1+\mathrm{e}^{-(w_0+w_1x_1+w_2x_2+\cdots+w_mx_m)}}=\frac{\mathrm{e}^{(w_0+w_1x_1+w_2x_2+\cdots+w_mx_m)}}{1+\mathrm{e}^{(w_0+w_1x_1+w_2x_2+\cdots+w_mx_m)}}$$

假设目标变量为 1 是我们考虑的结果，则上述方程就代表目标变量取值为 1 的概率，即

$$P(Y=1|X)=f(x)=\frac{1}{1+\mathrm{e}^{-(w_0+w_1x_1+w_2x_2+\cdots+w_mx_m)}}$$
$$=\frac{\mathrm{e}^{(w_0+w_1x_1+w_2x_2+\cdots+w_mx_m)}}{1+\mathrm{e}^{(w_0+w_1x_1+w_2x_2+\cdots+w_mx_m)}}$$

则目标变量取值为 0 的概率为 $P(Y=0|X)=1-P(Y=1|X)$。

这里我们引入一个优势比（oddsratios，OR）的指标。优势比 OR 是指目标变量取值为 1 的概率与目标变量取值为 0 的概率之比，即

$$OR=\frac{P(Y=1|X)}{P(Y=0|X)}=\frac{f(x)}{1-f(x)}=\mathrm{e}^{w_0+w_1x_1+w_2x_2+\cdots+w_mx_m}$$

为了计算方便，对公式两边取自然对数，得 $\ln(OR)=w_0+w_1x_1+w_2x_2+\cdots+w_mx_m$，我们称这个函数为 logit 函数，这就是二项逻辑回归的连接函数，即：

$$logit\big((PY=1|X)\big)=w_0+w_1x_1+w_2x_2+\cdots+w_mx_m$$

这种形式就和一般线性回归非常类似了。由于 logit 函数是对比率取对数，所以连接函数为 logit 函数的逻辑回归也称为对数比率回归。

逻辑回归本质上是一种分类模型，其目标变量为分类型变量，这不同于一般线性回归中目标变量为连续型变量的情况。对于分类型变量的不同取值，无法使用残差等指标衡量模型的好坏，所以逻辑回归中回归系数的获取通常是采用极大似然估计方法来解决的，这是一种求解概率模型参数估计的统计方法，由德国数学家高斯于 1821 年首先提出。设一个分布总体中含有待估计的参数 W，很显然在确定之前它可以取任何值（有很多可能的解）。现在观测到了 N 个这个总体的样本，问题是如何从这些已知的观测样本（数据）中估计参数 W，也就是从一切可能的 W 值中选择一个最合理的值。极大似然原理认为，使这些观测样本出现概率最大的 W 值，就是最合理的值，这个值称为参数 W 的极大似然估计值。根据这个原理，问题的重点就是如何构造观测样本出现的概率函数方程了。只要使这个函数取最大值，就可以求解参数 W 的极大似然估计值，我们称这个函数为似然函数 $L(W)$。"似然"的意思是根据这个函数求解的模型参数 $\hat{W}$ 值与真实的 W 值之间非常相似，或者说等于真实值的可能性非常高。所以，极大似然估计就是估计值最大程度地接近真实值的意思。实际上，似然函数就是所有观测样本的联合概率分布函数，即

$$L(W)=L(X_1,X_2,...,X_n;W)=\prod_{i=1}^{N}P(X_i;W)$$

由于似然函数右侧为概率连乘，所以在实际使用中，为了求解方便，往往对两边取对数。因为对数函数与原来的似然函数具有相同的单调性，它能够确保最大对数值出现在与原始似然函数相同的点上，同时还能够大幅度减少计算量，也能够解决概率的连乘引起浮点数下溢的问题。因此，可以用更简单的对数似然函数来代替原来的似然函数。即

$$\ln\big(L(W)\big)=\sum_{i=1}^{N}\ln\big(P(X_i;W)\big)$$

根据极大似然原理，参数 W 的极大似然估计值就是使上式取最大值时的取值（如果对上式取负，则就是模型的损失函数），即 $\beta_{\mathrm{mle}}=argmax\big(\ln\big(L(W)\big)\big)$。对参数 W 求偏导，根据极值要求，使各个偏导函数等于 0，构造求解方程式，就可以求出各个回归系数。对于二项逻辑回归问题，$P(X_i;W)$ 就是前面提到的 $P(Y=1|X)$、$P(Y=0|X)$。

这里我们举一个简单的例子加以说明。抛硬币试验是一个二项分布问题，设正面朝上的概率为 p，则反面朝上的概率就是 $(1-p)$。现抛硬币 10 次，结果为 F、F、Z、F、Z、Z、F、F、F、F；设 X_i 代表第 i 次抛硬币，如果正面朝上则 $X_i=1$，否则 $X_i=0$。则此时似然函数为

$$L(p)=L(X_1,X_2,...,X_{10};p)=\prod_{i=1}^{10}P(X_i;p)=\prod_{i=1}^{10}p^{X_i}(1-p)^{(1-X_i)}$$

两边取自然对数，可得

$$\ln\big(L(p)\big) = \sum_{i=1}^{10} \ln\big(p^{X_i}(1-p)^{(1-X_i)}\big)$$
$$= \sum_{i=1}^{10} \big(\ln(p^{X_i}) + \ln\big((1-p)^{(1-X_i)}\big)\big)$$
$$= \sum_{i=1}^{10} \big(X_i\ln(p) + (1-X_i)\ln(1-p)\big)$$

公式两边对参数 p 求导（因为目前只有一个未知变量），可得下式：

$$\frac{\partial\ln\big(L(p)\big)}{\partial p} = \sum_{i=1}^{10} \frac{\partial}{\partial p}\big(X_i\ln(p) + (1-X_i)\ln(1-p)\big)$$
$$= \sum_{i=1}^{10} X_i\frac{\partial\big(\ln(p)\big)}{\partial p} + \sum_{i=1}^{10}(1-X_i)\frac{\partial\big(\ln(1-p)\big)}{\partial p}$$
$$= \frac{1}{p}\sum_{i=1}^{10}X_i - \frac{1}{1-p}\sum_{i=1}^{10}(1-X_i)$$

现在，只要使上式等于0，就可以求解出硬币正面朝上的概率了。根据上面给定的样本数据，可知：

$$\frac{1}{p}\sum_{i=1}^{10}X_i - \frac{1}{1-p}\sum_{i=1}^{10}(1-X_i) = 0$$

最后可以求出 $p = 0.3$。

2. 多项逻辑回归

多项逻辑回归（Multinomial Logistic Regression）也称为无序多分类逻辑回归、无序多项式回归，它比二项逻辑回归更加通用，因为它对目标变量的要求不再局限于两个类别值，而是可以处理多个类别值的情况（类别值之间没有顺序之分），也就是目标变量必须是名义分类变量（nominal variable）。多项逻辑回归的使用必须或者近似符合下面6个前提：

◇ 目标变量必须是分类型变量。

◇ 特征变量可以是连续型、定序型或者分类型的。

◇ 目标变量的类别值之间必须具有互斥性、完备性，即做到"不重不漏"。样本数据（观测值）之间相互独立。

◇ 特征变量之间没有共线性问题。

◇ 任何连续的特征变量和目标变量的logit变换之间均存在线性关系。

◇ 不会出现异常值(outliers)、高杠杆值(leverage points)或强影响点(influential points)。

实际上，以上假设对于二项逻辑回归也同样适用。多项逻辑回归是二项逻辑回归的扩展，所以它求解回归系数的方法也是基于二项逻辑回归。总的来说，通常有下面三种方法来求解多项逻辑回归模型中的回归系数：一对多方式，一对一方式，指定参考类别方式。

3. 定序多项逻辑回归

定序多项逻辑回归（ordinal multinomial Logistic Regression）也称为有序多项逻辑回归。这里"定序"的含义是指目标变量的取值类别能够表达不同的等级，它们之间是有先后顺序、高低之分的，这与前面刚刚讲述的（无序）多项逻辑回归不同。在使用定序多项逻辑回归进行分析时，需要考虑以下3个假设：

◇ 目标变量为定序分类变量（且分类多于2个）。
◇ 存在一个或多个特征变量。
◇ 特征变量之间无多重共线性。

比例优势模型POM（Proportional Odds Model）是一种常用的求解定序逻辑回归问题的方案，它由 P. McCullagh 和 J.A. Nelder 于1980年提出。比例优势模型有一个基本假设：对于定序目标变量来说，不同等级的有序分类结果中，特征变量的效应（即变量的回归系数）保持不变，不会随等级的不同而变化，但是回归常数（截距）是不同的。所以这个假设也称为平行线假设。这种模型会按照目标变量类别的高低排序，以低级别累积组合与高级别累积组合方式转换为多个二项逻辑回归问题来求解，所以这种模型的连接函数也称为累积连接函数，并且一般采用logit函数，因此这种模型有时被称为累积logit模型（cumulative logit model）。

线性分类模型是使用线性的函数表达式对样本进行分类，即划分边界为一条线（在二维空间中）或者是一个超平面（在三维或更高维空间中）。线性分类模型表达形式简洁、构造方便，所以能快速地对样本进行分类，但在很多情况下无法对样本进行精确分类。非线性分类模型使用一个曲面或者多个超平面的组合将两组样本隔离开。图4-3为线性分类模型和非线性分类模型的区别示意图。

非线性分类模型具有较强的拟合能力，但是训练难度较大，在特征变量较少时可能会产生过拟合的问题。

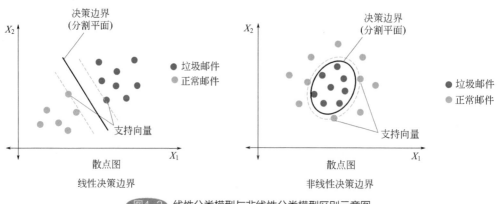

图4-3 线性分类模型与非线性分类模型区别示意图

4.2 分类模型的度量指标

分类模型的度量指标因不同的分类模型而不同。表4-1包含了不同类别的分类模型对应的指标。

表4-1 不同类别的分类模型对应的指标

序号	指标	函数名称
二分类模型特有的指标		
1	计算精确率（precision）和召回率（recall）	precision_recall_curve()
2	ROC特征，包括FPR、TPR	roc_curve()
适合二分类模型和多分类模型的指标		
1	平衡准确率	balanced_accuracy_score()
2	Cohen's kappa统计量	cohen_kappa_score()
3	混淆矩阵	confusion_matrix()
4	平均铰链损失（无正则化）	hinge_loss()
5	马修斯相关系数MCC	matthews_corrcoef()
6	AUC（ROC线下面积）	roc_auc_score()
适合二分类模型和多分类模型以及多标签分类模型的指标		
1	准确率得分	accuracy_score()
2	分类指标报告（简要文本报告）	classification_report()
3	F1分数，也称为平衡F分数、F度量	f1_score()
4	F-β分数	fbeta_score()
5	汉明损失	hamming_loss()
6	杰卡德相似系数	jaccard_score()
7	对数损失，也称为逻辑损失、交叉熵损失	log_loss()
8	混淆矩阵（针对每个类别）	multilabel_confusion_matrix()
9	精确率、召回率、F度量（针对每个类别）	precision_recall_fscore_support()
10	精确率	precision_score()
11	召回率	recall_score()
12	AUC（ROC线下面积）	roc_auc_score()
13	0-1损失	zero_one_loss()
适合二分类模型和多标签分类模型的指标（不适合多分类模型）		
1	平均精确率	average_precision_score()

5 线性分类模型

5.1 岭分类

Scikit-learn基于岭回归评估器Ridge衍生出一个解决分类问题的岭分类评估器：RidgeClassifier，这个评估器利用回归的方法解决分类的问题，特别适合特征变量个数大于训练样本数量的情况。对于二分类问题，岭分类评估器RidgeClassifier首先把二分类目标值转换为{-1,1}，然后按照回归任务构建分类模型，即使用与岭回归评估器Ridge同样的损失函数。在对新数据进行分类预测时，如果构建的回归评估器Ridge的预测值大于0，则将其设为1对应的类别，否则设为值-1对应的类别。对于多分类问题，岭分类评估器RidgeClassifier首先会使用二值标签化转换器LabelBinarizer对目标变量值进行二值化处理，这样可以按照二分类问题来处理，这会产生K个回归模型（K为目标变量取值个数），在对新数据进行分类预测时，最终分类结果将是K个回归模型中最大值对应的类别。如果使用正则化最小二乘损失来拟合一个分类模型，同样可用准确率（accuracy）和查准率/召回率（precision/recall）作为性能度量的标准，可以选择具有不同计算性能的求解器。另外，当目标变量的类别值很多时，RidgeClassifier要比LogisticRegression快得多，因为在计算过程中，它只需要计算一次投影矩阵$(X^TX)^{-1}X^T$。表5-1详细说明了RidgeClassifier岭分类评估器的构造函数及其属性和方法。

表5-1　RidgeClassifier岭分类评估器

sklearn.linear_model.RidgeClassifier：岭分类评估器	
RidgeClassifier(alpha=1.0, *, fit_intercept=True, normalize=False, copy_X=True, max_iter=None, tol=0.001, class_weight=None, solver='auto', random_state=None)	
alpha	可选。一个浮点数，代表对应目标变量的正则化系数，默认值为1.0
fit_intercept	可选。一个布尔值，表示模型拟合过程中是否计算截距w_0。默认值为True
normalize	可选。一个布尔值，表示是否在调用拟合函数fit()之前对特征变量进行归一化处理。默认值为False
copy_X	可选。一个布尔值，表示是否对原始训练样本进行拷贝。默认值为True
max_iter	可选。一个正整数，设置共轭梯度求解器的最大迭代次数
tol	可选。一个浮点数，设置拟合过程中算法的精度
class_weight	可选。指定类别权重
solver	可选。设置训练过程中使用的求解器
random_state	可选。用于设置随机数种子
RidgeClassifier的属性	
coef_	表示决策函数decision_function()中特征变量对应的权重系数的数组，其形状shape为(n_classes,n_features)
intercept_	一个浮点数，或者形状shape为(n_targets,)的浮点数数组，表示决策函数decision_function()中的截距

续表

sklearn.linear_model.RidgeClassifier：岭分类评估器	
n_iter_	None或一个形状shape为(n_targets,)的数组。表示拟合过程中，针对不同目标变量的实际迭代次数
classes_	形状shape为(n_classes,)的数组，表示目标变量的不同类别值
RidgeClassifier的方法	
decision_function(X)：预测样本的置信度分数	
X	形状shape为(n_samples, n_features)的数组或稀疏矩阵，表示样本数据集合
返回值	形状shape为(n_samples,)或(n_samples, n_classes)的数组。 表示每个(样本,类别)组合的置信度得分
fit(X, y, sample_weight=None)：拟合岭分类评估器	
X	必选。类数组对象或稀疏矩阵类型对象，其形状shape为(n_samples,n_features)，表示训练数据集
y	必选。类数组对象，其形状shape为(n_samples,)或者(n_samples, n_targets)，表示目标变量数据集
sample_weight	可选。形状shape为(n_samples,)的数组对象，表示每个样本的权重；也可以为一个浮点数，表示每个样本的权重均为指定的浮点数值
返回值	训练后的岭分类模型
get_params(deep=True)：获取评估器的各种参数	
deep	可选。布尔型变量，默认值为True，表示不仅包含此评估器自身的参数值，还将返回包含的子对象（也是评估器）的参数值
返回值	字典对象。包含"（参数名称:值）"的键值对
predict(X)：使用拟合的模型对新数据进行分类预测	
X	必选。类数组对象或稀疏矩阵类型对象，其形状shape为(n_samples,n_features)，表示待预测的数据集
返回值	类数组对象，其形状shape为(n_samples,)，表示预测后的目标变量数据集，表示每个样本对应的类别（标签）
score(X, y,sample_weight = None)：计算给定数据（包括目标变量）的平均精度	
X	必选。类数组对象或稀疏矩阵类型对象，其形状shape为(n_samples,n_features)，表示测试数据集
y	必选。类数组对象，其形状shape为(n_samples,)或者(n_samples,n_outputs)，表示样本X的真实标签
sample_weight	可选。类数组对象，形状shape为(n_samples,)，表示样本的权重
返回值	返回关于y的平均准确率
set_params(**params)：设置评估器的各种参数	
params	字典对象，包含了需要设置的各种参数
返回值	评估器自身

下面我们举例说明岭分类评估器RidgeClassifier的使用。这个数据集中共有569个样本，30个数值型特征变量，1个目标标量。

```python
1.
2.  from sklearn import datasets
3.  from sklearn.linear_model import RidgeClassifier
4.  from sklearn.model_selection import train_test_split
5.  from sklearn.metrics import plot_precision_recall_curve
6.  from matplotlib.font_manager import FontProperties
7.  import matplotlib.pyplot as plt
8.
9.
10. # 导入系统自带数据
11. dataset = datasets.load_breast_cancer()
12. X = dataset.data     # 特征变量
13. y = dataset.target   # 目标变量
14.
15. # 划分训练数据集和测试数据集
16. X_train, X_test, y_train, y_test = train_test_split(X, y, test_size = 0.3, random_
    state=12345)
17.
18. # 定义一个岭分类评估器对象，并使用训练书籍进行拟合
19. ridgeClf = RidgeClassifier()
20. ridgeClf.fit(X_train, y_train)
21.
22. # 创建一个中文字体对象
23. font = FontProperties(fname='C:\\Windows\\Fonts\\SimHei.ttf')  #, size=16)
24.
25. # 绘制召回率(recall)-查准率(precision)曲线
26. disp = plot_precision_recall_curve(ridgeClf, X_test, y_test)
27. disp.ax_.set_title("二分类召回率(recall) -- 查准率(precision)关系图", fontproperties=
    font)
28. # 显示
29. plt.show()
30.
```

运行后输出结果如图5-1所示（在Python自带的IDLE环境下）。

另外，针对岭分类模型，Scikit-learn实现了一个具有交叉验证功能的岭分类评估器sklearn.linear_model.RidgeClassifierCV，它可以自动挑选出最合适的正则化系数。它的使用方法与具有交叉验证功能的岭回归评估器RidgeCV类似，这里不再赘述。

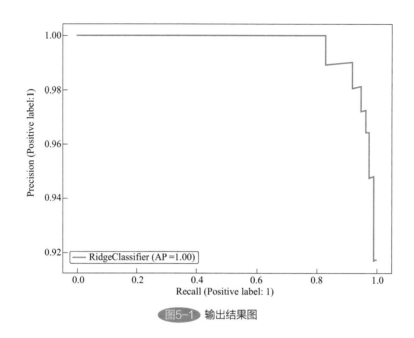

图5-1 输出结果图

5.2 逻辑回归分类

从名称上看，逻辑回归（Logistic regression）似乎是一个回归模型，实际上它是一种分类算法模型。在这种模型中，样本属于某一类别的概率是通过逻辑函数（logistic function）来表达的。逻辑回归有时也称为logit回归、最大熵分类MaxEnt（maximum-entropy classification）、对数线性分类器(log-linear classifier)。在Scikit-learn中，实现逻辑回归功能的类为sklearn.linear_model.LogisticRegression，实现过程中可施加L1正则化、L2正则化或者弹性网络正则化，在训练（拟合）过程中使用的求解器包括"liblinear""newton-cg""lbfgs""sag""saga"，这里对这几个求解器对正则化的支持情况做一个说明，如表5-2所示。

表5-2 逻辑线性回归中使用的求解器对正则化的支持情况

正则化项	求解器				
支持的正则化（惩罚项）	liblinear	lbfgs	newton-cg	sag	saga
多项式逻辑回归+L2正则化	否	是	是	是	是
一对多二分类（OVR）+ L2正则化	是	是	是	是	是
多项式逻辑回归 + L1正则化	否	否	否	否	是
一对多二分类（OVR）+ L1正则化	是	否	否	否	是
弹性网络正则化	否	否	否	否	是
是否无正则化	否	是	是	是	是

续表

正则化项	求解器				
支持的正则化（惩罚项）	liblinear	lbfgs	newton-cg	sag	saga
行为能力					
对正则化截距的支持	是	否	否	否	否
处理大数据集的效率	低	低	低	高	高
对未规范化数据集的鲁棒性	好	好	好	差	差

表5-3详细说明了逻辑线性回归评估器LogisticRegression的构造函数及其属性和方法。

表5-3　逻辑线性回归评估器LogisticRegression

sklearn.linear_model.LogisticRegression：逻辑线性回归评估器

LogisticRegression(penalty='l2', *, dual=False, tol=0.0001, C=1.0, fit_intercept=True, intercept_scaling=1, class_weight=None, random_state=None, solver='lbfgs', max_iter=100, multi_class='auto', verbose=0, warm_start=False, n_jobs=None, l1_ratio=None)

penalty	可选。一个字符串，表示损失函数的惩罚项。可以为"l2""l1""elasticnet"，分别表示L2正则化、L1正则化、弹性网络正则化。后两种正则化可以实现稀疏回归系数模型。默认值为"l2"
dual	可选。一个布尔变量值，表示在采用liblinear求解器时是否采用对偶方程
tol	可选。一个浮点数，设置拟合过程中算法的精度
C	可选。一个正浮点数值，等于正则化强度的倒数。默认值为1.0
fit_intercept	可选。一个布尔值，表示模型拟合过程中是否计算截距w_0
intercept_scaling	可选。仅在参数solver设置为"liblinear"，且参数fit_intercept设置为True时有效，此时样本集中的实例向量X将扩展为[X, intercept_scaling]，形成一个"合成向量"。默认值为1.0
class_weight	可选。一个字典对象，或者为字符串"balanced"，或为None，指定类别权重
random_state	可选。设置一个随机数种子，对训练数据进行随机排序时使用
solver	可选。一个字符串，指定拟合模型过程中所使用的求解器
max_iter	可选。一个正整数，指定学习过程中的最大迭代次数
multi_class	"ovr"：表示使用一对多方式实现多项逻辑回归； "multinomial"：表示使用多项式损失函数进行拟合； "auto"：表示当数据集是二分类时选择"ovr"，否则选择"multinomial"
verbose	可选。一个整数，用来设置输出结果的详细程度
warm_start	可选。指定在迭代训练过程中是否使用前一次的结果
n_jobs	可选。表示计算过程中所使用的最大计算任务数（可以理解为线程数量）
l1_ratio	可选。一个浮点数，表示正则化项为弹性网络时的混合参数。仅在penalty设置为"elasticnet"是有效。默认值为0.15

续表

sklearn.linear_model.LogisticRegression：逻辑线性回归评估器	
LogisticRegression的属性	
classes_	形状shape为(n_classes,)的数组，表示目标变量的不同类别值
coef_	表示决策函数decision_function()中特征变量对应的权重系数的数组，其形状shape为(n_classes,n_features)；对于二分类问题，形状shape为(1,n_features)
intercept_	一个形状shape为(n_classes,)的浮点数数组，表示决策函数decision_function()中的截距。对于二分类问题，形状shape为(1,)。如果fit_intercept=False，则本属性为0.0。如果multi_class="multinomial"，则intercept_对应输出1（True），而-intercept_对应输出0（False）
n_iter_	一个整数，表示实际迭代的最大次数
LogisticRegression的方法	
decision_function(X)：预测样本的置信度分数。一个样本的置信度分数是样本到各个类别所代表的超平面的符号距离	
X	形状shape为(n_samples, n_features)的数组或稀疏矩阵，表示由样本数据集合
返回值	形状shape为(n_samples,)（二分类），或(n_samples, n_classes)（多分类）的数组。表示每个(样本,类别)组合的置信度得分。根据这个得分，可以按照设置的阈值进行过滤
densify()：把权重系数矩阵转换为稠密Numpy.ndarray数组形式。无参数	
返回值	拟合后的评估器自身
fit(X, y, sample_weight=None)：使用给定的训练集拟合逻辑线性回归评估器	
X	必选。类数组对象或稀疏矩阵类型对象，其形状shape为(n_samples,n_features)，表示训练数据集
y	必选。类数组对象，其形状shape为(n_samples,)或者(n_samples, n_targets)，表示目标变量数据集
sample_weight	可选。形状shape为(n_samples,)的数组对象，表示每个样本的权重；也可以为一个浮点数，表示每个样本的权重均为指定的浮点数值
返回值	训练后的逻辑线性回归评估器
get_params(deep=True)：获取评估器的各种参数	
deep	可选。布尔型变量，默认值为True，表示不仅包含此评估器自身的参数值，还将返回包含的子对象（也是评估器）的参数值
返回值	字典对象。包含"（参数名称:值）"的键值对
predict(X)：使用拟合的模型对新数据进行分类预测	
X	必选。类数组对象或稀疏矩阵类型对象，其形状shape为(n_samples,n_features)，表示待预测的数据集
返回值	类数组对象，其形状shape为(n_samples,)，表示预测后的目标变量数据集
predict_log_proba(X)：计算每个样本的每个标签对应的对数概率值	
X	必选。形状shape为(n_samples,n_features)的矩阵，表示输入数据集
返回值	形状shape为(n_samples, n_classes)的数组，表示每个样本的每个类别对应的对数概率值。其中类别值的顺序由属性classes_指定

续表

sklearn.linear_model.LogisticRegression：逻辑线性回归评估器	
predict_proba(X)：预测每一个样本输出的概率	
X	必选。形状shape为(n_samples,n_features)的矩阵，表示输入数据集
返回值	形状shape为(n_samples, n_classes)的数组，表示每个样本的每个类别对应的概率值
score(X, y,sample_weight = None)：计算给定数据（包括目标变量）的平均精度	
X	必选。类数组对象或稀疏矩阵类型对象，其形状shape为(n_samples,n_features)，表示测试数据集
y	必选。类数组对象，其形状shape为(n_samples,)或者(n_samples,n_outputs)，表示样本X的真实标签
sample_weight	可选。类数组对象，其形状shape为(n_samples,)，表示每个样本的权重。默认值为None，即每个样本的权重一样（为1）
返回值	返回关于y的平均准确率
set_params(**params)：设置评估器的各种参数	
params	字典对象，包含了需要设置的各种参数
返回值	评估器自身
sparsify()：把权重系数矩阵转换为稀疏矩阵形式（scipy.sparse matrix）。无参数	
返回值	拟合后的评估器自身

下面我们举例说明逻辑线性回归分类评估器LogisticRegression的使用。在这个例子中，使用了数据文件mydiabetes.csv（与本书提供的代码存储在同一目录下）。在这个数据集中9个变量，Outcome为目标变量，取值1或0，其中1表示患有糖尿病，0表示没有。

```
1.
2.  import pandas as pd
3.  from sklearn import metrics
4.  from sklearn.model_selection import train_test_split
5.  from sklearn.linear_model import LogisticRegression
6.
7.  #1. 定义数据文件中的列名称
8.  col_names = ['Pregnancies', 'Glucose', 'BloodPressure', 'SkinThickness', 'Insulin', 'BMI', 'DiabetesPedigreeFunction', 'Age', 'Outcome']
9.  #1.1 导入糖尿病的数据，第一行为列名称
10. diabets = pd.read_csv("mydiabetes.csv", header=None, names=col_names, skiprows=1)
11.
12. #2. 特征变量的选择
13. feature_cols = ['Pregnancies', 'Glucose', 'BloodPressure', 'Insulin', 'BMI', 'DiabetesPedigreeFunction', 'Age']
```

```
14. X = diabets[feature_cols] # Features
15. y = diabets.Outcome        # Target variable
16.
17. #3. 对原始数据集进行划分，使之成为训练数据集和测试数据集两部分
18. X_train, X_test, y_train, y_test = train_test_split(X, y, test_size=0.25, random_
    state=0)
19.
20. #4. 定义逻辑回归分类评估器对象，并拟合
21. logreg = LogisticRegression(solver="liblinear")
22. logreg.fit(X_train, y_train)
23.
24. #5. 预测，并构造混淆矩阵
25. y_pred = logreg.predict(X_test)
26. cnf_matrix = metrics.confusion_matrix(y_test, y_pred)
27. print(cnf_matrix) # 混淆矩阵
28. print()
29.
30. #6. 输出度量指标
31. print("*"*37)
32. print("准确率（Accuracy） : ", metrics.accuracy_score(y_test, y_pred))
33. print("查准率（Precision）: ", metrics.precision_score(y_test, y_pred))
34. print("召回率（Recall）   : ", metrics.recall_score(y_test, y_pred))
35.
```

运行后，输出结果如下（在 Python 自带的 IDLE 环境下）：

```
1. [[119  11]
2.  [ 26  36]]
3.
4. *************************************
5. 准确率（Accuracy） :  0.8072916666666666
6. 查准率（Precision）:  0.7659574468085106
7. 召回率（Recall）   :  0.5806451612903226
```

另外，针对逻辑线性回归分类模型，Scikit-learn 实现了一个具有交叉验证功能的逻辑线性回归分类评估器 sklearn.linear_model.LogisticRegressionCV，它可以自动挑选出最合适的参数 C 和 l1_ratio。它的使用方法与逻辑线性回归分类模型 LogisticRegression 类似，这里不再赘述。

5.3 随机梯度下降分类

实现随机梯度下降分类模型的类为sklearn.linear_model.SGDClassifier，是支持多种损失函数和正则化方法的线性分类评估器。SGDClassifier支持二分类和多分类问题。SGDClassifier支持的损失函数见表5-4。

表5-4 SGDClassifier支持的损失函数

损失函数名称	指示字符串	说明
铰链损失	"hinge"	—
改进胡贝尔损失	"modified_huber"	—
对数损失	"log"	—
普通最小二乘拟合损失	"squared_loss"	随机梯度下降回归评估器SGDRegressor支持的损失函数；分类问题转化为回归问题，目标变量被编码为−1和1
胡贝尔损失	"huber"	
ε不敏感损失	"epsilon_insensitive"	
平方ε不敏感损失函数	"squared_epsilon_insensitive"	

当使用改进胡贝尔损失或对数损失时，SGDClassifier将支持predict_proba()方法，这个方法会计算每个样本对应的预测值的概率。表5-5详细说明了随机梯度下降分类评估器的构造函数及其属性和方法。

表5-5 随机梯度下降分类评估器

sklearn.linear_model.SGDClassifier：随机梯度下降分类评估器

SGDClassifier(loss='hinge', *, penalty='l2', alpha=0.0001, l1_ratio=0.15, fit_intercept=True, max_iter=1000, tol=0.001, shuffle=True, verbose=0, epsilon=0.1, n_jobs=None, random_state=None, learning_rate='optimal', eta0=0.0, power_t=0.5, early_stopping=False, validation_fraction=0.1, n_iter_no_change=5, class_weight=None, warm_start=False, average=False)

loss	可选。指定拟合过程中使用的损失函数
penalty	可选。一个字符串，表示损失函数的惩罚项
alpha	可选。一个浮点常数，代表乘以正则化项的系数
l1_ratio	可选。一个浮点数，表示正则化项为弹性网络时的混合参数
fit_intercept	可选。一个布尔值，表示模型拟合过程中是否计算截距w_0
max_iter	可选。一个正整数，指定学习过程中的最大迭代次数
tol	可选。一个浮点数或None，设置拟合过程中算法的精度
shuffle	可选。一个布尔值，指定训练样本循环一遍后再次使用时是否需要重新随机排序
verbose	可选。可以是一个布尔值或者一个整数，用来设置输出结果的详细程度

sklearn.linear_model.SGDClassifier：随机梯度下降分类评估器	
epsilon	可选。一个浮点数值，指定ε不敏感损失函数的参数
n_jobs	可选。一个整数值或None，表示计算过程中所使用的最大计算任务数（可以理解为线程数量）
random_state	可选。设置一个随机数种子，对训练数据进行随机排序时使用
learning_rate	可选。一个字符串，指定学习速率更新策略
eta0	可选。一个双精度数值，指定初始学习速率
power_t	可选。一个双精度数值，当learning_rate设置为"invscaling"时，指定学习速率计算公式中的指数
early_stopping	可选。一个布尔值，当训练结果不再改善时，指定是否提前结束迭代训练
validation_fraction	可选。指定从训练数据集中预留部分数据作为验证集的比例
n_iter_no_change	可选。一个整数，指定达到迭代停止条件的最大迭代计算次数
class_weight	可选。一个字典对象，或者为字符串"balanced"，或者为None，指定类别权重
warm_start	可选。一个布尔变量值，指定在迭代训练过程中是否使用前一次的结果。默认值为False
average	可选。当设置为True时，在整个训练过程中计算平均权重值；如果设置为一个大于1的整数值，则在使用的样本总数达到average指定值时开始进行平均计算

SGDClassifier的属性	
coef_	表示决策函数decision_function()中特征变量对应的权重系数的数组，其形状shape为(n_classes,n_features)
intercept_	一个形状shape为(n_classes,)的浮点数数组，表示决策函数decision_function()中的截距
n_iter_	一个整数，表示实际迭代的最大次数
loss_function_	具体的损失函数
classes_	形状shape为(n_classes,)的数组，表示目标变量的不同类别值
t_	一个整数，表示训练过程中权重系数更新的次数，等同于(n_iter_ * n_samples)

SGDClassifier的方法	
decision_function(X)：预测样本的置信度分数	
X	形状shape为(n_samples, n_features)的数组或稀疏矩阵
返回值	形状shape为(n_samples,)或(n_samples, n_classes)的数组
densify()：把权重系数矩阵转换为稠密Numpy.ndarray数组形式。无参数	
返回值	拟合后的评估器自身

续表

sklearn.linear_model.SGDClassifier：随机梯度下降分类评估器	
fit(X, y, coef_init＝None, intercept_init＝None, sample_weight＝None)：使用随机梯度下降方法拟合分类评估器	
X	必选。类数组对象或稀疏矩阵类型对象，其形状shape为(n_samples,n_features)，表示训练数据集
y	必选。类数组对象，其形状shape为(n_samples,)或者(n_samples, n_targets)，表示目标变量数据集
coef_init	可选。形状shape为(n_classes, n_features),指定权重系数的初始值
intercept_init	可选。形状shape为(n_classes,),指定截距的初始值
sample_weight	可选。形状shape为(n_samples,)的数组对象，表示每个样本的权重；也可以为一个浮点数，表示每个样本的权重均为指定的浮点数值
返回值	训练后的随机梯度下降分类评估器
get_params(deep＝True)：获取评估器的各种参数	
deep	可选。布尔型变量，默认值为True，表示不仅包含此评估器自身的参数值，还将返回包含的子对象（也是评估器）的参数值
返回值	字典对象。包含"（参数名称:值）"的键值对
partial_fit(X, y, classes＝None, sample_weight＝None)：对给定样本数据执行一次循环计算（使用随机梯度下降方法）	
X	必选。类数组对象或稀疏矩阵类型对象，其形状shape为(n_samples,n_features)，表示训练数据集
y	必选。类数组对象，其形状shape为(n_samples,)，或者(n_samples, n_targets)，表示目标变量数据集
classes	可选。形状shape为(n_classes,)的数组，指定在所有调用partial_fit()中使用的类别值
sample_weight	可选。形状shape为(n_samples,)的数组对象，表示每个样本的权重；也可以为一个浮点数，表示每个样本的权重均为指定的浮点数值
返回值	训练后的随机梯度下降分类评估器
predict(X)：使用拟合的模型对新数据进行分类预测	
X	必选。类数组对象或稀疏矩阵类型对象，其形状shape为(n_samples,n_features)，表示待预测的数据集
返回值	类数组对象，其形状shape为(n_samples,)，表示预测后的目标变量数据集
predict_log_proba(X)：预测每一个样本输出的对数概率	
X	必选。形状shape为(n_samples,n_features)的矩阵，表示输入数据集
返回值	形状shape为(n_samples, n_classes)的数组，表示标签上的标准化概率分布

续表

sklearn.linear_model.SGDClassifier：随机梯度下降分类评估器	
predict_proba(X)：预测每一个样本输出的概率	
X	必选。形状shape为(n_samples,n_features)的矩阵，表示输入数据集
返回值	形状shape为(n_samples, n_classes)的数组，表示标签上的标准化概率分布
score(X, y,sample_weight = None)：计算给定数据（包括目标变量）的平均精度	
X	必选。类数组对象或稀疏矩阵类型对象，其形状shape为(n_samples,n_features)，表示测试数据集
y	必选。类数组对象，其形状shape为(n_samples,)或者(n_samples,n_outputs)，表示样本X的真实标签
sample_weight	可选。类数组对象，其形状shape为(n_samples,)，表示每个样本的权重
返回值	返回关于y的平均准确率
set_params(**params)：设置评估器的各种参数	
params	字典对象，包含了需要设置的各种参数
返回值	评估器自身
sparsify()：把权重系数矩阵转换为稀疏矩阵形式（scipy.sparse matrix）。无参数	
返回值	拟合后的评估器自身

随机梯度下降分类评估器 SGDClassifier 的使用比较简单，这里不再举例说明。

5.4 感知机

感知机（perceptron）是一种适合大规模机器学习的线性分类算法，也是一个单层神经网络，其原理如图5-2所示。

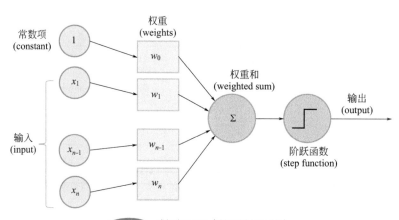

图5-2 感知机原理（单层神经网络）

感知机的阶跃函数（step function）实际上就是神经网络中的激活函数。对于二分类问题，其形式如下：

$$f(X)=\begin{cases}+1 & \text{如果}wx+b>0\\-1 & \text{其他情况}\end{cases}$$

感知机的目标是求一个可以将样本分隔开的超平面（多维空间中的平面），为了求解这个超平面，一般采用基于误分类的损失函数。误分类结果示意图如图5-3所示。

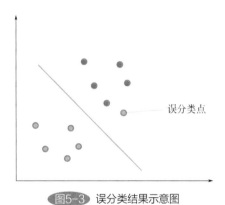

图5-3　误分类结果示意图

误分类点满足下式：

$$y_i(WX_i)<0$$

其中y_i、X_i为第i个样本，则损失函数为所有误分类点到超平面的距离之和，即

$$L(Y,f(x))=-\sum_{i=1}^{n}y_i(WX_i)$$

拟合目标就是损失函数最小化。

Scikit-learn中实现感知机分类功能的类为sklearn.linear_model.Perceptron。实际上，类Perceptron底层直接复用了随机梯度下降分类评估器SGDClassifier，相当于SGDClassifier(loss＝"perceptron"，eta0＝1, learning_rate＝"constant",penalty＝None)。表5-6详细说明了感知机分类评估器的构造函数及其属性和方法。

表5-6　感知机分类评估器

sklearn.linear_model.Perceptron：感知机分类评估器	
Perceptron(*, penalty＝None, alpha＝0.0001, l1_ratio＝0.15, fit_intercept＝True, max_iter＝1000, tol＝0.001, shuffle＝True, verbose＝0, eta0＝1.0, n_jobs＝None, random_state＝0, early_stopping＝False, validation_fraction＝0.1, n_iter_no_change＝5, class_weight＝None, warm_start＝False)	
penalty	可选。一个字符串，表示损失函数的惩罚项，即正则化项的类别
alpha	可选。一个浮点常数，代表乘以正则化项的系数
l1_ratio	可选。一个浮点数，表示正则化项为弹性网络时的混合参数

续表

sklearn.linear_model.Perceptron：感知机分类评估器	
fit_intercept	可选。一个布尔值，表示模型拟合过程中是否计算截距
max_iter	可选。一个正整数，指定学习过程中的最大迭代次数
tol	可选。一个浮点数，设置拟合过程中算法的精度
shuffle	可选。一个布尔值，指定训练样本循环一遍后再次使用时是否需要重新随机排序
verbose	可选。可以是一个布尔值，或者一个整数，用来设置输出结果的详细程度
eta0	可选。一个双精度数值，指定每次迭代更新时的乘数
n_jobs	可选。一个整数值或None，指定在进行分类时使用CPU的个数
random_state	可选。设置一个随机数种子，用于对训练数据进行随机排序
early_stopping	可选。一个布尔值，在使用验证集进行评分验证，训练结果不再改善时，指定是否提前结束迭代训练
validation_fraction	可选。指定从训练数据集中预留部分数据作为验证集的比例，用于判断是否提前结束迭代训练
n_iter_no_change	可选。一个整数，在满足参数tol指定的迭代停止条件时，指定最大迭代计算次数
class_weight	可选。一个字典对象，或者为字符串"balanced"，或者为None，指定类别权重。设置为None时，所有类别的权重为1，这是默认值
warm_start	可选。一个布尔变量值，指定在迭代训练过程中是否使用前一次的结果。默认值为False
Perceptron的属性	
classes_	形状shape为(n_classes,)的数组，表示目标变量的不同类别值
coef_	表示决策函数decision_function()中特征变量对应的权重系数的数组，其形状shape为(n_classes,n_features)
intercept_	一个形状shape为(n_classes,)的浮点数数组，表示决策函数decision_function()中的截距
loss_function_	具体的损失函数
n_iter_	一个整数，表示实际迭代的最大次数
t_	一个整数，表示训练过程中权重系数更新的次数，等同于(n_iter_ * n_samples)
Perceptron的方法	
decision_function(X)：预测样本的置信度分数	
X	形状shape为(n_samples, n_features)的数组或稀疏矩阵，表示样本数据集合
返回值	形状shape为(n_samples,)或(n_samples, n_classes)的数组。表示每个类别组合的置信度得分
densify()：把权重系数矩阵转换为稠密Numpy.ndarray数组形式。无参数	
返回值	拟合后的评估器自身

续表

sklearn.linear_model.Perceptron：感知机分类评估器	
fit(X, y, coef_init＝None, intercept_init＝None, sample_weight＝None)：使用随机梯度下降方法拟合评估器	
X	必选。类数组对象或稀疏矩阵类型对象，其形状shape为(n_samples,n_features)，表示训练数据集
y	必选。类数组对象，其形状shape为(n_samples,)或者(n_samples, n_targets)，表示目标变量数据集
coef_init	可选。形状shape为(n_classes, n_features),指定权重系数的初始值。默认值为None，表示不指定，由算法随机生成
intercept_init	可选。形状shape为(n_classes,),指定截距的初始值。默认值为None，表示不指定，由算法随机生成
sample_weight	可选。形状shape为(n_samples,)的数组对象，表示每个样本的权重；也可以为一个浮点数，表示每个样本的权重均为指定的浮点数值
返回值	训练后的感知机模型
get_params(deep＝True)：获取评估器的各种参数	
deep	可选。布尔型变量，默认值为True，表示不仅包含此评估器自身的参数值，还将返回包含的子对象（也是评估器）的参数值
返回值	字典对象。包含"（参数名称:值）"的键值对
partial_fit(X, y, classes＝None, sample_weight＝None)：对给定样本数据执行一次循环计算（使用随机梯度下降方法）。使用此函数时，需要使用者手动停止训练过程	
X	必选。类数组对象或稀疏矩阵类型对象，其形状shape为(n_samples,n_features)，表示训练数据集
y	必选。类数组对象，其形状shape为(n_samples,)或者(n_samples, n_targets)，表示目标变量数据集
classes	可选。形状shape为(n_classes,)的数组，指定调用partial_fit()中使用的类别值。默认值为None
sample_weight	可选。形状shape为(n_samples,)的数组对象，表示每个样本的权重；也可以为一个浮点数，表示每个样本的权重均为指定的浮点数值
返回值	训练后的感知机模型
predict(X)：使用拟合的模型对新数据进行分类预测	
X	必选。类数组对象或稀疏矩阵类型对象，其形状shape为(n_samples,n_features)，表示待预测的数据集
返回值	类数组对象，其形状shape为(n_samples,)，表示预测后的目标变量数据集
score(X, y,sample_weight ＝ None)：计算给定数据（包括目标变量）的平均精度	
X	必选。类数组对象或稀疏矩阵类型对象，其形状shape为(n_samples,n_features)，表示测试数据集
y	必选。类数组对象，其形状shape为(n_samples,)或者(n_samples,n_outputs)，表示样本X的真实标签

续表

sklearn.linear_model.Perceptron：感知机分类评估器	
sample_weight	可选。类数组对象，其形状shape为(n_samples,)，表示每个样本的权重
返回值	返回关于y的平均准确率

set_params(**params)：设置评估器的各种参数	
params	字典对象，包含了需要设置的各种参数
返回值	评估器自身

5.5 被动攻击分类

实现被动攻击分类功能的类为sklearn.linear_model.PassiveAggressiveClassifier。表5-7详细说明了被动攻击分类评估器的构造函数及其属性和方法。

表5-7　被动攻击分类评估器

sklearn.linear_model.PassiveAggressiveClassifier：被动攻击分类评估器	
PassiveAggressiveClassifier(*, C＝1.0, fit_intercept＝True, max_iter＝1000, tol＝0.001, early_stopping＝False, validation_fraction＝0.1, n_iter_no_change＝5, shuffle＝True, verbose＝0, loss＝'hinge', n_jobs＝None, random_state＝None, warm_start＝False, class_weight＝None, average＝False)	
C	可选。一个浮点数值，指定正则化参数，也就是最大步长。默认值为1.0
fit_intercept	可选。一个布尔值，表示模型拟合过程中是否计算截距w_0
max_iter	可选。一个整数，指定对训练数据的最大循环使用次数
tol	可选。一个浮点数或者为None，指定迭代训练停止的条件
early_stopping	可选。当训练结果不再改善时，指定是否提前结束迭代训练
validation_fraction	可选。指定从训练数据集中预留部分数据作为验证集的比例
n_iter_no_change	可选。指定迭代停止条件没有改进的迭代计算次数
shuffle	可选。指定训练样本循环一遍后再次使用时是否需要重新随机排序
verbose	可选。一个整数，用来设置输出结果的详细程度。默认为0
loss	可选。一个字符串，指定拟合过程中使用的损失函数
n_jobs	可选。一个整数值或None，指定在进行分类时使用CPU的个数
random_state	前面已解释
warm_start	可选。指定在迭代训练过程中是否使用前一次的结果
class_weight	class_weight用来设置修正参数
average	可选。前面已解释

续表

sklearn.linear_model.PassiveAggressiveClassifier：被动攻击分类评估器	
PassiveAggressiveClassifier的属性	
coef_	前面已解释
intercept_	前面已解释
n_iter_	前面已解释
classes_	一个形状shape为(n_classes,)的数组，包含了类别标签
t_	前面已解释
loss_function_	一个可回调对象，表示损失函数
PassiveAggressiveClassifier的方法	
decision_function(X)：预测样本的置信度分数	
X	形状shape为(n_samples, n_features)的数组或稀疏矩阵，表示样本数据集合
返回值	形状shape为(n_samples,)或(n_samples, n_classes)的数组，表示每个样本或类别组合的置信度得分
densify()：把权重系数矩阵转换为稠密Numpy.ndarray数组形式。无参数	
返回值	拟合后的评估器自身
fit(X, y, coef_init＝None, intercept_init＝None)：使用被动攻击方法拟合模型	
X	必选。类数组对象或稀疏矩阵类型对象，其形状shape为(n_samples,n_features)，表示输入数据集
y	必选。形状shape为(n_samples,)的数组，表示目标变量数据集
coef_init	可选。一个形状shape为(n_classes,n_features)的数组，指定热启动时使用的权重系数初始值
intercept_init	可选。一个形状shape为(n_classes,)的数组，指定热启动时使用的截距初始值
返回值	拟合后的评估器（模型）
get_params(deep＝True)：获取评估器的各种参数	
deep	可选。前面已解释
返回值	字典对象。包含"（参数名称:值）"的键值对
partial_fit(X, y)：对给定样本数据执行一次循环计算（使用随机梯度下降方法）	
X	必选。类数组对象或稀疏矩阵类型对象，其形状shape为(n_samples,n_features)，表示输入数据集
y	必选。形状shape为(n_samples,)的数组，表示目标变量数据集
返回值	拟合后的评估器（模型）
predict(X)：使用拟合的模型对新数据进行预测	
X	必选。类数组对象或稀疏矩阵类型对象，其形状shape为(n_samples,n_features)，表示待预测的数据集
返回值	类数组对象，其形状shape为(n_samples,)，表示预测后的目标变量数据集

sklearn.linear_model.PassiveAggressiveClassifier：被动攻击分类评估器	
score(X, y, sample_weight＝None)：计算给定数据（包括目标变量）的平均精度。	
X	必选。类数组对象或稀疏矩阵类型对象，其形状shape为(n_samples,n_features)，表示测试数据集
y	必选。类数组对象，其形状shape为(n_samples,)或者(n_samples,n_outputs)，表示样本X的真实标签
sample_weight	可选。类数组对象，其形状shape为(n_samples,)，表示每个样本的权重
返回值	返回关于y的平均准确率
set_params(**params)：设置评估器的各种参数	
params	字典对象，包含了需要设置的各种参数
返回值	拟合后的评估器自身
sparsify()：把权重系数矩阵转换为稀疏矩阵形式（scipy.sparse matrix）。无参数	
返回值	拟合后的评估器自身

　　下面我们通过例子说明被动攻击分类评估器PassiveAggressiveClassifier的使用。这个例子中使用了系统自带的手写数字数据集，其说明见表5-8。

表5-8　手写数字数据集说明

数据集属性	说明
样本数量	1797
特征变量个数	64
特征变量信息	均为正整数值，范围[0,16]
目标变量	0,1,2,…,9

　　这个例子对不同的线性分类评估器（包括PassiveAggressiveClassifier）在手写数字数据集上的运行效果进行了比较。

```
1.
2.  import numpy as np
3.  from sklearn import datasets
4.  import matplotlib.pyplot as plt
5.  from matplotlib.font_manager import FontProperties
6.
7.  from sklearn.model_selection import train_test_split
8.  from sklearn.linear_model import LogisticRegression
9.  from sklearn.linear_model import SGDClassifier, Perceptron
10. from sklearn.linear_model import PassiveAggressiveClassifier
```

```
11.
12. # 导入手写数据集
13. X, y = datasets.load_digits(return_X_y=True)
14.
15. # 各种分类评估器（包括同一种分类器的不同参数设置）
16. classifiers = [
17.     ("SGD", SGDClassifier(max_iter=100)),
18.     ("ASGD", SGDClassifier(average=True)),
19.     ("Perceptron", Perceptron()),
20.     ("hinge loss", PassiveAggressiveClassifier(loss='hinge',
21.                                                C=1.0, tol=1e-4)),
22.     ("squared_hinge loss", PassiveAggressiveClassifier(loss='squared_hinge',
23.                                                C=1.0, tol=1e-4)),
24.     ("SAG", LogisticRegression(solver='sag', tol=1e-1, C=1.e4 / X.shape[0]))
25. ]
26.
27. # 设置测试数据比例
28. heldout = [0.95, 0.90, 0.75, 0.50, 0.01]
29. rounds = 20
30. xx = 1. - np.array(heldout)
31.
32. for name, clf in classifiers:
33.     print("training %s" % name)
34.     rng = np.random.RandomState(42)
35.     yy = []
36.     for i in heldout:
37.         yy_ = []
38.         for r in range(rounds):
39.             X_train, X_test, y_train, y_test = \
40.                 train_test_split(X, y, test_size=i, random_state=rng)
41.             clf.fit(X_train, y_train)
42.             y_pred = clf.predict(X_test)
43.             yy_.append(1 - np.mean(y_pred == y_test))
44.         # end of for r ...
45.         yy.append(np.mean(yy_))
46.     # end of for i in ...
47.
48.     plt.plot(xx, yy, label=name)
```

```
49.
50.  ### 构建一个字体对象，以使pyplot支持中文
51.  font = FontProperties(fname='C:\\Windows\\Fonts\\SimHei.ttf')  #, size=16)
52.
53.  plt.legend(loc="upper right", prop=font)
54.  plt.xlabel("训练数据集比例", fontproperties=font)
55.  plt.ylabel("测试误差", fontproperties=font)
56.  plt.show()
57.
```

运行后，输出结果如下（在Python自带的IDLE环境下）：

```
1.  training SGD
2.  training ASGD
3.  training Perceptron
4.  training hinge loss
5.  training squared_hinge loss
6.  training SAG
```

输出结果如图5-4所示（在Python自带的IDLE环境下）。

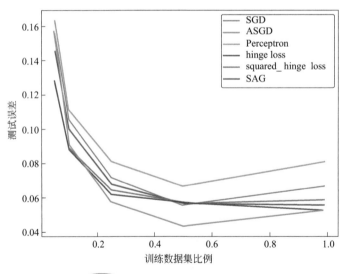

图5-4 不同线性分类器运行效果比较

6 非线性分类模型

6.1　支持向量机分类

支持向量机是一种基于实例学习的算法，它首先通过训练数据集，学习出每个实例的权重，然后在对新实例（新数据）进行预测时，会把某种相似度量应用到新的实例和训练数据集（或其某个子集）上，实现预测。Scikit-learn中实现了三种支持向量机分类的算法，分别是SVC、NuSVC和LinearSVC，其中LinearSVC是SVC算法的核函数为线性核时的特殊实现，但是效率更高。与SVR、NuSVR和LinearSVR的实现一样，SVC、NuSVC和LinearSVC的实现实际上也是对Libsvm和Liblinear两个类库的封装。

6.1.1　支持向量分类评估器SVC

表6-1详细说明了一般支持向量分类评估器SVC的构造函数及其属性和方法。

表6-1　一般支持向量分类评估器SVC

sklearn.svm.SVC：一般支持向量分类评估器SVC	
SVC(*, C=1.0, kernel='rbf', degree=3, gamma='scale', coef0=0.0, shrinking=True, probability=False, tol=0.001, cache_size=200, class_weight=None, verbose=False, max_iter=- 1, decision_function_shape='ovr', break_ties=False, random_state=None)	
C	可选。一个正浮点数，用于计算L2正则化参数
kernel	可选。前面已解释
degree	可选。一个正整数，表示多项式核函数的幂级数
gamma	可选。一个字符串值，或一个浮点数，表示指定核函数的系数
coef0	可选。一个浮点数，表示核函数中的独立项
shrinking	可选。一个布尔变量值，表示是否使用缩减启发式求解方式
probability	可选。一个布尔变量值，指定拟合过程中是否计算每个样本属于每个类别的概率值
tol	可选。一个浮点数，指定迭代训练停止的条件
cache_size	可选。一个浮点数，表示求解核函数过程中的缓冲区大小
class_weight	可选。一个字典对象，或者为字符串"balanced"，或者为None，指定类别权重
verbose	可选。可以是一个布尔值或者一个整数，设置输出结果的详细程度
max_iter	可选。一个正整数，设置求解过程中的最大迭代次数
decision_function_shape	可选。一个字符串，表示返回决策函数的形式
break_ties	可选。如果设置为True，在decision_function_shape设置为"ovr"的情况下，如果类别数量大于2，算法将按照决策函数的置信度值大小判定样本所属类别，否则将返回第一个类别作为样本所属类别
random_state	可选。前面已解释

续表

sklearn.svm.SVC：一般支持向量分类评估器SVC	
SVC的属性	
class_weight_	形状shape为(n_classes,)的数组，表示基于参数class_weight计算的值
classes_	形状shape为(n_classes,)的数组，表示类别标签值
coef_	形状shape为(n_classes*(n_classes-1)/2, n_features)的数组。表示线性回归方程的特征变量的权重，只有参数kernel设置为"linear"时有效
dual_coef_	形状shape为(n_classes-1, n_SV)，表示决策函数中支持向量的共轭系数。其中n_SV为支持向量的个数
fit_status_	一个整数值，表示模型拟合的程度
intercept_	形状shape为(n_classes*(n_classes-1)/2,)的数组，表示决策函数中的截距
support_	形状shape为(n_SV,)的数组，表示所有支持向量在训练数据集中的索引
support_vectors_	形状shape为(n_SV, n_features)的数组，表示所有的支持向量
n_support_	元素数据类型为整型，形状shape为(n_classes,)的数组，表示每个类别值对应的支持向量的个数
probA_	形状shape为(n_classes*(n_classes-1)/2)的数组，表示在计算样本所属类别的概率时使用公式中的参数probA_
probB_	形状shape为(n_classes*(n_classes-1)/2)的数组，表示在计算样本所属类别的概率时使用公式中的参数probB_
shape_fit_	形状shape为(n_dimensions_of_X,)的元组对象，表示训练数据向量集的维数
SVC的方法	
decision_function(X)：预测样本的置信度分数	
X	形状shape为(n_samples, n_features)的数组或稀疏矩阵
返回值	表示每个(样本,类别)组合的置信度得分
fit(X, y,sample_weight＝None)：根据给定的训练数据集，拟合支持向量分类模型SVC	
X	必选。前面已解释
y	必选。类数组对象，其形状shape为(n_samples,)，表示目标变量数据集
sample_weight	可选。形状shape为(n_samples,)的数组，表示每个样本的权重
返回值	训练后的支持向量分类模型SVC
get_params(deep＝True)：获取评估器的各种参数	
deep	可选。前面已解释
返回值	字典对象。包含"（参数名称:值）"的键值对
predict(X)：使用拟合的模型对新数据进行分类预测	
X	必选。类数组对象或稀疏矩阵类型对象，其形状shape为(n_samples,n_features)或(n_samples, n_samples)，表示训练数据集
返回值	类数组对象，其形状shape为(n_samples,)，表示预测后的目标变量分类标签值

sklearn.svm.SVC：一般支持向量分类评估器SVC	
predict_log_proba(X)：预测每一个样本输出的对数概率	
X	必选。形状shape为(n_samples,n_features)的矩阵，表示输入数据集
返回值	形状shape为(n_samples, n_classes)的数组，表示每个样本的每个类别对应的对数概率值
predict_proba(X)：预测每一个样本输出的概率	
X	必选。形状shape为(n_samples,n_features)的矩阵，表示输入数据集
返回值	形状shape为(n_samples, n_classes)的数组，表示标签上的标准化概率分布
score(X, y,sample_weight = None)：计算给定测试数据和标签值之间的平均准确率	
X	必选。类数组对象，形状shape为(n_samples,n_features)，表示测试数据集
y	必选。类数组对象，形状shape为(n_samples,)，表示目标变量的真实标签
sample_weight	可选。类数组对象，形状shape为(n_samples,)，表示每个样本的权重
返回值	返回一个浮点数，表示平均预测准确率
set_params(**params)：设置评估器的各种参数	
params	字典对象，包含了需要设置的各种参数
返回值	评估器自身

6.1.2　支持向量分类评估器NuSVC

在Scikit-learn中，另外一种实现了支持向量分类的类为sklearn.svm.NuSVC，它是通过封装Libsvm来实现的。其构造函数声明如下：

klearn.svm.NuSVC(*, nu = 0.5, kernel = 'rbf', degree = 3, gamma = 'scale', coef0 = 0.0, shrinking = True, probability = False, tol = 0.001, cache_size = 200, class_weight = None, verbose = False, max_iter = −1, decision_function_shape = 'ovr', break_ties = False, random_state = None)

可以看出，评估器NuSVC与评估器SVC的参数、属性和方法基本相同。不同点是NuSVC是通过一个参数nu来控制支持向量的数量。参数nu是一个在区间(0,1]内的浮点数，表示训练误差上限的百分比。由于评估器NuSVC与评估器SVC的非常类似，其参数含义、属性意义和方法可以参考SVC，这里不再重复说明。

6.1.3　支持向量分类评估器LinearSVC

在Scikit-learn中，还有一种实现了支持向量分类算法的类为sklearn.svm.LinearSVC，这是一个线性支持向量分类的模型，相当于sklearn.svm.SVC评估器中kernel参数设置为"linear"时的情况，不过它是通过封装liblinear来实现的，这使得LinearSVC评估器更具灵活性和扩展性，更适合大数据集的情况。表6-2详细说明了线性支持向量分类评估器LinearSVC的构造函数及其属性和方法。

表6-2 线性支持向量分类评估器LinearSVC

sklearn.svm.LinearSVC：线性支持向量分类评估器LinearSVC	
LinearSVC(penalty='l2', loss='squared_hinge', *, dual=True, tol=0.0001, C=1.0, multi_class='ovr', fit_intercept= True, intercept_scaling=1, class_weight=None, verbose=0, random_state=None, max_iter=1000)	
penalty	前面已解释
loss	前面已解释
dual	可选。一个布尔值,用于选择算法求解对偶优化问题或原始优化问题
tol	可选。一个浮点数，指定迭代训练停止的条件
C	可选。一个浮点数，用于计算L2正则化参数
multi_class	可选。一个字符串，可取值"ovr""crammer_singer"，表示进行多类别分类时进行的分类策略
fit_intercept	可选。一个布尔值，表示模型拟合过程中是否计算截距
intercept_scaling	可选。前面已解释
class_weight	可选。前面已解释
verbose	可选。一个整数值，用来设置输出结果的详细程度
random_state	前面已解释
max_iter	可选。一个正整数，设置求解过程中所使用的最大迭代次数
LinearSVC的属性	
coef_	前面已解释
intercept_	前面已解释
classes_	形状shape为(n_classes,)的数组，表示类别标签值
n_iter_	一个整数，表示最终实际迭代的最大次数
LinearSVC的方法	
decision_function(X)：预测样本的置信度分数	
X	形状shape为(n_samples, n_features)的数组或稀疏矩阵，表示样本数据集合
返回值	形状shape为(n_samples,)或(n_samples, n_classes)的数组，表示每个样本或类别组合的置信度得分
densify()：把回归系数矩阵转换为稠密Numpy.ndarray数组形式。无参数	
返回值	拟合后的评估器自身
fit(X, y,sample_weight=None)：根据给定的训练数据集拟合支持向量分类模型LinearSVC	
X	必选。类数组对象或稀疏矩阵类型对象，其形状shape为(n_samples,n_features)，表示训练数据集
y	必选。类数组对象，其形状shape为(n_samples,)，表示目标变量数据集
sample_weight	可选。形状shape为(n_samples,)的数组，表示每个样本的权重
返回值	训练后的线性支持向量分类模型LinearSVC
get_params(deep=True)：获取评估器的各种参数	

续表

sklearn.svm.LinearSVC：线性支持向量分类评估器LinearSVC	
deep	前面已解释
返回值	字典对象。包含"（参数名称:值）"的键值对
predict(X)：使用拟合的模型对新数据进行分类预测	
X	必选。类数组对象或稀疏矩阵类型对象，其形状shape为(n_samples,n_features)，表示待预测的数据集
返回值	类数组对象，其形状shape为(n_samples,)，表示预测后的目标变量分类标签值
score(X, y,sample_weight = None)：计算给定测试数据和标签值之间的平均准确率	
X	必选。类数组对象，形状shape为(n_samples,n_features)，表示测试数据集。
y	必选。类数组对象，形状shape为(n_samples,)，表示目标变量的真实标签
sample_weight	可选。类数组对象，其形状shape为(n_samples,)，表示每个样本的权重
返回值	返回一个浮点数，表示平均预测准确率
set_params(**params)：设置评估器的各种参数	
params	字典对象，包含了需要设置的各种参数
返回值	评估器自身
sparsify()：把权重系数矩阵转换为稀疏矩阵形式（scipy.sparse matrix）。无参数	
返回值	拟合后的评估器自身

下面我们举例说明线性支持向量分类评估器LinearSVC的使用。

```
1.
2.  import numpy as np
3.  from sklearn import svm
4.
5.  # 定义训练数据集X
6.  X = np.array([[1,2], [5,8], [1.5,1.8],
7.                [8,8], [1,0.6], [9,11] ])
8.
9.  # 定义X的标签值
10. y = [0,1,0,1,0,1]
11.
12. # 定义一个线性支持向量分类评估器对象
13. clf = svm.LinearSVC()
14. clf.fit(X,y)  # 拟合（训练），获得模型
15.
16. # 预测，并输出预测类别标签
17. x1 = [(0.58,0.76)]
18. x2 = [(10.58,10.76)]
19. print( "[", x1[0][0], ",", x1[0][1], "]的类别：", clf.predict(x1), sep="" )
20. print( "[", x2[0][0], ",", x2[0][1], "]的类别：", clf.predict(x2), sep="" )
21.
```

运行后，输出结果如下（在 Python 自带的 IDLE 环境下）：

```
1.  [0.58,0.76]的类别：[0]
2.  [10.58,10.76]的类别：[1]
```

6.2 最近邻分类

最近邻分类是一种基于实例的学习算法，它并不是试图构建一个内在的一般模型，而只是简单地存储每一个训练数据集，Scikit-learn 中实现了两种最近邻分类评估器：

● K 最近邻分类评估器 KNeighborsClassifier：以距离新数据点最近的 K 个数据点为最近邻点的模型；

● 径向基最近邻分类评估器 RadiusNeighborsClassifier：以新数据点周围半径 R 范围内的数据点为最近邻点的模型。

6.2.1 K最近邻分类评估器KNeighborsClassifier

表 6-3 详细说明了 K 最近邻分类评估器 KNeighborsClassifier 的构造函数及其属性和方法。

表6-3　K最近邻分类评估器KNeighborsClassifier

sklearn.neighbors.KNeighborsClassifier：K最近邻分类评估器	
KNeighborsClassifier(n_neighbors=5, *, weights='uniform', algorithm='auto', leaf_size=30, p=2, metric='minkowski', metric_params=None, n_jobs=None, **kwargs)	
n_neighbors	可选。一个正整数，指定最近邻数据点的个数
weights	可选。一个字符串或可回调对象，指定预测时最近邻点的权重类型
algorithm	可选。一个字符串，指定寻找最近邻数据点的算法
leaf_size	可选。传递给算法BallTree()或者KDTree()的参数
p	可选。表示闵可夫斯基距离的幂参数值
metric	可选。指定学习过程中所使用的距离指标类型
metric_params	可选。一个字典对象，表示参数metric指定的距离指标计算公式中的额外参数
n_jobs	可选。一个整数值或None，表示计算过程中所使用的最大计算任务数
kwargs	可选。词典类型的对象，包含其他额外的参数信息。
KNeighborsClassifier的属性	
classes_	形状shape为(n_classes,)的数组，表示类别标签值

sklearn.neighbors.KNeighborsClassifier：K最近邻分类评估器	
effective_ metric_	表示学习过程中使用的距离指标类型
effective_ metric_ params_	属性effective_metric_指定的距离指标计算公式的参数
n_samples_ fit_	拟合数据中的样本数量
outputs_2d_	一个布尔变量值，如果目标变量的形状为(n_samples,)或(n_samples, 1)，则为False；否则为True

KNeighborsClassifier的方法	
fit(X, y)：根据给定的训练数据集，拟合K最近邻分类评估器	
X	必选。类数组对象或稀疏矩阵类型对象，其形状shape为(n_samples,n_features)或(n_samples, n_samples)，表示训练数据集
y	必选。类数组对象，其形状shape为(n_samples,)，表示目标变量数据集
返回值	训练后的K最近邻分类评估器
get_params(deep=True)：获取评估器的各种参数	
deep	可选。前面已解释
返回值	字典对象。包含"（参数名称:值）"的键值对
kneighbors(X=None, n_neighbors=None, return_distance=True)：搜索一个数据点的K个最邻近点，返回最近邻点的索引和距离值	
X	可选。表示待搜索的数据点
n_neighbors	可选。一个整数值，指定最近邻数据点的个数
return_ distance	可选。一个布尔值，表示是否返回最近邻点的距离
返回值	neigh_dist：形状shape为(n_queries, n_neighbors)的数组，表示最近邻点与指定数据点的距离； neigh_ind：形状shape为(n_queries, n_neighbors)的数组，表示最近邻点的索引
kneighbors_graph(X=None, n_neighbors=None, mode='connectivity')计算一个数据点的K个最近邻点的权重图	
X	可选。表示待搜索的数据点
n_neighbors	可选。一个整数值，指定最近邻点的个数
mode	可选。一个字符串值，指定返回结果的类型
返回值	形状shape为(n_queries, n_samples_fit)的矩阵
predict(X)：使用拟合的模型对新数据进行预测	
X	必选。类数组对象或稀疏矩阵类型对象，其形状shape为(n_queries, n_features)，表示训练数据集
返回值	类数组对象，其形状shape为(n_queries,)，表示预测后每个数据对应的类别标签值
predict_proba(X)：预测每一个样本输出的概率	
X	必选。类数组对象或稀疏矩阵类型对象，其形状shape为(n_queries, n_features)，表示训练数据集
返回值	形状shape为(n_queries, n_classes)的数组，表示每个样本的每个类别对应的概率值

续表

sklearn.neighbors.KNeighborsClassifier：K最近邻分类评估器	
score(X, y,sample_weight＝None)：计算给定测试数据和标签值的平均预测准确率	
X	必选。类数组对象，其形状shape为(n_samples,n_features)，表示测试数据集
y	必选。类数组对象，其形状shape为(n_samples,)，表示目标变量的真实标签
sample_weight	可选。类数组对象，其形状shape为(n_samples,)，表示每个样本的权重
返回值	返回一个浮点数，表示平均预测准确率
set_params(**params)：设置评估器的各种参数	
params	字典对象，包含了需要设置的各种参数
返回值	评估器自身

下面给出一个使用 *K* 最近邻分类评估器的例子。在这个例子中使用系统自带的鸢尾花数据集，数据集的说明如表6-4所示。

表6-4　鸢尾花数据集说明

数据集属性	说明
样本数量	150
特征变量个数	64
特征变量信息	均为正整数值
目标变量	3个类别：0,1,2

本例代码如下。

```
1.
2.  import numpy as np
3.  from sklearn import datasets
4.  from sklearn.model_selection import train_test_split
5.  from sklearn.preprocessing import StandardScaler
6.  from sklearn.neighbors import KNeighborsClassifier
7.  from sklearn.metrics import classification_report, confusion_matrix
8.
9.  #1. 使用系统自带的鸢尾花数据集
10. iris = datasets.load_iris()
11. X = iris.data      # 特征变量
12. y = iris.target    # 目标变量
13.
14. #2. 划分训练数据集和测试数据集
15. X_train, X_test, y_train, y_test = train_test_split(X, y, test_size = 0.3, random_
    state=12345)
16.
17. #3. 对数据进行规范化处理，消除不同特别变量量纲的影响
```

```
18. scaler = StandardScaler()
19. scaler.fit(X_train)
20.
21. X_train = scaler.transform(X_train)
22. X_test = scaler.transform(X_test)
23.
24. #4. 定义KNeighborsClassifier对象，并进行训练（拟合）
25. classifier = KNeighborsClassifier(n_neighbors=25)
26. classifier.fit(X_train, y_train)
27.
28. #5. 对X_test进行预测处理
29. y_pred = classifier.predict(X_test)
30.
31. #6. 验证算法的性能
32. print("混淆矩阵：")
33. print(confusion_matrix(y_test, y_pred))
34. print("-"*37)
35. print("分类报告：")
36. print(classification_report(y_test, y_pred))
37.
```

运行后，输出结果如下（在 Python 自带的 IDLE 环境下）：

```
1.  混淆矩阵：
2.  [[16  0  0]
3.   [ 0 17  0]
4.   [ 0  2 10]]
5.  -------------------------------------
6.  分类报告：
7.              precision    recall  f1-score   support
8.
9.          0       1.00      1.00      1.00        16
10.         1       0.89      1.00      0.94        17
11.         2       1.00      0.83      0.91        12
12.
13.  accuracy                           0.96        45
14. macro avg       0.96      0.94      0.95        45
15. weighted avg    0.96      0.96      0.95        45
```

从运行结果来看，性能还是非常不错的。

6.2.2 径向基最近邻分类评估器

实现径向基最近邻分类模型的类为sklearn.neighbors.RadiusNeighborsClassifier，这个类与上面讲述的K最近邻分类评估器KNeighborsClassifier非常类似，但有以下不同点：

➤ 在构造函数中，参数n_neighbors改变为radius，它是以新数据点周围半径R范围内的数据点为最近邻点的模型；

➤ 搜索最近邻点的函数由kneighbors()和kneighbors_graph()改变为radius_neighbors()和radius_neighbors_graph()，但是它们的作用是完全相同的。

由于径向基最近邻分类评估器RadiusNeighborsClassifier与K最近邻分类评估器KNeighborsClassifier高度相似，这里不再对RadiusNeighborsClassifier进行详细讲述。

6.3 高斯过程分类

实现高斯过程回归的类为sklearn.gaussian_process.GaussianProcessClassifier，它不仅支持二分类问题，还通过一对多、一对一方式支持多分类问题。表6-5详细说明了高斯过程分类评估器GaussianProcessClassifier的构造函数及其属性和方法。

表6-5 高斯过程分类评估器GaussianProcessClassifier

sklearn.gaussian_process.GaussianProcessClassifier：高斯过程分类评估器	
GaussianProcessClassifier(kernel＝None, *, optimizer＝'fmin_l_bfgs_b', n_restarts_optimizer＝0, max_iter_predict＝100, warm_start＝False, copy_X_train＝True, random_state＝None, multi_class＝'one_vs_rest', n_jobs＝None)	
kernel	可选。指定一个关于协方差的核函数实例
optimizer	可选。一个字符串，指定一个内置优化核函数参数的优化器或者一个可回调对象
n_restarts_optimizer	可选。一个整数，指定优化器运行的次数
max_iter_predict	可选。一个正整数值，指定估算后验概率时的最大迭代次数
warm_start	可选。一个布尔变量值，指定在迭代训练过程中是否使用前一次的结果
copy_X_train	可选。一个布尔值，表示保存一份训练数据集的副本
random_state	可选。用于设置一个随机数种子
multi_class	可选。一个字符串，表示进行多类别分类时的分类策略
n_jobs	可选。表示计算过程中所使用的最大计算任务数
GaussianProcessClassifier的属性	
base_estimator_	一个评估器（Estimator）实例，用于定义似然函数
kernel_	核函数实例
log_marginal_likelihood_value_	表示kernel_.theta的对数边缘似然估计
classes_	表示独立类别标签值
n_classes_	表示训练数据集中出现的独立类别标签值的个数
GaussianProcessClassifier的方法	

续表

sklearn.gaussian_process.GaussianProcessClassifier：高斯过程分类评估器	
fit(X, y)：根据给定的训练数据集，拟合高斯过程分类模型	
X	必选。形状shapc为(n_samples,n_features)的数组或对象列表，表示训练数据集中的特征变量数据集
y	必选。形状shape为(n_samples,)的数组，表示训练数据集中给出的目标变量数据集
返回值	训练后的高斯过程分类模型（评估器）
get_params(deep＝True)：获取评估器的各种参数	
deep	可选。前面已解释
返回值	字典对象。包含"（参数名称:值）"的键值对
log_marginal_likelihood(theta＝None, eval_gradient＝False, clone_kernel＝True)：返回训练数据集的超参数theta的对数边缘似然估计值	
theta	可选。形状shape为(n_kernel_params,)的数组，表示评估对数边缘似然估计时的核函数超参数
eval_gradient	可选。一个布尔变量值，表示是否返回theta值对应的梯度
clone_kernel	可选。一个布尔变量值，表示构造函数的参数kernel是否需要事先拷贝
返回值	返回值包括log_likelihood、log_likelihood_gradient
predict(X)：使用拟合的模型对新数据进行分类预测	
X	必选。形状shape为(n_samples,n_features)的数组或对象列表，表示需要预测的数据点
返回值	形状shape为(n_samples,)的数组，包含了预测数据的类别标签
predict_proba(X)：预测输入数据中每一个实例的输出概率	
X	必选。类数组或列表对象，其形状shape为(n_samples, n_features)，表示需要分类的数据集
返回值	形状shape为(n_queries, n_classes)的数组，表示每个样本的每个类别对应的概率值
score(X, y,sample_weight＝None)：计算给定测试数据和标签值的平均预测准确率	
X	必选。类数组对象，其形状shape为(n_samples,n_features)，表示测试数据集
y	必选。类数组对象，其形状shape为(n_samples,)，表示目标变量的真实标签
sample_weight	可选。类数组对象，其形状shape为(n_samples,)，表示每个样本的权重
返回值	返回一个浮点数，表示平均预测准确率
set_params(**params)：设置评估器的各种参数	
params	字典对象，包含了需要设置的各种参数
返回值	评估器自身

这里需要注意，评估器 GaussianProcessClassifier 的参数 optimizer 可以设置为一个可回调对象。此时可回调对象的定义必须遵循下面的规范：

```
1.  def optimizer(obj_func, initial_theta, bounds):
2.      # obj_func: 需要最小化函数值的目标函数（损失函数），
3.      # 它至少具有一个模型超参数theta作为参数
4.      # 以及一个标识参数eval_gradient（用于指定目标函数是否需要返回梯度）
5.      # initial_theta: theta的初始值，可用于优化器
6.      # bounds: theta取值的范围
```

```
7.
8.     # 函数代码
9.     ....
10.
11.    # 返回值为最优的超参数theta，以及对应的目标函数值（也是最小值）
12.    return theta_opt, func_min
```

下面以例子的形式对评估器GaussianProcessClassifier的使用加以说明。在例子中使用sklearn.datasets.make_classification()生成构建模型所需的训练数据，make_classification()函数常用来生成分类算法的数据，它根据指定的特征变量数量、类别数量等参数生成指定数量的类别数据。make_classification()的声明如下：

sklearn.datasets.sklearn.datasets.make_classification(n_samples＝100, n_features＝20, *, n_informative＝2, n_redundant＝2, n_repeated＝0, n_classes＝2, n_clusters_per_class＝2, weights＝None, flip_y＝0.01, class_sep＝1.0, hypercube＝True, shift＝0.0, scale＝1.0, shuffle＝True, random_state＝None)

其中比较重要的参数如下：

➢ n_samples 生成的样本数据数量，是一个整型数；
➢ n_features 生成的样本数据中特征变量的数量；
➢ n_classes 样本数据集中包含的类别数。

make_blobs()函数的返回值包括两种：形状shape为(n_samples, n_features)的数组，表示生成的样本数据（特征变量）；形状shape为(n_samples,)的数组，表示每个生成的样本数据所属的整数类别标签（目标变量）。

例子代码如下。

```
1.
2.   from sklearn.datasets import make_classification
3.   from sklearn.gaussian_process import GaussianProcessClassifier
4.
5.   # 使用make_classification()函数生成分类数据
6.   # 特征变量数量：20个；样本数量：100个；目标类别数量：2个（使用默认值n_classes=2）
7.   X, y = make_classification(n_samples=100, n_features=20, n_informative=15,
8.                              n_redundant=5, random_state=1)
9.
10.  # 定义模型
11.  gpclf = GaussianProcessClassifier()
12.
13.  # 拟合模型
14.  gpclf.fit(X, y)
15.
16.  # 定义一个20维的新数据
```

```
17. row = [2.47475454,  0.40165523, 1.68081787,  2.88940715,  0.91704519, -3.07950644,
18.       4.39961206,  0.72464273, -4.86563631, -6.06338084, -1.22209949, -0.4699618,
19.       1.01222748,  -0.6899355, -0.53000581, 6.86966784, -3.27211075, -6.59044146,
20.      -2.21290585, -3.139579]
21.
22. # 预测
23. yhat = gpclf.predict([row])
24.
25. # 预测分类标签
26. print('Predicted Class: %d' % yhat)
27.
```

运行后，输出结果如下（在Python自带的IDLE环境下）：

```
1.  Predicted Class: 0
```

6.4 朴素贝叶斯模型

　　朴素贝叶斯模型是以贝叶斯定理（Bayes'
theorem）为核心的分类算法。贝叶斯定理是以
英国统计学家托马斯·贝叶斯（1701—1761）
命名的描述两个条件概率之间关系的公式。图
6-1为托马斯·贝叶斯。

　　贝叶斯分类器（Bayes Classifier）是所有以
贝叶斯定理为基础的分类算法的总称，其分类
原理是通过对象的先验概率（prior probability），
利用贝叶斯公式计算出其后验概率（Posterior
Probability），即该对象属于某一类的概率，进而

图6-1　托马斯·贝叶斯（Thomas Bayes）

选择具有最大后验概率的类别作为该对象所属的类别。目前研究较多的贝叶斯分类器主要
有四种：朴素贝叶斯模型，树增强型朴素贝叶斯模型，贝叶斯网络增强型朴素贝叶斯模
型，广义朴素贝叶斯网络。朴素贝叶斯模型是贝叶斯分类器中最简单、最常见的一种分类
器，具有简单明了、学习效率高、分类稳定的特点，所需估计的参数较少，对缺失数据不
敏感，目前已经在很多领域获得了很好的应用，能够与决策树、神经网络等模型相媲美。

　　1. 全概率公式

　　全概率公式是概率论中的一个重要公式。在全概率公式中涉及一个完备事件组的概
念，如图6-2所示。

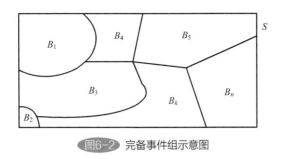

图6-2 完备事件组示意图

在图6-2中，一个样本空间S被分割成互不重叠的多个区域，即

$$S = B_1 \cup B_2 \cup B_3 \cdots \cup B_n = \sum_{i=1}^{n} B_i$$

则称B_i组成了一个完备事件组。全概率公式可参考图6-3，对任一事件A有

$$P(A) = \sum_{i=1}^{n} P(A|B_i)P(B_i) = \sum_{i=1}^{n} P(AB_i)$$

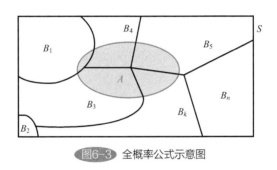

图6-3 全概率公式示意图

2. 贝叶斯定理

贝叶斯定理又称贝叶斯法则、贝叶斯公式，它应用所观察到的现象（最新数据）对有关概率分布的主观判断（即先验概率）进行修正，从而得到新的概率分布（即后验概率）。根据前面讲述的全概率公式以及概率乘法公式，我们有$P(A)P(B_i|A) = P(AB_i) = P(B_i)P(A|B_i)$，可以推出：

$$P(B_i|A) = \frac{P(AB_i)}{P(A)} = \frac{P(B_i)P(A|B_i)}{P(A)}$$

$$= \frac{P(B_i)P(A|B_i)}{\sum_{i=1}^{n} P(A|B_i)P(B_i)}$$

上式就是贝叶斯定理，它表示在已知事件A的情况下，事件B_i发生的概率。其中$P(B_i)$是先验概率分布，表示在事件A（如新的观测数据）发生之前，按照以往经验或历史数据，事件B_i发生的概率分布，例如抛硬币之前，我们认为一枚硬币正反两面出现的概率各为1/2；$P(B_i|A)$是后验概率分布，表示在事件A发生之后，事件B_i发生的概率分

布，即在经过新的观察，获取新的信息后，重新计算的事件 B_i 的概率。也就是对先验分布 $P(B_i)$ 进行了修正，更接近最新的真实情况；$P(A|B_i)$ 是似然估计，表示事件 B_i 的先验概率与后验概率的"似然程度"或者"相似程度"。可以把 B_i 看作某一个结果类别，在知道某个结果类别 B_i 时事件 A（新观察的数据）发生的概率称为类条件概率。$P(A)$ 是证据因子（Evidence），在实际操作中，由于事件 A 已知，所以 $P(A)$ 通常为固定值，它可以看作为一个权值因子，以保证各个结果类别的后验概率总和为1，从而满足概率条件。也正因为如此，它也被称为归一化常数或者边缘概率。

事件 B 的"先验概率"和"后验概率"是相对的，是相对于事件 A 来说的。如果不考虑事件 A，则 $P(B)$ 就是先验概率；如果考虑事件 A，则 $P(B|A)$ 就是后验概率，可以看出，后验概率实际上就是一个条件概率，而贝叶斯定理就是求解这个条件概率的公式，它为利用最新搜集到的信息（数据）对原有判断进行修正提供了有效的手段。在计算过程中，各种事件，无论是 A 还是 B，都是以收集到的样本数据集来体现的。

6.4.1 朴素贝叶斯算法

根据对特征变量概率分布的不同假设，常用的朴素贝叶斯算法模型可分为高斯朴素贝叶斯模型、伯努利朴素贝叶斯模型和多项式朴素贝叶斯模型三个类别。高斯朴素贝叶斯模型适合研究对象的所有特征变量是连续变量，且每个特征变量的概率分布符合高斯分布的情况。伯努利朴素贝叶斯模型适合研究对象的所有特征变量是分类型变量，每个特征变量的概率分布符合伯努利分布的情况，特别适用于特征变量取值很稀疏的二元离散值或多元离散值。多项式朴素贝叶斯模型适合研究对象的所有特征变量是分类型或定序型变量，且每个特征变量的概率分布符合多项式分布的情况。

朴素贝叶斯模型是一种有监督学习的概率分类算法。在分类问题中，贝叶斯公式中的 A 代表一个新的特征向量（新数据），B_i 代表某个分类标签，也就是说，在分类问题中，我们可以计算出每个类别在新特征向量下的条件概率，而最终类别 y 就是最大条件概率值对应的类别。设新数据是一个多维特征向量 $(A_1, A_2, \cdots, A_n)$，A_1、$A_2 \cdots$ 分别为事件 A 的属性特征变量，则似然估计（也是一个条件概率）公式 $P(A|B_i)$ 可以展开为

$$P(A|B_i) = P(A_1|B_i)P(A_2|B_i, A_1)P(A_3|B_i, A_1, A_2) \cdots P(A_n|B_i, A_1, A_2 \cdots A_{n-1})$$

可以看出，理论上特征 A_1 的发生概率以 B_i 为前提，特征 A_2 的发生概率不仅和 B_i 有关，还与 A_1 有关；同样，特征 A_3 的发生同 B_i、A_1、A_2 有关，依次类推，最后特征 A_n 的发生概率与 B_i 及 A_1、A_2、$\cdots\cdots$、A_{n-1} 都有关。这种情况导致计算各个特征的条件概率特别复杂，并且有时也很难求解。所以，在实际计算过程中一般需要对特征变量进行简化假设：各个特征变量都是类条件独立的，即一个特征变量对给定类别的影响独立于其他特征变量，这也是朴素贝叶斯模型中"朴素"两字的来源。虽然这种"朴素"的假设与实际情况不一定相符，但是实践证明朴素贝叶斯模型仍然具有较高的准确性和稳定性，特别是在自然语言处理领域。这也许正应了一句话：最简单的解决方案通常就是最强大的解决方案。通过假设各个特征变量是类条件独立的，则似然估计的计算将大大简化，上

面的公式简化为

$$P(A|B_i) = P(A_1|B_i)P(A_2|B_i)P(A_3|B_i) \cdots P(A_n|B_i)$$

则最终一个新数据 A 属于某类别的决策函数是：

$$y = \underset{B_i}{\mathrm{argmax}} \left(\frac{P(B_i)P(A|B_i)}{P(A)} \right) = \underset{B_i}{\mathrm{argmax}} \left(\frac{P(B_i) \prod_{j=1}^{n} P(A_j|B_i)}{\sum_{j=1}^{k} P(B_i) \prod_{i=1}^{n} P(A_i|B_i)} \right)$$

这就是朴素贝叶斯模型的算法公式。在实际应用过程中，$P(A)$ 往往是一个常数，所以我们只需要计算 $P(B_i)P(A|B_i)$ 即可，也就是说，关键是求解 $P(B_i) \prod_{j=1}^{n} P(A_j|B_i)$ 的值，即事件（类别）的先验概率 $P(B_i)$ 和似然估计 $P(A|B_i)$，这就是朴素贝叶斯模型的训练过程。

如果某个特征属性 A_j 的某个取值在观察样本（训练集）中没有与某个类别 B_i 同时出现过，则会导致 A_j 在类别 B_i 下的条件概率为0，这就是所谓的"零概率问题"。零概率问题如果不进行处理，会导致一个实例（特定值）的条件概率结果是0。在进行似然估计时，解决这个问题的方法通常是进行平滑处理，法国数学家拉普拉斯提出用加1的方法估计没有出现过的现象的概率，以保证概率不会出现0，称为拉普拉斯平滑修正。在具体实现中，不同类型的朴素贝叶斯模型由于特征属性不同，分布概率不同，所以具有不同的先验概率计算和似然估计计算的平滑处理方式。

在高斯朴素贝叶斯模型中，特征变量的分布符合高斯分布，也就是正态分布。又由于假设各个特征变量之间是独立的，所以在这类模型中，特征变量实际上是由多个独立的正态分布特征变量组成的，只是每个特征变量有自己的标准方差 σ 和均值 μ 而已，在类别 B_i 下，特征 A_j 对应的高斯分布为

$$P(A_j; x) = N(A_j; \mu_{ji}, \sigma_{ji}) = \frac{1}{\sigma_{ji}\sqrt{2\pi}} \, \mathrm{e}^{\frac{(x - \mu_{ji})^2}{2\sigma_{ji}^2}}$$

这样，贝叶斯定理中的似然估计（即类条件概率）公式为

$$P(A|B_i) = \prod_{j=1}^{n} N(a_j; \mu_{ji}, \sigma_{ji})$$

由于高斯分布的密度函数不可能为零，所以这里没有必要进行拉普拉斯平滑处理。但是即使如此，在实际应用中，一般将小于某个阈值（一个较小的值）的概率值设置成这个阈值的大小，以免严重影响模型的精确性。高斯分布的重点是求特征 A_j 在类别 B_i 下的高斯分布参数估计，采用的方法是极大似然估计。对于类别 B_i 的先验概率，经过拉普拉斯平滑处理后，计算公式为

$$P(B_i) = \frac{N_i + 1}{N + K}$$

式中，N 为训练集总记录数，N_i 为类别 B_i 在整个训练集中出现的记录数，K 为事件（目标变量）B 的类别总数。最后的工作就是在已知新数据时，按照贝叶斯公式计算每个类

别 B_i 的后验概率，最终选择后验概率最大值对应的类别。

在伯努利朴素贝叶斯模型中，所有特征变量的分布均符合伯努利分布。伯努利分布是一个单次试验只有 1 和 0 两个结果的离散分布。如果一个随机变量符合参数为 $p(0 < p < 1)$ 的伯努利分布，则它分别以概率 p 和（$1-p$）取 1 和 0，概率公式为

$$P(X=x)=B(1,p)=p^x(1-p)^{1-x}=px+(1-p)(1-x)$$

由于假设各个特征变量之间是独立的，所以在这类模型中，特征变量实际上是由多个独立的伯努利分布变量组成的，只是每个特征变量有自己的参数 p（特征取值为 1 的概率）而已。在类别 B_i 下，特征 A_j 对应的伯努利分布为 $P(A_j;X=x)=B(A_j; 1,p_{ji})=p^x_{ji}(1-p_{ji})^{1-x}=p_{ji}x+(1-p_{ji})(1-x)$。这样，贝叶斯定理中的似然估计（即类条件概率）公式为

$$P(A|B_i)=\prod_{j=1}^{n}B(a_j;1,p_{ji})$$

所以，这类模型的重点是求解特征 A_j 在类别 B_i 下的概率 $B(a_j; 1,p_{ji})$。采用的方法依然是极大似然估计，经过拉普拉斯平滑处理后的公式为

$$B(a_j;1,p_{ji})=\frac{N_{ji}+1}{N_i+S_j}$$

式中，N_{ji} 是在类别为 B_i 的训练集合中，特征 A_j 取值为 a_j 的记录数；N_i 为类别 B_i 在整个训练集中出现的记录数；S_j 为第 j 个特征 A_j 取不同值的个数。这里 $S_j = 2$。类别 B_i 的先验概率求解与高斯朴素贝叶斯模型类似，所以经过拉普拉斯平滑处理后的计算公式为

$$P(B_i)=\frac{N_i+1}{N+K}$$

式中，N 为训练集总记录数，N_i 为类别 B_i 在整个训练集中出现的记录数，K 为事件（目标变量）B 的类别总数。剩下的工作就是在已知新数据时，按照贝叶斯公式计算每个类别 B_i 的后验概率，并选择后验概率最大值对应的类别。

在多项式朴素贝叶斯模型中，各个特征变量的分布符合多项式分布。多项式分布是二项式分布的扩展。在二项式分布 $B(n,p)$ 中，每次试验的结果只有两种（1 或 0）。多项式分布的概率公式为

$$P(X_1=n_1, X_2=n_2, \cdots, X_m=n_m)=PN(n:p_1, p_2, ..., p_m)$$
$$=\frac{n!}{n_1!n_2!\cdots n_m!}p_1^{n_1}p_2^{n_2}\cdots p_m^{n_m}=n!\prod_{i=1}^{m}\frac{p_i^{n_i}}{n_i!}$$

在类别 B_i 下，特征 A_j 对应的多项式分布为

$$P(A_j; X_1, X_2, \cdots, X_m)=PN(A_j; n, p_{j1}, p_{j2}, ..., p_{jm})=n!\prod_{i=1}^{m}\frac{p_{ji}^{n_i}}{n_i!}$$

这样，多项式朴素贝叶斯定理中的似然估计（即类条件概率）公式为：

$$P(A|B_i)=\prod_{j=1}^{n}PN(a_j;\ n,\ p_{j1},\ p_{j2},\ ...,\ p_{jm})$$

式中，a_j为特征变量A_j的一个取值。这类模型的重点是求解特征A_j在类别B_i下的概率$PN(a_j;n,p_{j1},p_{j2},\cdots,p_{jm})$，采用的方法依然是极大似然估计，经过拉普拉斯平滑处理后的公式为

$$PN(a_j;\ n,\ p_{j1},\ p_{j2},\ ...,\ p_{jm})=\frac{N_{ji}+1}{N_i+S}$$

式中，经N_{ji}是在类别B_i的训练集中a_j出现的样本个数（这和上面介绍的伯努利分布不同）；N_i为类别B_i下的样本个数；S为特征的维数，即特征总数。类别B_i的先验概率的求解与伯努利朴素贝叶斯模型解法类似，所以经过拉普拉斯平滑处理后的计算公式为：

$$P(B_i)=\frac{N_i+1}{N+K}$$

在邮件分类场景中，与伯努利朴素贝叶斯模型相比，多项式朴素贝叶斯模型改变了实例特征向量的表示方法：在伯努利模型中，特征向量的每个分量代表着词典中的一个词语是否出现过，其取值范围为{0,1}，故特征向量的长度为词典的大小；而在多项式模型中，虽然特征向量中的每个分量同样代表着词典中的一个词（允许重复出现），但是特征向量的长度为邮件内容中词语的数量，而不是词典的长度。

下面我们以文本分类为例来说明多项式朴素贝叶斯模型的原理，我们要判断一句话表达的内容是不是属于"Sports"类别。已知训练数据如表6-6所示。

表6-6　多项式朴素贝叶斯模型训练数据

序号	语句	类别
1	"A great game"	Sports
2	"The election was over"	Not sports
3	"Very clean match"	Sports
4	"A clean but forgettable game"	Sports
5	"It was a close election"	Not sports

我们根据表中的训练数据来判断新句子"A very close close game"是属于Sports类别还是Not sports类别。设$A=$"A very close close game"，$B_1=$"Sports"，$B_2=$"Not sports"。

首先计算类别B_1（"Sports"）、B_2（"Not sports"）的先验概率$P(B_1)$、$P(B_2)$：

$$P(B_1)=\frac{3+1}{5+2}=\frac{4}{7}\ ,\ P(B_2)=\frac{2+1}{5+2}=\frac{3}{7}$$

然后计算各个特征的条件概率，这里我们只需计算"A very close close game"这个新文本中包含的"A""very""close""game"四个特征的条件概率即可。根据训练数据我们知道训练数据中独立的单词数量为14，在"Sports"类别中总共有11个单词（包括重复），在Not sports类别中总共有9个单词（包括重复）。这样可以得出表6-7所示的概率数据。

表6-7 样本数据中的特征变量类别概率

特征	P(特征|Sports)	P(特征|Not sports)
a	$\dfrac{2+1}{11+14}=\dfrac{3}{25}$	$\dfrac{1+1}{9+14}=\dfrac{2}{23}$
very	$\dfrac{1+1}{11+14}=\dfrac{2}{25}$	$\dfrac{0+1}{9+14}=\dfrac{1}{23}$
close	$\dfrac{0+1}{11+14}=\dfrac{1}{25}$	$\dfrac{1+1}{9+14}=\dfrac{2}{23}$
game	$\dfrac{2+1}{11+14}=\dfrac{3}{25}$	$\dfrac{0+1}{9+14}=\dfrac{1}{23}$

根据上面的计算结果，分别计算Sports和Not sports类别的后验概率的相对大小。

P(Sports\|"A very close close game") $= p$(a\|Sports)$\times p$(very\|Sports)$\times p$(close\|Sports)$\times p$(close\|Sports)$\times p$(game\|Sports)$\times p$(Sports) $= \dfrac{3}{25}\times\dfrac{2}{25}\times\dfrac{1}{25}\times\dfrac{1}{25}\times\dfrac{3}{25}\times\dfrac{4}{7}=1.05\times10^{-6}$

p(not Sports\|"A very clpse clpse game") $= p$(a\|Not sports)$\times p$(very\|Not sports)$\times p$(close\|Not sports)$\times p$(close\|Not sports)$\times p$(game\|Not sports)$\times p$(Not sports) $= \dfrac{2}{23}\times\dfrac{1}{23}\times\dfrac{2}{23}\times\dfrac{2}{23}\times\dfrac{1}{23}\times\dfrac{3}{7}=0.53\times10^{-6}$

根据计算结果可知，P(Sports\|"A very close close game")的值大于P(Not sports\|"A very close close game")的值，所以可以判断新句子"A very close close game"是属于"Sports"这个类别。

6.4.2 朴素贝叶斯分类

6.4.2.1 高斯朴素贝叶斯分类评估器

表6-8详细说明了高斯朴素贝叶斯分类评估器GaussianNB的构造函数及其属性和方法。

表6-8 高斯朴素贝叶斯分类评估器GaussianNB

sklearn.naive_bayes.GaussianNB：高斯朴素贝叶斯分类评估器	
GaussianNB(*, priors＝None, var_smoothing＝1e-09)	
priors	可选。一个形状shape为(n_classes,)的数组，指定每个类别的先验概率。一旦指定，先验概率便不再随数据集的变化而变化。默认值为None，表示每个类别的先验概率通过数据集计算得出
var_smoothing	可选。一个浮点数值，指定一个最大方差比例，这个比例值会添加到方差计算中，以提高计算过程的稳定性
GaussianNB的属性	
class_count_	一个形状shape为(n_classes,)的数组，内含每个类别的训练样本的数量
class_prior_	一个形状shape为(n_classes,)的数组，包含了每个类别的先验概率值
classes_	形状shape为(n_classes,)的数组，表示独立类别标签值
epsilon_	一个浮点数值，添加到方差的绝对值

续表

sklearn.naive_bayes.GaussianNB：高斯朴素贝叶斯分类评估器	
sigma_	一个形状shape为(n_classes, n_features)的数组，包含了每个类别下每个特征变量的方差
theta_	一个形状shape为(n_classes, n_features)的数组，包含了每个类别下每个特征变量的均值

GaussianNB的方法	
fit(X, y, sample_weight＝None)：根据给定的训练数据集，拟合高斯朴素贝叶斯分类模型	
X	必选。形状shape为(n_samples,n_features)的数组或对象列表，表示训练数据集中的特征变量数据集
y	必选。形状shape为(n_samples,)的数组，表示训练数据集中给的目标变量数据集
sample_weight	可选。类数组对象，其形状shape为(n_samples,)，表示每个样本的权重
返回值	训练后的高斯朴素贝叶斯分类模型（评估器）
get_params(deep＝True)：获取评估器的各种参数	
deep	可选。布尔型变量，默认值为True，表示不仅包含此评估器自身的参数值，还将返回包含的子对象（也是评估器）的参数值
返回值	字典对象。包含"（参数名称:值）"的键值对
partial_fit(X, y, classes＝None, sample_weight＝None)：对给定样本数据执行一次循环计算（使用随机梯度下降方法）	
X	必选。类数组对象或稀疏矩阵类型对象，其形状shape为(n_samples,n_features)
y	必选。类数组对象，其形状shape为(n_samples,)，表示目标变量数据集
classes	可选。形状shape为(n_classes,)的数组，指定在调用partial_fit()中使用的类别值
sample_weight	可选。表示每个样本的权重
返回值	训练后的高斯朴素贝叶斯分类模型（评估器）
predict(X)：使用拟合的模型对新数据进行分类预测	
X	必选。形状shape为(n_samples,n_features)的数组或对象列表，表示需要预测的数据点
返回值	形状shape为(n_samples,)的数组，包含了预测数据的类别标签
predict_log_proba(X)：预测输入数据X中每一个实例的输出的对数概率	
X	必选。形状shape为(n_samples,n_features)的矩阵，表示输入数据集
返回值	形状shape为(n_samples, n_classes)的数组，表示每个样本的每个类别对应的对数概率值
predict_proba(X)：预测输入数据X中每一个实例的输出概率值	
X	必选。形状shape为(n_samples,n_features)的矩阵，表示输入数据集
返回值	形状shape为(n_samples, n_classes)的数组，表示每个样本的每个类别对应的概率值
score(X, y,sample_weight＝None)：计算给定测试数据和标签值的平均预测准确率	
X	必选。类数组对象，形状shape为(n_samples,n_features)，表示测试数据集
y	必选。类数组对象，其形状shape为(n_samples,)，表示目标变量的真实标签
sample_weight	可选。类数组对象，其形状shape为(n_samples,)，表示每个样本的权重
返回值	返回一个浮点数，表示平均预测准确率
set_params(**params)：设置评估器的各种参数	
params	字典对象，包含了需要设置的各种参数
返回值	评估器自身

下面我们通过例子说明分类评估器GaussianNB的使用。

```python
1.  from sklearn.datasets import load_iris
2.  from sklearn.model_selection import train_test_split
3.  from sklearn.naive_bayes import GaussianNB
4.  from sklearn import metrics
5.
6.
7.  # 导入系统自带的鸢尾花数据集
8.  iris = load_iris()
9.  X = iris.data
10. y = iris.target
11.
12. # 划分训练数据集和测试集
13. X_train, X_test, y_train, y_test = train_test_split(X,y,test_size=0.2,random_state=0)
14.
15. # 声明一个高斯朴素贝叶斯分类评估器，并拟合
16. model = GaussianNB()
17. model.fit(X_train, y_train)
18.
19. # 进行预测
20. expected = y_test
21. predicted = model.predict(X_test)
22.
23. # 显示各种性能指标
24. print("分类报告：")
25. print(metrics.classification_report(expected, predicted))
26. print("-"*37)
27. print("混淆矩阵：")
28. print(metrics.confusion_matrix(expected, predicted))
29.
```

运行后，输出结果如下（在Python自带的IDLE环境下）：

```
1.  分类报告：
2.                precision    recall  f1-score   support
3.
4.             0       1.00      1.00      1.00        11
5.             1       0.93      1.00      0.96        13
6.             2       1.00      0.83      0.91         6
7.
8.      accuracy                           0.97        30
9.     macro avg       0.98      0.94      0.96        30
10. weighted avg       0.97      0.97      0.97        30
```

```
11.
12. --------------------------------
13. 混淆矩阵：
14. [[11  0  0]
15.  [ 0 13  0]
16.  [ 0  1  5]]
```

6.4.2.2 伯努利朴素贝叶斯分类评估器

表6-9详细说明了伯努利朴素贝叶斯分类评估器BernoulliNB的构造函数及其属性和方法。

表6-9 伯努利朴素贝叶斯分类评估器BernoulliNB

sklearn.naive_bayes.BernoulliNB：伯努利朴素贝叶斯分类评估器	
BernoulliNB(*, alpha＝1.0, binarize＝0.0, fit_prior＝True, class_prior＝None)	
alpha	可选。表示拉普拉斯平滑修正数值
binarize	可选。一个浮点数或None，指定特征变量二值化的阈值
fit_prior	可选。一个布尔变量值，指定是否从训练数据中学习类别的先验概率
class_prior	可选。一个形状shape为(n_classes,)的数组，指定每个类别的先验概率值
BernoulliNB的属性	
class_count_	一个形状shape为(n_classes,)的数组，内含每个类别的训练样本的数量
class_log_prior_	一个形状shape为(n_classes,)的数组，包含每个类别的平滑对数概率
classes_	形状shape为(n_classes,)的数组，表示独立类别标签值
coef_	一个形状shape为(n_classes, n_features)的数组，包含feature_log_prob_的镜像值，它可以把伯努利朴素贝叶斯模型视为一个线性模型（与intercept_结合）
feature_count_	一个形状shape为(n_classes, n_features)的数组，包含了每个类别下每个特征变量的样本数量
feature_log_prob_	一个形状shape为(n_classes, n_features)的数组，包含每个类别下每个特征变量的经验对数概率（先验概率）
intercept_	一个形状shape为(n_classes,)的数组，包含class_log_prior_的镜像值，它可以把伯努利朴素贝叶斯模型视为一个线性模型（与coef_结合）
n_features_	一个整数，表示特征变量的数量
BernoulliNB的方法	
fit(X, y, sample_weight＝None)：根据给定的训练数据集，拟合伯努利朴素贝叶斯分类模型	
X	必选。形状shape为(n_samples,n_features)的数组或对象列表，表示训练数据集中的特征变量数据集
y	必选。形状shape为(n_samples,)的数组，表示训练数据集中给的目标变量数据集
sample_weight	可选。类数组对象，其形状shape为(n_samples,)，表示每个样本的权重
返回值	训练后的伯努利朴素贝叶斯分类模型（评估器）

sklearn.naive_bayes.BernoulliNB：伯努利朴素贝叶斯分类评估器	
get_params(deep＝True)：获取评估器的各种参数	
deep	可选。布尔型变量，默认值为True，表示不仅包含此评估器自身的参数值，还将返回包含的子对象（也是评估器）的参数值
返回值	字典对象。包含"（参数名称:值）"的键值对
partial_fit(X, y, classes＝None, sample_weight＝None)：对样本数据执行循环计算	
X	必选。类数组对象或稀疏矩阵类型对象，表示训练数据集
y	必选。类数组对象，表示目标变量数据集
classes	可选。指定调用partial_fit()中使用的类别值
sample_weight	可选。表示每个样本的权重
返回值	训练后伯努利朴素贝叶斯分类模型（评估器）
predict(X)：使用拟合的模型对新数据进行分类预测	
X	必选。形状shape为(n_samples,n_features)的数组或对象列表，表示需要预测的数据点
返回值	形状shape为(n_samples,)的数组，包含了预测数据的类别标签
predict_log_proba(X)：预测输入数据X中每一个实例的输出的对数概率	
X	必选。形状shape为(n_samples,n_features)的矩阵，表示输入数据集
返回值	形状shape为(n_samples, n_classes)的数组，表示每个样本的每个类别对应的对数概率值
predict_proba(X)：预测输入数据X中每一个实例的输出的概率值	
X	必选。形状shape为(n_samples,n_features)的矩阵，表示输入数据集
返回值	形状shape为(n_samples, n_classes)的数组，表示每个样本的每个类别对应的概率值
score(X, y,sample_weight＝None)：计算给定测试数据和标签值之间的平均预测准确率	
X	必选。类数组对象，其形状shape为(n_samples,n_features)，表示测试数据集
y	必选。类数组对象，其形状shape为(n_samples,)，表示目标变量的真实标签
sample_weight	可选。类数组对象，其形状shape为(n_samples,)，表示每个样本的权重。默认值为None，即每个样本的权重一样（为1）
返回值	返回一个浮点数，表示平均预测准确率
set_params(**params)：设置评估器的各种参数	
params	字典对象，包含了需要设置的各种参数
返回值	评估器自身

6.4.2.3　多项式朴素贝叶斯分类评估器

在Scikit-learn中，多项式朴素贝叶斯分类评估器MultinomialNB的构造函数、属性和方法与伯努利朴素贝叶斯分类评估器BernoulliNB基本一致。评估器MultinomialNB的声明如下：

sklearn.naive_bayes.MultinomialNB(*, alpha＝1.0, fit_prior＝True, class_prior＝None)

它与评估器BernoulliNB相比，减少了一个参数binarize。两者的用法非常接近，不再赘述。

在Scikit-learn中，除了上面讲述的三种朴素贝叶斯分类评估器，还有另外两种朴素贝叶斯评估器：sklearn.naive_bayes.ComplementNB 和 sklearn.naive_bayes.CategoricalNB，前者是对多项式朴素贝叶斯模型的完善，特别适合于不平衡数据集；后者假定每个特征变量的分布符合独立的范畴分布（categorical distribution）。这两种评估器的声明和使用方法与上面讲述的三种评估器非常相似。

6.5 决策树分类

决策树模型可以非常清晰地向用户展示预测的逻辑规则和流程，作为一种有监督学习模型，既可以解决分类问题，也可以解决回归问题，具有预测精度高、稳定性高、容易对结果进行解释的特点。在 Scikit-learn 中，实现决策树分类功能的类为 sklearn.tree.DecisionTreeClassifier。表 6-10 详细说明了决策树分类评估器 DecisionTreeClassifier 的构造函数及其属性和方法。

表6-10　决策树分类评估器DecisionTreeClassifier

sklearn.tree.DecisionTreeClassifier：决策树分类评估器	
DecisionTreeClassifier(*, criterion='gini', splitter='best', max_depth=None, min_samples_split=2, min_samples_leaf=1, min_weight_fraction_leaf=0.0, max_features=None, random_state=None, max_leaf_nodes=None, min_impurity_decrease=0.0, min_impurity_split=None, class_weight=None, ccp_alpha=0.0)	
criterion	可选。一个字符串，指定节点分支指标规则
splitter	可选。一个字符串，指定一个节点分支所采用的策略
max_depth	可选。指定决策树的最大深度
min_samples_split	可选。指定一个内部节点分支所需的最少样本数量
min_samples_leaf	可选。指定一个叶子节点所需包含的最少样本数
min_weight_fraction_leaf	可选。以所有输入样本的权重之和的最小分数指定一个叶子节点所需要包含的最少样本数
max_features	可选。指定一个节点在进行分支时需要考虑的特征变量的个数
random_state	可选。用于设置一个随机数种子
max_leaf_nodes	可选。一个结果树中叶子节点的最大数量
min_impurity_decrease	可选。表示如果一个分支使节点不纯度的减小量大于等于此值，则会触发此节点的进一步分支
min_impurity_split	可选。此参数已经被min_impurity_decrease代替，保留仅为兼容性考虑
class_weight	可选。指定类别权重
ccp_alpha	可选。指定代价复杂度剪枝算法的复杂度参数alpha
DecisionTreeClassifier的属性	
classes_	形状shape为(n_classes,)的数组，表示类别值
feature_importances_	形状shape为(n_features,)的数组，表示特征变量的重要性，也就是基尼指数

续表

sklearn.tree.DecisionTreeClassifier：决策树分类评估器	
max_features_	拟合后参数max_features的值
n_classes_	表示类别数量
n_features_	拟合后的特征变量个数
n_outputs_	拟合后的目标变量个数
tree_	代表决策树的sklearn.tree._tree.Tree对象
DecisionTreeClassifier的方法	
apply(X, check_input＝True)：应用模型计算并返回每个样本数据所属叶子节点的索引	
X	必选。形状shape为(n_samples, n_features)的数组或一个稀疏矩阵，表示输入样本数据
check_input	可选。一个布尔变量值，表示是否可以忽略输入样本数据的检查
返回值	形状shape为(n_samples,)的数组，包含每个样本数据所属叶子节点的索引
cost_complexity_pruning_path(X, y, sample_weight＝None)：计算在使用最小化代价复杂度剪枝算法时的剪枝路径	
X	必选。形状shape为(n_samples, n_features)的数组或一个稀疏矩阵，表示输入样本数据的特征变量数据集
y	必选。形状shape为(n_samples,)或者(n_samples, n_outputs)的数组，表示输入样本数据的目标变量数据集
sample_weight	可选。形状shape为(n_samples,)的数组，表示每个样本的权重
返回值	返回结果为一个sklearn.utils.Bunch对象
decision_path(X, check_input＝True)：计算并返回数据的决策路径	
X	必选。形状shape为(n_samples, n_features)的数组或一个稀疏矩阵，表示输入样本数据的特征变量数据集
check_input	可选。一个布尔变量值，表示是否可以忽略输入样本数据的检查
返回值	形状shape为(n_samples, n_nodes)的稀疏矩阵
fit(X, y, sample_weight＝None, check_input＝True, X_idx_sorted＝'deprecated')：根据给定的训练数据集拟合决策树分类模型	
X	必选。形状shape为(n_samples,n_features)的数组或对象列表，表示训练数据集中的特征变量数据集
y	必选。形状shape为(n_samples,)或者(n_samples, n_outputs)的数组，表示训练数据集中给的目标变量数据集
sample_weight	可选。形状shape为(n_samples,)的数组，表示每个样本的权重
check_input	可选。一个布尔变量值，表示是否可以忽略输入样本数据的检查
X_idx_sorted	可选。此参数已经过时，保留仅为兼容性考虑
返回值	训练后的决策树分类模型（评估器）

sklearn.tree.DecisionTreeClassifier：决策树分类评估器	
get_depth()：返回决策树的深度	
返回值	决策树的深度，等于self.tree_.max_depth
get_n_leaves()：返回决策树的叶子节点数量	
返回值	决策树的叶子节点数量，等于self.tree_.n_leaves
get_params(deep＝True)：获取评估器的各种参数	
deep	可选。前面已解释
返回值	字典对象。包含"（参数名称:值）"的键值对
predict(X, check_input＝True)：使用拟合的模型对新数据进行预测	
X	必选。形状shape为(n_samples,n_features)的数组，表示需要预测的数据集
check_input	可选。一个布尔变量值，表示是否可以忽略输入样本数据的检查
返回值	类数组对象，其形状shape为(n_samples,)或者(n_samples, n_outputs)的数组，表示预测后的目标变量类别值
predict_log_proba(X)：预测输入数据X中每一个实例的不同类别对应的输出对数概率	
X	必选。形状shape为(n_samples,n_features)的矩阵，表示输入数据集
返回值	形状shape为(n_samples, n_classes)的数组，表示每个样本的每个类别对应的对数概率值
predict_proba(X)：预测输入数据X中每一个实例的不同类别对应的输出概率	
X	必选。类数组或列表对象，其形状shape为(n_samples, n_features)，表示需要分类的数据集
返回值	形状shape为(n_queries, n_classes)的数组或者一个数组的列表对象，表示每个输入样本的每个类别对应的概率值
score(X, y,sample_weight ＝ None)：计算给定测试数据和标签值的平均预测准确率	
X	必选。类数组对象，其形状shape为(n_samples,n_features)，表示测试数据集
y	必选。类数组对象，其形状shape为(n_samples,)，表示目标变量的真实标签
sample_weight	可选。类数组对象，其形状shape为(n_samples,)，表示每个样本的权重
返回值	返回一个浮点数，表示平均预测准确率
set_params(**params)：设置评估器的各种参数	
params	字典对象，包含了需要设置的各种参数
返回值	评估器自身

下面以例子的形式对评估器DecisionTreeClassifier的使用加以说明。在这个例子中，使用了系统自带的鸢尾花数据集。

```
1.
2.  import numpy as np
3.  from sklearn.datasets import load_iris
4.  from sklearn.model_selection import train_test_split
```

```
5.  from sklearn.tree import DecisionTreeClassifier
6.  from sklearn import tree
7.  from matplotlib import pyplot as plt
8.
9.
10. # 导入系统自带的鸢尾花数据
11. iris = load_iris()
12. X = iris.data
13. y = iris.target
14.
15. # 划分训练数据集和测试集（自动分配比例）
16. X_train, X_test, y_train, y_test = train_test_split(X, y, random_state=0)
17.
18. # 定义并训练决策树分类评估器对象
19. clf = DecisionTreeClassifier(max_leaf_nodes=3, random_state=0)
20. clf.fit(X_train, y_train)
21.
22. score = clf.score(X_test, y_test) #返回预测的准确度
23. print("平均准确率是: ", score)
24.
25. # 绘制决策树
26. tree.plot_tree(clf)
27. # tree.export_text(clf)  # 文本形式输出
28.
29. plt.show() # 需要调用此方法，才能显示决策树
30.
```

运行后，输出结果如图6-4所示（在Python自带的IDLE环境下）。

在图6-4中，由于没有给plot_tree()方法提供特征名称，特征变量均以X[i]表示，索引值为输入拟合函数fit()中的训练数据集的特征变量顺序。

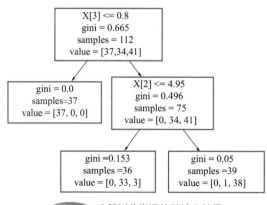

图6-4 决策树分类评估器输出结果

6.6 神经网络分类

在Scikit-learn中，实现神经网络分类功能的类为sklearn.neural_network.MLPClassifier，它是一个多层感知机分类评估器（multi-layer perceptron，MLP）。神经网络分类是一个反向传播网络模型，在输出层没有激活函数（或者说使用了恒等激活函数），输出为一个连续值。在求解过程中，可以选择使用SGD算法、自适应动量（ADAptive Moment estimation，Adam）优化器、L-BFGS算法作为学习过程中更新参数的求解器。其中SGD和Adam支持在线学习和小批量数据学习，L-BFGS只支持批量数据（大数据集）学习。另外，为了防止过拟合，多层感知机分类评估器MLP支持L2范式的正则化。分类评估器MLPClassifier与回归评估器MLPRegressor的构造函数、属性和方法都是非常类似的，只是评估器MLPClassifier增加了分类评估器所特有的几个函数。表6-11中详细说明了这个评估器的构造函数及其属性和方法。

表6-11　多层感知机分类评估器MLPClassifier

sklearn.neural_network.MLPClassifier：多层感知机分类评估器	
MLPClassifier(hidden_layer_sizes＝100, activation='relu', *, solver='adam', alpha＝0.0001, batch_size='auto', learning_rate='constant', learning_rate_init＝0.001, power_t＝0.5, max_iter＝200, shuffle＝True, random_state＝None, tol＝0.0001, verbose＝False, warm_start＝False, momentum＝0.9, nesterovs_momentum＝True, early_stopping＝False, validation_fraction＝0.1, beta_1＝0.9, beta_2＝0.999, epsilon＝1e-08, n_iter_no_change＝10, max_fun＝15000)	
hidden_layer_sizes	可选。一个元组对象，表示隐含层的大小
activation	可选。指定隐含层的激活函数
solver	可选。指定学习过程中的求解优化器
alpha	可选。一个浮点数，表示L2正则化系数
batch_size	可选。指定随机梯度下降算法使用的批量大小
learning_rate	可选。一个字符串，指定学习速率更新策略
learning_rate_init	可选。一个双精度数值，指定初始学习速率
power_t	可选。一个双精度数值，指定学习速率计算公式中的指数
max_iter	可选。一个正整数，指定学习过程中的最大迭代次数
shuffle	可选。一个布尔值，指定训练样本循环一遍后再次使用时是否需要重新随机排序
random_state	可选。用于设置一个随机数种子
tol	可选。一个浮点数，指定优化的误差
verbose	可选。一个布尔值或者一个整数，用来设置输出结果的详细程度
warm_start	可选。指定在迭代训练过程中是否使用前一次的结果
momentum	可选。随机梯度下降算法中的动量值
nesterovs_momentum	可选。一个布尔变量值，指示是否使用Nesterov矩向量
early_stopping	前面已解释
validation_fraction	前面已解释

续表

sklearn.neural_network.MLPClassifier：多层感知机分类评估器	
beta_1	可选。Adam优化算法中估算一阶矩向量的指数衰减率
beta_2	可选。Adam优化算法中估算二阶矩向量的指数衰减率
epsilon	可选。指定adam优化器中的稳定性数值
n_iter_no_change	可选，前面已解释
max_fun	可选。指定损失函数调用的最大次数
MLPClassifier的属性	
classes_	形状shape为(n_classes,)数组，表示类别值
loss_	当前损失函数值
best_loss_	损失函数的最小值
loss_curve_	形状shape为(n_iter_,)的数组，包含每次迭代时的损失函数值
t_	拟合过程中求解器使用的样本数量
coefs_	形状shape为(n_layers - 1,)的列表对象，其中第i个元素表示第i层连接权重的矩阵
intercepts_	形状shape为(n_layers - 1,)的列表对象，其中第i个元素表示第i层偏置项的矩阵
n_iter_	求解器迭代运行的次数
n_layers_	模型层数
n_outputs_	输出目标变量个数
out_activation_	输出层激活函数
MLPClassifier的方法和特性	
fit(X, y)：拟合多层感知机分类模型	
X	必选。类数组对象或稀疏矩阵类型对象，其形状shape为(n_samples,n_features)，表示特征变量数据集
y	必选。类数组对象，其形状shape为(n_samples,)或者(n_samples,n_outputs)，表示目标变量数据集
返回值	训练后的多层感知机分类模型
get_params(deep＝True)：获取评估器的各种参数	
deep	可选。布尔型变量，默认值为True，表示不仅包含此评估器自身的参数值，还将返回包含的子对象（也是评估器）的参数值
返回值	字典对象。包含"（参数名称:值）"的键值对
property partial_fit：对给定数据进行一次迭代，更新模型	
X	与fit()的参数X相同
y	与fit()的参数y相同
classes	可选。形状shape为(n_classes,)的数组，指定在调用partial_fit()中使用的类别值
返回值	训练后的多层感知机分类模型

续表

sklearn.neural_network.MLPClassifier：多层感知机分类评估器	
predict(X)：使用拟合的多层感知机模型对新数据进行预测	
X	必选。类数组对象或稀疏矩阵类型对象，其形状shape为(n_samples,n_features)，表示待预测的数据集
返回值	类数组对象，其形状shape为(n_samples,)，表示预测后的目标变量数据集
predict_log_proba(X)：预测每一个样本输出的对数概率	
X	必选。形状shape为(n_samples,n_features)的矩阵，表示输入数据集
返回值	形状shape为(n_samples, n_classes)的数组，表示每个样本的每个类别对应的对数概率值
predict_proba(X)：预测输入数据X中每一个实例的不同类别对应的输出概率	
X	必选。类数组或列表对象，其形状shape为(n_samples, n_features)，表示需要分类的数据集
返回值	形状shape为(n_queries, n_classes)的数组或者一个数组的列表对象，表示每个输入样本的每个类别对应的概率值
score(X, y,sample_weight = None)：计算给定测试数据和标签值的平均预测准确率	
X	必选。类数组对象或稀疏矩阵类型对象，其形状shape为(n_samples,n_features)，表示测试数据集
y	必选。类数组对象，其形状shape为(n_samples,)或者(n_samples,n_outputs)，表示目标变量的实际值
sample_weight	可选。类数组对象，其形状shape为(n_samples,)，表示每个样本的权重
返回值	返回一个浮点数，表示平均预测准确率
set_params(**params)：设置评估器的各种参数	
params	字典对象，包含了需要设置的各种参数
返回值	评估器自身

下面我们通过例子说明多层感知机分类评估器MLPClassifier的使用。

```python
1.  from sklearn.datasets import load_iris
2.  from sklearn.model_selection import train_test_split
3.  from sklearn.preprocessing import StandardScaler
4.  from sklearn.neural_network import MLPClassifier
5.  from sklearn.metrics import plot_confusion_matrix
6.  from matplotlib.font_manager import FontProperties
7.  import matplotlib.pyplot as plt
8.
9.
10. #1. 导入系统自带的鸢尾花数据集
11. iris = load_iris()
12. X = iris.data
13. y = iris.target
14.
15. #2. 预留20%的数据，用于测试模型的准确性
```

```
16. X_train, X_test, y_train, y_test = train_test_split(X,y,random_state=1, test_size=0.2)
17.
18. #3. 对训练数据集和测试数据集进行标准化转换，目标：中心化（0均值）、
19. #    特征变量具有相同数量集的方差
20. sc_X = StandardScaler()
21. X_trainscaled = sc_X.fit_transform(X_train)
22. X_testscaled  = sc_X.transform(X_test)
23.
24. #4. 定义感知机分类评估器，并训练
25. #    这是一个6层神经网络（包括输入层和输出层），其中四层隐藏层
26. #    隐藏层中神经元的数量分别是256,128,64,32，使用了默认的求解器"Adam"
27. clf = MLPClassifier(hidden_layer_sizes=(256, 128, 64, 32),activation="relu",random_
    state=1) \
28.                 .fit(X_trainscaled, y_train)
29. y_pred=clf.predict(X_testscaled)
30. score = clf.score(X_testscaled, y_test)  # 模型评分
31.
32. #5. 绘制混淆矩阵，可视化
33. #    首先创建一个中文字体对象
34. font = FontProperties(fname='C:\\Windows\\Fonts\\SimHei.ttf')  #, size=16)
35.
36. fig = plot_confusion_matrix(clf, X_testscaled, y_test, display_labels=[
    "Setosa","Versicolor","Virginica"])
37. fig.figure_.suptitle("混淆矩阵(准确率: " + str(score) + ")", fontproperties=font)
38.
39. plt.show()
40.
```

运行后，分类结果如图6-5所示（在Python自带的IDLE环境下）。

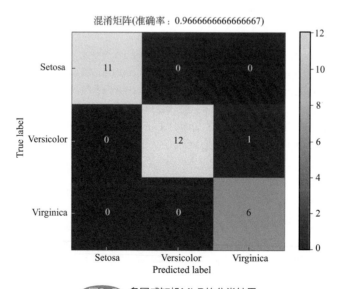

图6-5 多层感知机MLP的分类结果

7 无监督学习及模型

在机器学习领域，无监督学习所要解决的问题是在没有标签（目标变量）的数据中找到数据隐藏的结构性规律，通过对这些无标签样本的学习，揭示数据的内在特性及规律。无监督学习算法模型较多，其中应用最广的是聚类和双聚类。表7-1展示了聚类和双聚类模型的度量指标函数。

表7-1　聚类和双聚类模型的度量指标函数

序号	指标	函数名称
1	互信息	mutual_info_score()
2	调整互信息	adjusted_mutual_info_score()
3	规范化互信息	normalized_mutual_info_score()
4	Rand指数	rand_score()
5	调整Rand指数	adjusted_rand_score()
6	Calinski-Harabasz指标	calinski_harabasz_score()
7	Davies-Bouldin指数	davies_bouldin_score()
8	同质性指标	homogeneity_score()
9	完整性指标	completeness_score()
10	V-指标（V-measure）	v_measure_score()
11	同时返回同质性指标、完整性指标和V-measure	homogeneity_completeness_v_measure()
12	列联表	cluster.contingency_matrix()
13	混淆矩阵	cluster.pair_confusion_matrix()
14	FM指数	fowlkes_mallows_score()
15	所有样本的平均轮廓系数	silhouette_score()
16	每个样本的轮廓系数	silhouette_samples()
17	两个双聚类簇的相似性	consensus_score()

7.1 聚类

聚类是按照某种相近程度度量指标，把训练数据集中的数据有效地划分到不同的组别（簇）中，达到"组别之间的数据差别尽可能大，组内数据之间的差别尽可能小"的效果，聚类的核心是将某些定性的相近程度的测量方法转换成定量的度量指标。聚类算法无需了解组别信息以及组别特征即可完成组别划分。由于不需要用于判断模型的分类效果的外部标准，所以聚类是一种不受外部效果监督的学习模型，属于无监督学习的算法。图7-1为聚类的示意图。

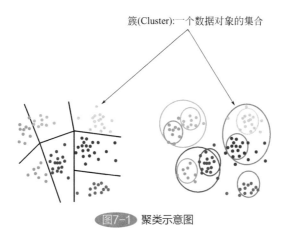

簇(Cluster):一个数据对象的集合

图7-1 聚类示意图

聚类模型中常用的指标有两个：

◇ 距离（distance）：度量两个个体（样本数据）之间的距离（不相似的程度）；
◇ 相似度（similarity）：度量两个个体（样本数据）之间的相似程度，也称为相似系数。

常用距离指标有闵可夫斯基距离、城市街区距离、欧几里得距离等；常用相似度指标有简单匹配系数、杰卡德相似度、tanimoto相似度等指标。

闵可夫斯基距离公式为

$$d_{ij} = \sqrt[p]{\sum_{k=1}^{n} |x_{ik} - x_{jk}|^p}$$

式中，x_{ik}、x_{jk}分别为变量x_i、x_j的第k个属性（分量）。闵可夫斯基距离公式是一个范式，两个给定变量之间的距离会随着参数p的变化而变化。

城市街区距离也称为街区距离、马哈顿距离、棋盘距离，它是闵可夫斯基距离公式中参数$p=1$的特殊形式。城市街区距离相当于将各点映射到各个坐标轴上的相应坐标差值的绝对值之和。

欧几里得距离是闵可夫斯基距离公式中参数$p=2$的特殊形式。图7-2展示了城市街区距离和欧几里得距离之间的区别。

平方欧几里得距离是对欧几里得距离的改进，不再对两个变量对应分量差的平方和求平方根了，而是直接使用差的平方和，这样做的好处是能够加速建模过程（无需求平

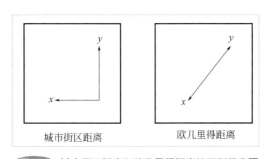

城市街区距离　　　　欧几里得距离

图7-2 城市街区距离和欧几里得距离的区别示意图

方根）。

契比雪夫距离是闵可夫斯基距离公式中参数 $p \rightarrow +\infty$ 的特殊形式。契比雪夫距离公式如下：

$$d_{ij} = \max_{0 \leqslant k \leqslant n} |x_{ik} - x_{jk}|$$

除此之外，还有马氏距离（Mahalanobis Distance）、汉明距离（Hamming Distance）、余弦距离（Cosine Distance）等等，这里就不再一一说明了。

与"距离"概念相对应的就是"相似度"，它表示两个变量之间的相似程度。这里我们重点介绍一下分类型变量的几个常用的相似度概念。假设二分类变量 X、Y 只可以取值 0 或 1，两个变量组合有表 7-2 所示的取值频率。

表7-2　变量 X、Y 组合的取值频率

X	Y	
	1	0
1	A_{11}	A_{10}
0	A_{01}	A_{00}

（1）简单匹配系数。简单匹配系数表示两个变量取值完全相同时的样本个数与总样本数之比：

$$S_{xy} = \frac{A_{11} + A_{00}}{A_{11} + A_{10} + A_{01} + A_{00}}$$

（2）杰卡德相似度。有时也称为雅科比系数。很多情况下，两个变量中 0 的个数会大大多于 1 的个数（属于稀疏向量），这时候不同变量之间的简单匹配系数会因为过多出现 0 而没有效果，所以，此时我们可以只考虑 A_{11}，得到下面的杰卡德相似度公式：

$$J_{xy} = \frac{A_{11}}{A_{11} + A_{10} + A_{01}}$$

（3）Tanimoto 系数。Tanimoto 系数是对上面简单匹配系数的扩展，其计算公式如下：

$$T_{xy} = \frac{A_{11} + A_{00}}{A_{11} + 2(A_{01} + A_{11}) + A_{00}}$$

与简单匹配系数一样，两个变量同时拥有相同值的频数越多，两者越相似，但是增加了同时不拥有某个属性的频数的权重。

（4）二值相似度。又称为存在 - 缺失相似度，是对二值分类变量之间相似度的一种度量方式。计算公式为：

$$B_{xy} = \frac{c_{11}A_{11} + c_{10}A_{10} + c_{01}A_{01} + c_{00}A_{00}}{d_{11}A_{11} + d_{10}A_{10} + d_{01}A_{01} + d_{00}A_{00}}$$

上面介绍的这几个相似度是常用的指标。除此之外，分类型变量还有 Russel and Rao

系数、Dice 系数、Hamann 系数、Lambda 系数、Ochiai 系数等很多相似度指标，这里就不一一介绍了，感兴趣的读者可以参阅相关资料。

7.1.1 聚类算法简介

前面提过，聚类分析可以说是最重要的无监督学习算法，很多科学家和研究者在这方面做出了卓越的贡献，使其在各个领域有着广泛的应用。目前已经公开发表的聚类算法超过100种，从一个数据点是否完全归属一个组别（簇）来看，聚类算法可以划分为硬聚类和软聚类两种。硬聚类中每个数据点或者完全属于某个组别（簇），或者完全不属于某个组别（簇）；软聚类不是把每个数据点归入单独的组别，而是设定一个数据点在这些组别（簇）中的概率。从实现算法的主要特征来看，聚类算法可以划分为质心模型、密度模型、连通性模型、分布模型、子空间聚类模型等5种类型。质心模型是一种典型的迭代聚类算法，其"相似性"指标是通过数据点与聚类中心点（质心）之间的距离（或接近程度）得出的。常用的 K-means 或 Kohonen 聚类、近邻传播（Affinity Propagation）、均值漂移（Mean Shift）、高斯混合模型（Gaussian mixture）等就是典型的质心模型。在质心模型中，必须事先确定组别（簇）的数目。图7-3为质心模型聚类示意图。

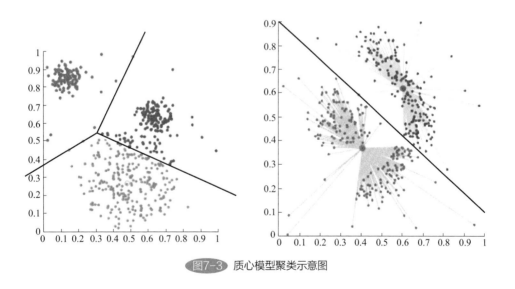

图7-3 质心模型聚类示意图

密度模型算法在数据空间中搜索样本数据密度不同的区域，通过把这些区域内的数据点分配给不同的簇，实现聚类的目的。密度模型的常见例子有 DBSCAN（Density-Based Spatial Clustering of Applications with Noise）和 OPTICS（Ordering Points To Identify the Clustering Structure）。图7-4为密度模型聚类示意图。

连通性模型（Connectivity models）又称为层次聚类（hierarchical clustering），其基本思想是训练数据空间中近处的数据点远处的数据点具有更大的相似性。这类模型的实现方式有两种，第一种是首先将所有数据点分为一个一个独立的组别（簇），然后根据

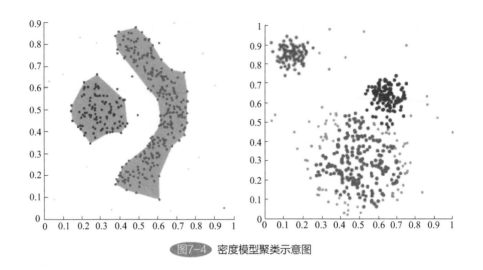

图7-4 密度模型聚类示意图

簇间距离的减小将其聚合；第二种方法与第一种方法相反，首先把所有的数据点分为一个簇，然后根据簇间距离的增加进行分区。连通性模型典型的算法有层次聚类算法及其变体、BIRCH(Balanced Iterative Reducing and Clustering using Hierarchies)、SBAC(Similarity-Based Agglomerative Clustering)、Ward层次聚类（Ward hierarchical clustering）、聚合聚类（Agglomerative clustering）等等。图7-5为连通性模型聚类示意图。

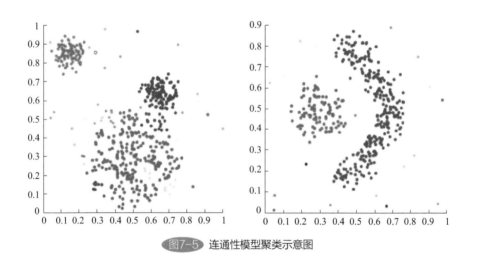

图7-5 连通性模型聚类示意图

分布模型（Distribution models）即基于分布的模型。这类模型基于这样一个概念：一个组别（簇）中的所有数据具有相同的分布。图7-6为分布模型聚类示意图。

子空间聚类模型（Subspace Clustering）是实现高维数据集聚类的有效途径，它是在高维数据空间中对传统聚类算法的一种扩展，该算法把数据的原始特征空间分割为不同的特征子集，从不同的子空间角度考察各个数据簇聚类划分的意义，同时在聚类过程中为每个数据簇寻找到相应的特征子空间。比较典型的算法有CLIQUE（Clustering in quest）、谱聚类（Spectral clustering）等。图7-7为子空间聚类模型聚类示意图。

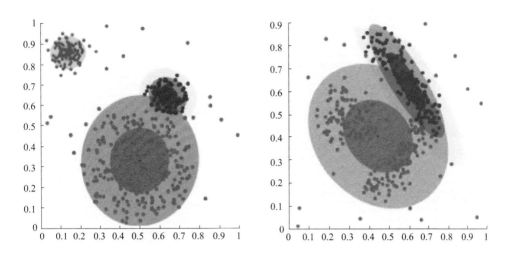

图7-6 分布模型聚类示意图

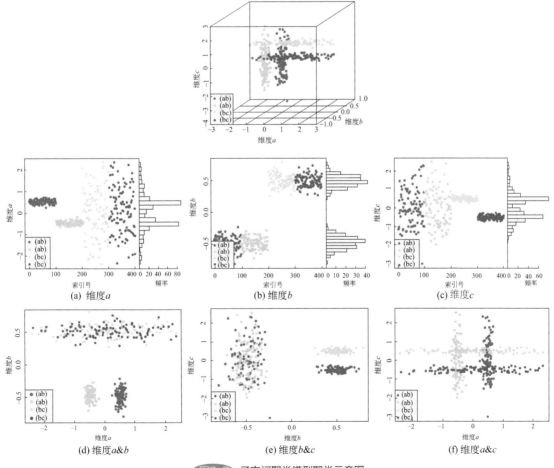

图7-7 子空间聚类模型聚类示意图

聚类可以在以下领域获得应用：

（1）市场营销　给定大量客户的特征数据以及历史购买记录，寻找行为相似的客户群；

（2）生物学领域　根据植物和动物的特征对它们进行分类；

（3）图书领域　根据阅读量等信息对图书进行分类，进而指定图书订购；

（4）保险领域　识别平均索赔成本高的投保群体，识别欺诈行为；

（5）城市规划　根据房屋类型、价值和地理位置划分为合适的房屋类别；

（6）地震研究　对历史观测到的地震数据进行聚类，以识别危险区域；

（7）万维网　文档分类，对日志数据进行聚类，以便发现相似的访问模式。

7.1.2　聚类模型

由于聚类算法众多，限于篇幅，本书将着重讲述几个常用的、有代表性的聚类算法模型，然后对Scikit-learn中实现的聚类做一个小结。关于其他的众多聚类算法，感兴趣的读者可以参阅相关资料。

1. K均值模型

K均值（K-means）模型是所有聚类算法中原理最简洁、应用最广泛的算法，是一种质心模型。K均值算法基于样本的相似性把由N个样本组成的数据集X划分为K个不相交的簇（组），每一个簇由本簇样本的均值μ_j描述，这个均值μ_j通常称为这个簇的质心（centroid）。一旦确定每个簇的质心，就可以根据相似度的大小很容易地把一个新的数据分配到正确的簇中。K均值模型的目标是寻找K个质心，使得簇内误差平方和达到最小，目标函数为

$$L = \sum_{i=1}^{n} \min_{\mu_j \in C}(\|x_i - \mu_j\|^2)$$

簇内误差平方和也称为簇的惯性（inertia），它是度量一个簇内部耦合紧密程度的指标。随着簇数量的增加，惯性会越来越小，但是，很显然并不是簇数量越多越好，簇数量的大小应该符合实际问题的需要，这有点类似于决策树模型中叶子节点的设置。通常情况下，可以通过多次聚类，以取得解决问题的最佳效果为目标来决定簇数量K。K均值算法开始于K个质心的初始值。K个初始值可以是随机生成的，也可以是从数据集中随机挑选的。下面我们以2维数据为例说明K均值算法的过程，现在有图7-8所示的灰色数据集，目标是分成3个簇。

第一步：初始化3个簇的质心。随机选择3个数据点作为3个簇的初始质心，如图7-9所示。质心点不一定选择数据集中的点，也可以随机生成。

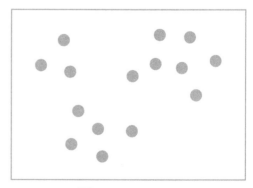

图7-8　K均值模型数据集

第二步：根据距离最短原则，分配每个样本到最近的质心。以数据点A为例说明。计算数据点A到三个质心C_1、C_2、C_3的距离d_1、d_2、d_3，并进行比较。d_1是最小距离，所以分配数据点A到蓝色簇C_1中，如图7-10所示。

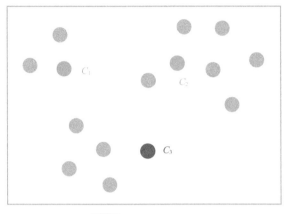

图7-9 随机选择簇质心

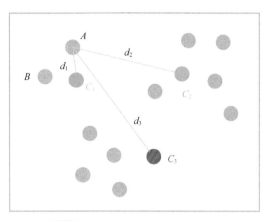

图7-10 基于距离最小原则分配数据点

对数据集中的每个点依次类推，直到分配完所有的数据点，可得结果如图7-11所示。

第三步：以已分配各簇数据点的均值为中心，更新簇的质心点，以每个簇中所有成员数据点的均值为新的质心。例如，计算蓝色簇中的4个数据点，获得新的质心C_1'（以蓝色菱形表示）作为蓝色簇的中心，如图7-12所示。

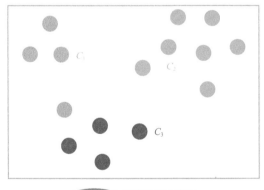

图7-11 聚类结果示意图

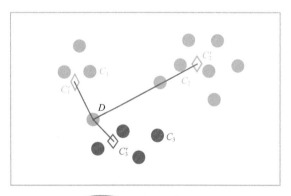

图7-12 更新聚类簇的质心

第四步：重复计算第二步和第三步，直到算法收敛，或达到设定的迭代次数。首先分别计算数据集中每个数据点到第三步确定的新质心的距离，再按照距离最短原则重新分配每个数据点到新的质心代表的簇中。持续进行迭代，直到质心点的值不再变化或变化量小于某一阈值。最后的结果就是最后一次质心位置和分配的数据点，如图7-13所示。

K均值算法模型原理简单，易于实现，执行效率非常高，是所有聚类算法中最快的一种，因此得到了广泛的应用。它有以下几点不足：

（1）K值需要事先给出（是一个超参数）；

（2）簇中心的初始值选取对聚类结果有很大的影响；

（3）该算法对噪音数据（离群点）比较敏感；

（4）由于采用欧几里得距离作为度量指标，所以只能发现球形簇，对于其他形状的簇效果不好。

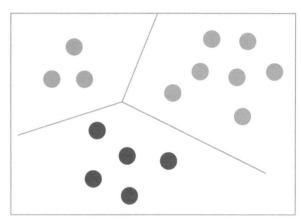

图7-13 聚类最后结果示意图

表7-3详细说明了K均值评估器的构造函数及其属性和方法。

表7-3 K均值评估器

sklearn.cluster.KMeans：K均值评估器	
KMeans(n_clusters＝8, *, init＝'k-means++', n_init＝10, max_iter＝300, tol＝0.0001, precompute_distances＝'deprecated', verbose＝0, random_state＝None, copy_x＝True, n_jobs＝'deprecated', algorithm＝'auto')	
n_clusters	可选。一个整型数，指定聚类簇的个数（即质心的数量）
init	可选。指定初始化簇质心的方式
n_init	可选。指定算法运行的次数
max_iter	可选。一个整数，指定算法最大迭代次数
tol	可选。一个浮点数，表示前后两次迭代输出的误差阈值
precompute_distances	可选。表示是否预先计算数据点到质心的距离
verbose	可选。一个整数，用来设置输出结果的详细程度
random_state	可选。用于设置一个随机数种子
copy_x	可选。指定在预先计算距离时是否允许对原始数据进行修改
n_jobs	可选。表示基于OpenMP进行并行计算时的线程数量
algorithm	可选。一个字符串，指定K均值聚类的算法
KMeans的属性	
cluster_centers_	一个形状shape为(n_clusters, n_features)的数组，表示每个簇质心的位置
labels_	一个形状shape为(n_samples,)的数组，表示每个数据点所属的簇标签
inertia_	一个浮点数，表示簇内误差平方和
n_iter_	一个整数，表示算法实际运行时的最大迭代次数
KMeans的方法	
fit(X, y＝None, sample_weight＝None)：执行K均值聚类算法，获得模型结果	
X	必选。形状shape为(n_samples,n_features)的数组或对象列表，表示训练数据集中的特征变量数据集
y	可选。本参数会被忽略

续表

sklearn.cluster.KMeans：K均值评估器	
sample_weight	可选。形状shape为(n_samples,)的数组，表示每个样本的权重
返回值	训练后的K均值聚类模型（评估器）
fit_predict(X, y＝None, sample_weight＝None)：计算聚类簇质心值，然后对X进行预测	
X	必选。形状shape为(n_samples,n_features)的数组或对象列表，表示训练数据集中的特征变量数据集
y	可选。本参数会被忽略
sample_weight	可选。形状shape为(n_samples,)的数组，表示每个样本的权重
返回值	形状shape为(n_samples,)的数组，表示每个样本数据的簇标签
fit_transform(X, y＝None, sample_weight＝None)：执行聚类算法，将X转化到簇距离空间	
X	必选。形状shape为(n_samples,n_features)的数组或对象列表，表示训练数据集中的特征变量数据集
y	可选。本参数会被忽略
sample_weight	可选。形状shape为(n_samples,)的数组，表示每个样本的权重
返回值	形状shape为(n_samples, n_clusters)的数组对象，表示X转化后的新数据空间
get_params(deep＝True)：获取评估器的各种参数	
deep	可选。布尔型变量，默认值为True，表示不仅包含此评估器自身的参数值，还将返回包含的子对象（也是评估器）的参数值
返回值	字典对象。包含"（参数名称:值）"的键值对
predict(X, sample_weight＝None)：使用拟合的模型对新数据进行预测	
X	必选。形状shape为(n_samples,n_features)的数组，表示需要预测的数据集
sample_weight	可选。形状shape为(n_samples,)的数组，表示每个样本的权重
返回值	形状shape为(n_samples,)的数组，表示每个样本数据的簇标签
score(X, y,sample_weight ＝ None)：计算K均值目标函数的相反数	
X	必选。类数组对象，其形状shape为(n_samples,n_features)，表示测试数据集
y	可选。本参数会被忽略
sample_weight	可选。类数组对象，其形状shape为(n_samples,)，表示每个样本的权重
返回值	返回K均值目标函数的相反数
set_params(**params)：设置评估器的各种参数	
params	字典对象，包含了需要设置的各种参数
返回值	评估器自身
transform(X)：把X转化到簇距离空间，新的簇距离空间中的维度是数据点到簇质心的距离	
X	必选。形状shape为(n_samples,n_features)的数组对象或者一个稀疏矩阵，表示欲转化的数据集
返回值	形状shape为(n_samples, n_clusters)的数组对象，表示X转化后的新数据空间

下面举例说明评估器KMeans的使用，我们使用sklearn.datasets.make_blobs()函数生成所需数据。make_blobs()函数根据指定的特征变量数量、簇质心数量等参数生成指定类别的数据，用于测试聚类算法的效果。make_blobs()的声明如下：

sklearn.datasets.make_blobs(n_samples ＝ 100, n_features ＝ 2, *, centers ＝ None, cluster_std ＝ 1.0, center_box ＝ (-10.0, 10.0), shuffle ＝ True, random_state ＝ None, return_ centers = False)

其中参数意义如下：

➢ n_samples：生成的样本数据的数量。可以为一个整型数，直接指定样本数据数量；也可以是一个数组对象，每个数组元素表示生成的数据集中每个簇的样本数据数量，而簇的数量即为数组长度；

➢ n_features：生成的样本数据中特征变量的数量；

➢ centers：指定簇的数量。如果n_samples是一个整数，且centers为None，则簇的数量为3；如果n_samples是一个数组，则centers要么为None，要么是与n_samples等长度的数组；

➢ cluster_std：表示每个簇内样本数据的标准差；

➢ center_box：形状shape为(min, max)的数组，表示簇质心随机生成时，质心的取值范围；

➢ shuffle：表示是否对生成的数据进行随机排序（洗牌）；

➢ random_state：生成随机数的种子；

➢ return_centers：表示函数是否返回簇质心的值。

make_blobs()函数的返回值包括：

➢ 形状shape为(n_samples, n_features)的数组，表示生成的样本数据；

➢ 形状shape为(n_samples,)的数组，表示每个生成的样本数据所属的簇索引（整数值）；

➢ 形状shape为(n_centers, n_features)的数组，表示簇质心的值。

在对make_blobs()函数有了基本的了解后，请看K均值算法的例子代码：

```
1.
2.  import numpy as np
3.  import pandas as pd
4.  from sklearn.datasets import make_blobs
5.  from sklearn.cluster import KMeans
6.  import matplotlib.pyplot as plt
7.  from matplotlib.font_manager import FontProperties
8.
9.
10. #1 使用make_blobs()生成聚类所需的样本数据集
11. X, y = make_blobs(n_samples=300, centers=4, cluster_std=0.60, random_state=0)
12.
13. #2 根据生成的样本数据集，进行聚类运算。
14. wcss = []    # Within-Cluster-Sum-of-Squares（inertia）
15. for i in range(1, 11):
16.     kmeans=KMeans(n_clusters=i,init='k-means++',max_iter=300,n_init=10,random_state=0)
17.     kmeans.fit(X)
```

```
18.    wcss.append(kmeans.inertia_)
19. # end of for loop
20.
21.
22. ### 构建一个字体对象，以使pyplot支持中文
23. font = FontProperties(fname='C:\\Windows\\Fonts\\SimHei.ttf')  #, size=16)
24.
25. #3 创建子图，并设置shareX, shareY为False,表示不共享x,y轴
26. fig, axes = plt.subplots(nrows=2,ncols=1,figsize=(10, 10),sharex=False,
    sharey=False)
27. fig.canvas.set_window_title("KMeans聚类")
28.
29. #4 绘制惯性（inertia）随簇数量变化的曲线
30. axes[0].set_ylim([0,max(wcss)])
31. axes[0].plot(range(1, 11), wcss)
32. axes[0].set_title("惯性随簇数量变化曲线", fontproperties=font)
33.
34. #5 以K=4可视化聚类结果（实际上，4是最优的簇数量）
35. kmeans = KMeans(n_clusters=4,init='k-means++',max_iter=300,n_
    init=10,random_state=0)
36. pred_y = kmeans.fit_predict(X)
37.
38. axes[1].set_ylim( [0, X.max()] )
39. axes[1].scatter( X[:,0], X[:,1])
40. denters = kmeans.cluster_centers_
41. axes[1].scatter(denters[:, 0], denters[:, 1], s=100, c='red', label='K=
    4')
42. axes[1].legend(loc='upper right', prop=font)
43. axes[1].set_title("K=4聚类结果", fontproperties=font)
44.
45. plt.show()
46.
```

运行后，输出结果如图7-14所示（在Python自带的IDLE环境下）。

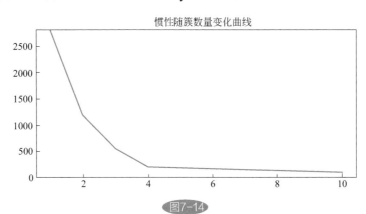

图7-14

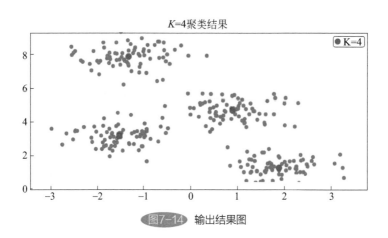

图7-14 输出结果图

从图中可以看出，根据实际数据点的分布，在簇数量$K=4$时选择最佳。而$K=4$也是惯性变化曲线的一个"拐点"。

K均值算法每次迭代使用一个数据样本，这会导致最终执行时间比较长，特别是对大数据集。K均值算法有一个变体：MiniBatchKMeans，即小批量K均值算法，在这种算法中，每次迭代使用输入样本的小批量数据，这样可以大大减少计算时间，而效果与KMeans相比没有明显的变化。

2. DBSCAN聚类模型

DBSCAN聚类模型由Martin Ester、Hans-Peter Kriegel、Jörg Sander和Xiaowei Xu等四位学者于1996提出。DBSCAN聚类算法模型既适用于凸样本集（数据集中任意两点连线都在这个集合内），也适用于非凸样本集，可以发现任意形状的聚类，并且无须事先设定簇的数量。DBSCAN聚类算法模型有两个核心参数：

● eps邻域半径，表示两点之间的邻近距离。如果两个数据点之间的距离小于等于eps，则这两点被视为邻居，从而也被视为属于同一个簇。eps越小，则产生的簇数量越多；
● minPts簇内最小数据点数量。表示定义一个簇所需要的最小数据点。

在算法执行过程中，邻域半径eps和簇内最小数据点数量minPts是需要设置的。基于这两个参数，数据点可以分为核心点（Core point）、边界点（Border point）和离群点（Outlier）：

➤ 核心点　对于一个数据点，如果以这个数据点为中心，以eps为半径的区域内至少有minPts个数据点（包括它自己），则这个数据点称为核心点；
➤ 边界点　一个数据点，如果位于某一个核心点的邻域内，但是它自己的邻域内的数据点数量（包括它自己）小于minPts，则这个数据点称为边界点；
➤ 离群点　一个数据点，如果即不是核心点也不是边界点，则这个数据点称为离群点。

图7-15所示核心点、边界点和离群点示意图。

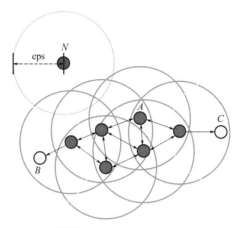

图7-15 核心点、边界点和离群点

在图7-15中，设定minPts＝4，邻域半径eps就是图中每个圆的半径，所有的红色点为核心点，每个红色点的邻域内至少包含了4个数据点（包括它自身）；黄色点为边界点，因为在它的邻域内的数据点个数小于4，但是仍然属于某个红色点（核心点）的邻域；蓝色点为离群点，因为它既不属于核心点，也不属于边界点。

DBSCAN算法的过程简要介绍一下。

第一步：识别核心点，遍历整个数据集，计算每个数据点的邻域（根据eps），识别所有核心数据点，生成核心点集合。

第二步：生成聚类簇，任意选择一个核心点，找出邻域内的其他核心点，生成一个聚类簇，并递归融合所有其他核心点。

第三步：分配边界点，生成所有聚类簇；重复第二步骤，找出所有的聚类簇，并将所有的非离群点分配给最近的核心点，直到所有的非离群点分配完毕。

在执行DBSCAN聚类算法时，邻域半径eps、簇内最小数据点数量minPts的选择至关重要。表7-4详细说明了DBSCAN聚类评估器的构造函数及其属性和方法。

表7-4 DBSCAN聚类评估器

sklearn.cluster.DBSCAN：DBSCAN聚类评估器	
DBSCAN(eps＝0.5, *, min_samples＝5, metric='euclidean', metric_params＝None, algorithm='auto', leaf_size＝30, p＝None, n_jobs＝None)	
eps	可选。一个浮点数，指定邻域半径
min_samples	可选。一个整数，指定簇内最小数据点数量
metric	可选。一个字符串或一个可回调对象，指定算法执行过程中使用的距离指标类型
metric_params	可选。一个字典对象，包含计算距离指标时所需的额外参数
algorithm	可选。一个字符串，指定寻找最近邻数据点的算法
leaf_size	可选。传递给算法BallTree()或者KDTree()的参数，指定转向穷举方法时样本数据量的大小
p	可选。一个实数，表示闵可夫斯基距离（"minkowski"）的幂参数值
n_jobs	可选。一个整数值或None，指定在进行分类时使用CPU的个数

续表

sklearn.cluster.DBSCAN：DBSCAN聚类评估器	
DBSCAN的属性	
core_sample_indices_	一个形状shape为(n_core_samples,)的数组，表示每个核心点在数据集中的索引
components_	一个形状shape为(n_core_samples, n_features)的数组，包含了算法执行结果中的每个核心点
labels_	一个形状shape为(n_samples,)的数组，表示数据集中每个数据点所属的簇标签
DBSCAN的方法	
fit(X, y＝None, sample_weight＝None)：执行DBSCAN算法，获得模型结果	
X	必选。形状shape为(n_samples,n_features)的数组或对象列表，表示训练数据集中的特征变量数据集
y	可选。本参数会被忽略
sample_weight	可选。形状shape为(n_samples,)的数组，表示每个样本的权重
返回值	训练后的DBSCAN算法聚类模型（评估器）
fit_predict(X, y＝None, sample_weight＝None)：执行DBSCAN算法，获得模型结果，并返回数据点的标签	
X	必选。形状shape为(n_samples,n_features)的数组或对象列表，表示训练数据集中的特征变量数据集
y	可选。本参数会被忽略
sample_weight	可选。形状shape为(n_samples,)的数组，表示每个样本的权重
返回值	形状shape为(n_samples,)的数组，表示每个样本数据所属的簇标签，其中离群点的标签值为-1
get_params(deep＝True)：获取评估器的各种参数	
deep	可选。布尔型变量，默认值为True，表示不仅包含此评估器自身的参数值，还将返回包含的子对象（也是评估器）的参数值
返回值	字典对象。包含"（参数名称：值）"的键值对
set_params(**params)：设置评估器的各种参数	
params	字典对象，包含了需要设置的各种参数
返回值	评估器自身

下面以例子的形式对DBSCAN聚类评估器的使用加以说明。

```
1.
2.  import numpy as np
3.  from sklearn.cluster import DBSCAN
4.  from sklearn import metrics
5.  from sklearn.datasets import make_blobs
6.  from sklearn.preprocessing import StandardScaler
7.  import matplotlib.pyplot as plt
8.  from matplotlib.font_manager import FontProperties
9.
```

```
10. #1 使用make_blobs()生成聚类所需的样本数据集
11. centers = [[1, 1], [-1, -1], [1, -1]]
12. X, labels_true = make_blobs(n_samples=750, centers=centers, cluster_std=0.4,
13.                              random_state=0)
14. # 标准化原始数据
15. X = StandardScaler().fit_transform(X)
16.
17.
18. #2 根据生成的样本数据集，进行聚类运算（DBSCAN）
19. dbscan = DBSCAN(eps=0.3, min_samples=10).fit(X)
20. core_samples_mask = np.zeros_like(dbscan.labels_, dtype=bool)
21. core_samples_mask[dbscan.core_sample_indices_] = True
22. labels = dbscan.labels_
23.
24.
25. # 计算聚类后簇的数量。注：减去噪声类别，即离群点类别（离群点以-1标签值表示）
26. n_clusters_ = len(set(labels)) - (1 if -1 in labels else 0)
27. n_noise_ = list(labels).count(-1)
28.
29. print('聚类结果中簇（组别）的数量   : %d' % n_clusters_)
30. print('聚类结果中离群点(噪音)的数量: %d' % n_noise_   )
31. print("--------------------------度量指标"   )
32. print("同质性（Homogeneity）  : %0.3f" % metrics.homogeneity_score(labels_
    true, labels))
33. print("完整性
    （Completeness）: %0.3f" % metrics.completeness_score(labels_true, labels))
34. print("V-指标（V-measure）    : %0.3f" % metrics.v_measure_score(labels_
    true, labels))
35. print("调整Rand指数: %0.3f" % metrics.adjusted_rand_score(labels_
    true, labels))
36. print("调整互信息  : %0.3f" % metrics.adjusted_mutual_info_score(labels_
    true, labels))
37. print("平均轮廓系数: %0.3f" % metrics.silhouette_score(X, labels))
38.
39.
40. # 可视化
41. ### 构建一个字体对象，以使pyplot支持中文
42. font = FontProperties(fname='C:\\Windows\\Fonts\\SimHei.
    ttf')  #, size=16)
```

```
43.
44. # 保留离群点类别的最组别数（离群点以-1标签值表示）
45. unique_labels = set(labels)
46. colors = [plt.cm.Spectral(each)
47.           for each in np.linspace(0, 1, len(unique_labels))]
48. # zip将unique_labels和colors中对应的元素打包成一个个元组，然后返回由这些元组
       组成的列表。
49. for k, col in zip(unique_labels, colors):
50.     if k == -1:
51.         # Black used for noise.
52.         col = [0, 0, 0, 1]
53.
54.     class_member_mask = (labels == k)
55.
56.     xy = X[class_member_mask & core_samples_mask]
57.     plt.plot(xy[:, 0], xy[:, 1], 'o', markerfacecolor=tuple(col),
58.             markeredgecolor='k', markersize=14)
59.
60.     xy = X[class_member_mask & ~core_samples_mask]
61.     plt.plot(xy[:, 0], xy[:, 1], 'o', markerfacecolor=tuple(col),
62.             markeredgecolor='k', markersize=6)
63.
64. plt.title("聚类结果中簇（组别）的数量：%d，离群点数量 %d(黑色)" % (n_clusters_, n_
    noise_), fontproperties=font)
65. plt.show()
66.
```

运行后，输出结果如下（在 Python 自带的 IDLE 环境下）：

```
1.  聚类结果中簇（组别）的数量 ：3
2.  聚类结果中离群点(噪音)的数量：18
3.  ------------------------------度量指标
4.  同质性（Homogeneity） ：0.953
5.  完整性（Completeness）：0.883
6.  V-指标（V-measure）  ：0.917
7.  调整Rand指数：0.952
8.  调整互信息 ：0.916
9.  平均轮廓系数：0.626
```

DBSCAN 聚类算法效果示意图如图 7-16 所示。

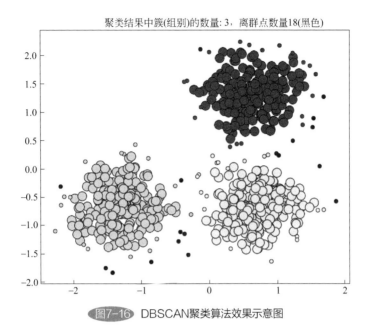

图7-16 DBSCAN聚类算法效果示意图

在图7-16中，不同的簇用不同的颜色表示，较大的圆点表示核心点数据，较小的圆点表示边界点数据，黑色的小圆点表示离群点（噪音）数据。

表7-5概要展示了Scikit-learn实现的聚类算法。

表7-5　Scikit-learn实现的聚类算法展示

算法名称	伸缩性	应用场景	度量指标	类别
K均值聚类	超大数据集，中等簇	均匀簇形状，较小簇数量	数据点之间的距离	质心模型
近邻传播聚类	与数据集数量有关	非均匀簇形状，非平面几何形状	图形距离	质心模型
均值漂移聚类	与数据集数量有关	非均匀簇形状，非平面几何形状	数据点之间的距离	质心模型
谱聚类	中等数据集，较小簇	均匀簇形状，非平面几何形状	图形距离	子空间聚类模型
Ward层次聚类	大数据集，较大簇	较大簇数量，存在连接约束	数据点之间的距离	连通性模型
聚合聚类算法	大数据集，较大族	较大簇数量，存在连接约束，非欧几里得距离指标	任意配对两点之间的距离	连通性模型
DBSCAN聚类	超大数据集	非平面几何形状，非均匀簇形状	数据点之间的距离	密度模型
OPTICS聚类	超大数据集，超大族	非平面几何形状，非均匀簇形状，簇密度可变	数据点之间的距离	密度模型
高斯混合模型	扩展性不强	平面几何形状	与中心点之间的马氏距离	质心模型
Birch聚类	大数据集，超大族	离群点删除和数据规约	数据点之间的欧几里得距离	连通性模型

7.2 双聚类

双聚类算法在不同的领域有不同的别称，例如协同聚类（co-clustering）、两模式聚类（two-mode clustering）、双向聚类（two-way clustering）、耦合双向聚类（coupled two-way clustering）、块聚类（block clustering）等等。双聚类的目标和聚类的目标是类似的：簇内数据点尽可能相似，簇间数据点尽可能不同。双聚类算法有多种实现方法，这些方法的不同点表现在如何定义双聚类簇上，例如双聚类簇可以按照以下方式进行定义：

（1）簇中数据点是常数值，包括常量行、常量列；

（2）簇中数据点通常是较高值或较低值；

（3）簇中数据集的方差较小；

（4）行或列的相关性较强。

如果每一行和每一列恰好只属于一个双聚类簇，那么通过重新排列数据矩阵的行和列，可使这些簇显示在对角线上；如果每一行属于所有列簇，每一列属于所有行簇，那么通过重新排列数据矩阵的行和列，可呈现棋盘形状，如图7-17所示。

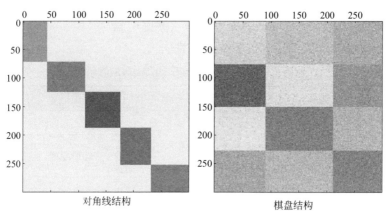

对角线结构　　　　　　　　棋盘结构

图7-17 双聚类结果可视化示意图

双聚类的实现算法有很多种，例如：

➤ CC双聚类算法（Cheng and Church's Algorithm）；

➤ 耦合双向聚类（Coupled Two-way Clustering）；

➤ 迭代签名算法（Iterative Signature Algorithm）；

➤ 基于统计的算法（Statistical Algorithmic Method for Bicluster Analysis）；

➤ Plaid模型（Plaid Models）；

➤ 鲁棒双聚类算法（Robust Biclustering Algorithm）；

➤ 基于进化的双聚类（Evolutionary-based Biclustering）；

➤ 谱联合聚类（Spectral Co-Clustering）；

➤ 谱双聚类（Spectral Biclustering）。

这里我们介绍Scikit-learn中实现的两种算法：谱联合聚类和谱双聚类。

7.2.1　谱联合聚类

谱联合聚类算法基于图论原理，把输入数据矩阵看作一个二分图（bipartite graph），矩阵的行和列对应着两个不相交的顶点集合，并且每一个矩阵元素对应着一个边。这种算法的目标是通过特征值分解、规范化分割（normalized cut）发现重子图（heavy subgraphs），实现双聚类。在Scikit-learn中，实现谱联合聚类功能的类为sklearn.cluster.SpectralCoclustering。表7-6详细说明了谱联合聚类评估器的构造函数及其属性和方法。

表7-6　谱联合聚类评估器

sklearn.cluster.SpectralCoclustering：谱联合聚类评估器	
SpectralCoclustering(n_clusters＝3, *, svd_method＝'randomized', n_svd_vecs＝None, mini_batch＝False, init＝'k-means++', n_init＝10, n_jobs＝'deprecated', random_state＝None)	
n_clusters	可选。一个整数，指定双聚类簇的数量
svd_method	可选。一个字符串，指定奇异值分解的方法
n_svd_vecs	可选。一个整数，指定进行奇异值分解时所需的向量个数
mini_batch	可选。一个布尔变量，表示是否使用小批量K均值方式加快计算
init	可选。指定初始化簇质心的方式注
n_init	可选。一个正整数，指定使用K均值算法时随机初始化的次数
n_jobs	可选。一个整数或None，表示并行计算时的线程数量
random_state	前面已解释
SpectralCoclustering的属性	
rows_	一个形状shape为(n_row_clusters, n_rows)的数组，表示双聚类结果
columns_	一个形状shape为(n_column_clusters, n_columns)的数组，表示双聚类结果
row_labels_	一个形状shape为(n_rows,)的数组，表示数据矩阵每一行所属的双聚类簇标签
column_labels_	一个形状shape为(n_columns,)的数组，表示数据矩阵每一列所属的双聚类簇标签
SpectralCoclustering的方法	
property biclusters_：	
返回值	一次性获取行、列簇指示符的方式，返回rows_和columns_
fit(X, y＝None)：执行谱联合聚类算法，获得模型结果	
X	必选。形状shape为(n_samples,n_features)的数组或对象列表，表示训练数据集中的特征变量数据集
y	可选。本参数会被忽略
返回值	训练后的谱联合聚类评估器
get_indices(i)：获取第*i*个双聚类簇的行、列索引	
i	必选。一个整数，指定双聚类簇的索引
返回值	返回值由两部分组成：row_ind，一个数组，包含第*i*个双聚类簇的行索引；col_ind，一个数组，包含第*i*个双聚类簇的列索引

续表

sklearn.cluster.SpectralCoclustering： 谱联合聚类评估器	
get_params(deep＝True)：获取评估器的各种参数	
deep	可选。前面已解释
返回值	字典对象。包含"（参数名称:值）"的键值对
get_shape(i)：获取第 i 个双聚类簇的形状shape	
i	必选。一个整数，指定双聚类簇的索引
返回值	返回值由两部分组成：n_rows，一个整数，表示第 i 个双聚类簇的行数；n_cols，一个整数，表示第 i 个双聚类簇的列数
get_submatrix(i, data)：返回第 i 个双聚类簇的子矩阵	
i	必选。一个整数，表示第i个双聚类簇
data	必选。形状shape为(n_samples,n_features)的数组，表示训练数据集中的特征变量数据集
返回值	第i个双聚类簇对应的子矩阵
set_params(**params)：设置评估器的各种参数	
params	字典对象，包含了需要设置的各种参数
返回值	评估器自身

下面以例子的形式对谱联合聚类评估器SpectralCoclustering的使用加以说明。在这个例子中，我们使用sklearn.datasets.make_biclusters()函数生成双聚类所需的数据，make_biclusters()函数可以生成具有对角线结构的数组，它与make_blobs()函数类似。

```
1.
2.  import numpy as np
3.  from sklearn.datasets import make_biclusters
4.  from sklearn.cluster import SpectralCoclustering
5.  from sklearn.metrics import consensus_score
6.  from matplotlib import pyplot as plt
7.  from matplotlib.font_manager import FontProperties
8.
9.  #1 使用make_biclusters()生成双聚类所需的样本数据集
10. data, rows, columns = make_biclusters(shape=(300, 300), n_clusters=5, noise=5,
11.     shuffle=False, random_state=0)
12.
13.
14. ### 构建一个字体对象，以使pyplot支持中文
15. font = FontProperties(fname='C:\\Windows\\Fonts\\SimHei.ttf')  #, size=16)
16.
17. fig = plt.figure(figsize=(10,8))
```

```
18.  fig.canvas.set_window_title("谱联合聚类SpectralCoclustering")
19.
20.  #2 显示原始数据集
21.  plt.subplot(2,2,1)
22.  plt.matshow(data, cmap=plt.cm.Blues, fignum=False)
23.  plt.title("原始数据集", y=1.1, fontproperties=font)
24.
25.  # 对原始数据集进行随机排序（洗牌）
26.  rng = np.random.RandomState(0)
27.  row_idx = rng.permutation(data.shape[0])
28.  col_idx = rng.permutation(data.shape[1])
29.  data = data[row_idx][:, col_idx]
30.
31.  #3 显示洗牌后的数据集
32.  plt.subplot(2,2,2)
33.  plt.matshow(data, cmap=plt.cm.Blues, fignum=False)
34.  plt.title("对原始数据集进行随机排序", y=1.1, fontproperties=font)
35.
36.  #4 构建谱联合聚类对象，并拟合
37.  model = SpectralCoclustering(n_clusters=5, random_state=0)
38.  model.fit(data)
39.
40.  # 排序
41.  fit_data = data[np.argsort(model.row_labels_)]
42.  fit_data = fit_data[:, np.argsort(model.column_labels_)]
43.
44.  plt.subplot(2,1,2)
45.  plt.matshow(fit_data, cmap=plt.cm.Blues, fignum=False)
46.  plt.title("双聚类，并重新排序", y=1.1, color='b', fontproperties=font)
47.
48.  #5 最后显示
49.  plt.tight_layout()
50.  plt.show()
51.
```

运行后，输出结果如图7-18所示（在Python自带的IDLE环境下）。

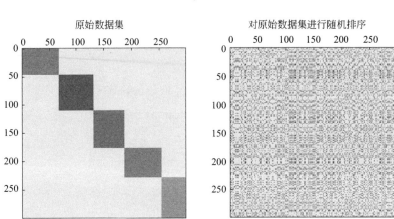

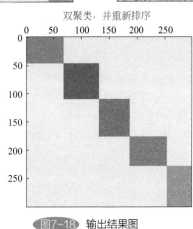

图7-18 输出结果图

7.2.2 谱双聚类

谱双聚类算法假定输入数据矩阵中存在一个棋盘簇结构，可以对其中的行和列进行划分，使得行簇和列簇的笛卡尔积中的任何双聚类的条目近似恒定。例如若其中有两个行分区和三个列分区，则每行将属于三个双聚集，而每列将属于两个双聚集。在Scikit-learn中，实现谱双聚类功能的类为sklearn.cluster.SpectralBiclustering。其声明如下：

SpectralBiclustering(n_clusters＝3, *, method＝'bistochastic', n_components＝6, n_best＝3, svd_method＝'randomized', n_svd_vecs＝None, mini_batch＝False, init＝'k-means++', n_init ＝10, n_jobs＝'deprecated', random_state＝None)

与谱联合聚类评估器SpectralCoclustering相比，谱双聚类评估器SpectralBiclustering的结果是一个棋盘结构，不再是一个对角线结构，不过二者的属性和方法基本相同。所以这里不再赘述。

8 半监督学习及模型

半监督学习是有监督学习和无监督学习的综合，它的训练数据集由两部分组成：有标记的数据集和无标记的数据集。半监督学习算法能够充分利用无标记数据集，更好地捕捉底层数据分布的形态，并更有效地推广到新的数据中。半监督学习可以用来解决回归和分类问题，不过最为常用的还是分类问题。图8-1展示了无标记数据在半监督学习中的影响，图形上部显示了一条直线决策边界（虚线），这是在只有一个正的(白色圆圈)和一个负的(黑色圆圈)样本的情况下的一种可行方案；图形下部则显示了一条曲线决策边界（虚线），这是在除了已经给出的正、负标记的两个样本外，还有一组无标记数据（灰色圆圈）的情况下的一种可行方案。

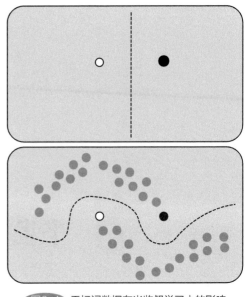

图8-1　无标记数据在半监督学习中的影响

为了能够充分利用无标记数据，需要对底层数据的分布做一些假设。半监督学习至少使用了下面一些数据分布的假设。

➤ 连续性假设（continuity assumption）也称为平滑线假设，即彼此靠近的数据点更有可能具有同样的标签。也就是说，决策边界往往会产生在低密度数据区域中，因此很少出现数据点彼此靠近，但在不同类别中的情况。

➤ 聚类假设（cluster assumption）训练数据集往往形成多个簇，但是同一个簇中的数据点更有可能共享同一个标签（尽管具有同样标签的数据可能分布在多个簇中）。这是平滑性假设的一种特殊情况，并由此引出了基于聚类算法的特征学习。

➤ 流形假设（manifold assumption）数据存在于维数比输入空间低得多的流形（manifold）上，邻近的样本拥有相似的输出值，邻近程度可以使用相似度来刻画。在这种假设下，使用标记和未标记数据的流形学习可以避免维数诅咒（curse of dimensionality）。在某些情况下，高维数据是由一些很难直接建模、只有少数几个自由度的复杂过程产生的，这种情况下流形假设在声音识别、人脸识别中非常有实用价值。

在Scikit-learn中，实现半监督学习算法的模块是sklearn.semi_supervised，它包括自训练分类评估器SelfTrainingClassifier、标签传播评估器LabelPropagation和标签蔓延评估器LabelSpreading三个评估器。其中后两个评估器是图论推理算法（graph inference algorithms）的变体，它们基于输入数据集（少量的标签数据和大量的无标签数据）构建相似图，以实现分类的功能，其中LabelSpreading()算法在处理噪音数据上比LabelPropagation()更具鲁棒性。

评估器LabelPropagation与评估器LabelSpreading的区别在于它们对相似矩阵的修正和对标签分布的夹持效应（clamping effect）有所不同。夹持允许算法在一定程度上更改真实标签数据的权重。评估器LabelSpreading使用具有正则化属性的损失函数，对噪声更具有鲁棒性。另外，评估器LabelPropagation对输入标签数据执行硬夹持（hard clamping），即夹持因子$\alpha = 0$；而评估器LabelSpreading对输入标签数据执行软夹持（soft clamping），即夹持因子α可以变化设置。标签传播模型有两种内置的核函数：径向基函数，K最近邻函数。

8.1 标签传播算法

标签传播算法是一种基于标签传播的局部区域划分方法，它认为每个样本的标签应该与其大多数邻近点的标签相同，将一个样本的邻近样本的标签中数量最多的标签作为该样本的标签。表8-1详细说明了标签传播评估器LabelPropagation的构造函数及其属性和方法。

表8-1 标签传播评估器LabelPropagation

sklearn.semi_supervised.LabelPropagation：标签传播评估器	
LabelPropagation(kernel='rbf', *, gamma=20, n_neighbors=7, max_iter=1000, tol=0.001, n_jobs=None)	
kernel	可选。一个字符串，指定拟合过程中使用的核函数
gamma	可选。一个浮点数，为"rbf"核函数提供参数
n_neighbors	可选。一个整数，为"knn"核函数提供参数
max_iter	可选。一个整数，指定模型训练的最大迭代次数
tol	可选。一个浮点数，指定收敛精度
n_jobs	可选。一个整数值或None，计算过程中所使用的最大计算任务数
注：需要对未标记数据分配一个标签，本版本中统一使用整数值-1	
LabelPropagation的属性	
X_	形状shape为(n_samples, n_features)的数组，表示输入数据集
classes_	形状shape为(n_classes,)的数组，表示标记样本数据的标签类别
label_distributions_	形状shape为(n_samples, n_classes)的数组，表示每个样本的分类分布
transduction_	形状shape为(n_samples,)的数组，表示通过传导分配给每个样本的标签值
n_iter_	一个整数，表示最终实际迭代的次数
LabelPropagation的方法	
fit(X, y)：拟合标签传播半监督学习算法	
X	必选。一个疏矩阵类型对象，表示输入数据集
y	必选。形状shape(n_samples,)的数组，表示目标变量数据集
返回值	拟合后的评估器（模型）
get_params(deep=True)：获取评估器的各种参数	
deep	前面已解释
返回值	字典对象。包含"（参数名称:值）"的键值对

sklearn.semi_supervised.LabelPropagation：标签传播评估器	
predict(X)：使用拟合的模型进行归纳推理（对新数据进行预测）	
X	必选。类数组对象或稀疏矩阵类型对象，其形状shape为(n_samples,n_features)，表示待预测的数据集
返回值	类数组对象，其形状shape为(n_samples,)，表示预测后的目标变量数据集
predict_proba(X)：预测每一个样本输出的概率	
X	必选。形状shape为(n_samples,n_features)的矩阵，表示输入数据集
返回值	形状shape为(n_samples, n_classes)的数组，表示标签上的标准化概率分布
score(X, y, sample_weight＝None)：计算给定测试数据和标签值之间的平均预测准确率	
X	必选。类数组对象或稀疏矩阵类型对象，表示测试数据集
y	必选。类数组对象，其形状shape为(n_samples,)或者(n_samples, n_outputs)，表示X的真实标签
sample_weight	可选。类数组对象，表示每个样本的权重
返回值	返回一个浮点数，表示平均预测准确率
set_params(**params)：设置评估器的各种参数	
params	字典对象，包含了需要设置的各种参数
返回值	拟合后的评估器自身

标签传播评估器LabelPropagation比较简单，在实际使用中需要注意的是：对所有未标记数据的标签值初始化为整数值−1。下面我们以示例形式说明上面主要方法的使用。

```python
1.  import numpy as np
2.  from sklearn import datasets
3.  from sklearn.semi_supervised import LabelPropagation
4.
5.  # 使用系统自带的鸢尾花数据集
6.  iris = datasets.load_iris()
7.
8.  rng = np.random.RandomState(42)
9.  # 构建一个布尔数组
10. random_unlabeled_points = rng.rand(len(iris.target)) < 0.3
11.
12. # 目标变量
13. labels = np.copy(iris.target)
14. # 故意设置一些样本为无标签样本数据（目标变量设置为-1）
15. labels[random_unlabeled_points] = -1
16.
17.
18. # 定义并训练标签传播评估器对象
19. label_prop_model = LabelPropagation()
20. label_prop_model.fit(iris.data, labels)
21.
22. # 输出标签信息
23. print("标签类别有 %d 个，分别是 %s。" %
```

```
24.        (len(label_prop_model.classes_), label_prop_model.classes_))
25. print("----------------------------------------------")
26. print("展示前10个样本的输出概率（每个类别标签）")
27. prob = label_prop_model.predict_proba(iris.data)
28. print(prob[:10,:])
29.
```

运行后，输出结果如下（在 Python 自带的 IDLE 环境下）。

```
1.  标签类别有 3 个，分别是 [0 1 2]。
2.  ----------------------------------------------
3.  展示前10个样本的输出概率（每个类别标签）
4.  [[1.00000000e+00 3.92447882e-31 3.89307186e-43]
5.   [1.00000000e+00 4.62760600e-32 4.85826786e-44]
6.   [1.00000000e+00 7.73747340e-32 7.69201243e-44]
7.   [1.00000000e+00 1.02446262e-31 1.08500980e-43]
8.   [1.00000000e+00 4.47910020e-31 4.19232760e-43]
9.   [1.00000000e+00 1.83527312e-30 1.07004016e-42]
10.  [1.00000000e+00 2.32456905e-31 2.25608961e-43]
11.  [1.00000000e+00 8.21567403e-31 8.72959511e-43]
12.  [1.00000000e+00 6.33153849e-33 5.91258983e-45]
13.  [1.00000000e+00 1.01261345e-31 1.06693462e-43]]
```

8.2　标签蔓延算法

标签蔓延评估器 LabelSpreading 与标签传播评估器 LabelPropagation 非常类似，不过它使用的是亲和矩阵（affinity matrix），对输入标签数据执行"软夹持"。在评估器的实现上，两者也非常类似，只是评估器 LabelSpreading 在构造函数中多了一个参数 alpha。为完整起见，这里也给出 LabelSpreading 评估器的完整说明。表 8-2 详细说明了标签蔓延评估器 LabelSpreading 的构造函数及其属性和方法。

表8-2　标签蔓延评估器LabelSpreading

sklearn.semi_supervised.LabelSpreading：标签蔓延评估器	
LabelSpreading(kernel='rbf', *, gamma=20, n_neighbors=7, alpha=0.2, max_iter=30, tol=0.001, n_jobs=None)	
kernel	可选。一个字符串，指定拟合过程中使用的核函数，也可以是一个自定义的核函数
gamma	可选。一个浮点数，为"rbf"核函数提供参数
n_neighbors	可选。一个整数，为"knn"核函数提供参数
alpha	可选。一个浮点数，取值范围为[0,1]，表示夹紧系数
max_iter	可选。一个整数，指定模型训练的最大迭代次数
tol	可选。一个浮点数，指定收敛精度
n_jobs	可选。一个整数值或None，表示最大计算任务数

续表

sklearn.semi_supervised.LabelSpreading：标签蔓延评估器	
LabelSpreading的属性	
X_	形状shape为(n_samples, n_features)的数组，表示输入数据集
classes_	形状shape为(n_classes,)的数组，表示标记样本数据的标签类别
label_distributions_	形状shape为(n_samples, n_classes)的数组，表示每个样本的分类分布
transduction_	形状shape为(n_samples,)的数组，表示通过传导分配给每个样本的标签值
n_iter_	一个整数，表示最终实际迭代的次数
LabelSpreading的方法	
fit(X, y)：拟合标签蔓延半监督学习算法	
X	必选。一个疏矩阵类型对象，表示输入数据集
y	必选。形状shape(n_samples,)的数组，表示目标变量数据集
返回值	拟合后的评估器（模型）
get_params(deep＝True)：获取评估器的各种参数	
deep	前面已解释
返回值	字典对象。包含"（参数名称:值）"的键值对
predict(X)：使用拟合的模型进行归纳推理（对新数据进行预测）	
X	必选。类数组对象或稀疏矩阵类型对象，表示待预测的数据集
返回值	类数组对象，其形状shape为(n_samples,)，表示预测后的目标变量数据集
predict_proba(X)：预测每一个样本输出的概率	
X	必选。形状shape为(n_samples,n_features)的矩阵，表示输入数据集
返回值	形状shape为(n_samples, n_classes)的数组，表示标签上的标准化概率分布
score(X, y, sample_weight＝None)：计算给定测试数据和标签值之间的平均预测准确率	
X	必选。类数组对象或稀疏矩阵类型对象，表示测试数据集
y	必选。类数组对象，其形状shape为(n_samples,)或者(n_samples, n_outputs)，表示X的真实标签
sample_weight	可选。类数组对象，其形状shape为(n_samples,)，表示每个样本的权重
返回值	返回一个浮点数，表示平均预测准确率（与predict(X)结果相比）
set_params(**params)：设置评估器的各种参数	
params	字典对象，包含了需要设置的各种参数
返回值	拟合后的评估器自身

注：需要对未标记数据分配一个标签，本版本中统一使用整数值-1。

8.3 自训练分类器

自训练分类器是原理是：首先在少量已标记的数据上训练分类器，然后使用这个分类器对未标记数据进行预测，由于这些预测可能比随机猜测更好，因此在分类器的后续迭代中，将这些未标记数据的预测标签称为"伪标记"。之所以称为"伪标记"，是因为基于少量标记数据训练的分类器很有可能是欠拟合的，它预测的标签可能不是非常准确。图8-2展示了自训练分类器的流程。

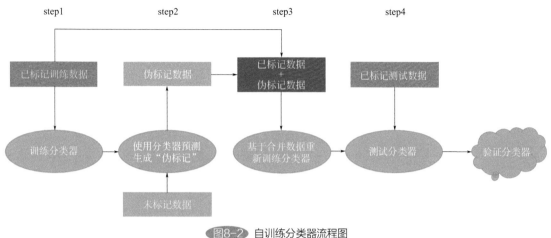

图8-2 自训练分类器流程图

自训练分类器的工作步骤如下。

➤ 步骤1：将原始标记数据拆分为训练数据集和测试数据集。然后基于训练数据集训练一个预先给定的分类器；

➤ 步骤2：使用步骤1训练后的分类器预测所有未标记数据的标签。在这些预测的类别标签中，预测正确概率超过一定阈值的标记为"伪标记"，或者设置为前K个预测标签为"伪标记"；

➤ 步骤3：将生成"伪标记"的数据与步骤1的已标记训练数据合并，组成一个新的训练数据集，并基于新训练数据集对分类器重新训练；

➤ 步骤4：基于步骤1拆分的测试数据集，对步骤3训练后的分类器进行评估验证；

➤ 步骤5：重复步骤1到步骤4，直到不再产生新的"伪标记"或者没有未标记数据可用。

在Scikit-learn中，自训练分类评估器SelfTrainingClassifier的实现是基于任何一个实现了方法predict_proba()或特性predict_proba的有监督学习分类器，例如支持向量分类器SVC，从已标记数据和无标签数据中学习。表8-3详细说明了自训练分类评估器SelfTrainingClassifier的构造函数及其属性和方法。

表8-3 自训练分类评估器SelfTrainingClassifier

sklearn.semi_supervised.SelfTrainingClassifier：自训练分类评估器	
SelfTrainingClassifier(base_estimator, threshold=0.75, criterion='threshold', k_best=10, max_iter=10, verbose=False)	
base_estimator	必选。指定学习过程中的基础分类器
criterion	可选。一个字符串，表示"伪标记"选择的规则
threshold	可选。指定每次迭代过程中入选伪标记的阈值，范围为[0,1)
k_best	可选。指定每次迭代过程中入选伪标记的阈值。默认值为0.75
max_iter	可选。指定模型训练的最大迭代次数
verbose	可选。一个布尔值或者一个整数，用来设置输出结果的详细程度

续表

sklearn.semi_supervised.SelfTrainingClassifier：自训练分类评估器	
SelfTrainingClassifier的属性	
base_estimator_	表示基础分类器对象
classes_	形状shape为(n_classes,)的数组，表示标记样本数据的标签类别值域
transduction_	形状shape为(n_samples,)的数组，表示最后每个样本的标签
labeled_iter_	形状shape为(n_samples,)的数组，每个样本数据的标记次数
n_iter_	一个整数，表示最终实际迭代的次数
termination_ condition_	一个字符串，表示自训练结束的原因
SelfTrainingClassifier的方法	
decision_function(X)：调用base_estimator指定的分类器对象的决策函数	
X	必选。一个疏矩阵类型对象，表示输入数据集
返回值	一个形状shape为(n_samples,n_features)的数组
fit(X, y)：拟合自训练分类评估器	
X	必选。表示输入数据集
y	必选。表示目标变量数据集
返回值	拟合后的评估器（模型）
get_params(deep＝True)：获取评估器的各种参数	
deep	前面已解释
返回值	字典对象。包含"（参数名称:值）"的键值对
predict(X)：使用拟合的模型进行归纳推理（对新数据进行预测）	
X	必选。类数组对象或稀疏矩阵类型对象，表示待预测的数据集
返回值	类数组对象，表示预测后的目标变量数据集
predict_log_proba(X)：预测每一个样本输出的对数概率	
X	必选。表示输入数据集
返回值	形状shape为(n_samples, n_classes)的数组
predict_proba(X)：预测每一个样本输出的概率	
X	必选。形状shape为(n_samples,n_features)的矩阵，表示输入数据集
返回值	形状shape为(n_samples, n_classes)的数组，表示标签上的标准化概率分布
score(X, y)：调用base_estimator指定的分类器对象的函数score()	
X	必选。类数组对象或稀疏矩阵类型对象，表示测试数据集
y	必选。类数组对象，表示X的真实标签
set_params(**params)：设置评估器的各种参数	
params	字典对象，包含了需要设置的各种参数
返回值	拟合后的评估器自身

下面我们举例说明自训练分类评估器 SelfTrainingClassifier 的使用。

```
1.
2.  import numpy as np
3.  from sklearn import datasets
4.  from sklearn.svm import SVC
5.  from sklearn.semi_supervised import SelfTrainingClassifier
```

```
6.  from sklearn.utils import shuffle
7.
8.  def getStopReason(stopCode):
9.    if (stopCode=="no_change"):
10.     return "已经不能再生成新的标签。"
11.   elif (stopCode=="max_iter"):
12.     return "已经达到最大迭代次数。"
13.   else:
14.     return "已经标注所有为标记数据。"
15.
16. # end of getStopReason()
17.
18.
19. # 导入数据，共有569个样本，30个特征变量
20. X, y = datasets.load_breast_cancer(return_X_y=True)
21. # 打乱原始数据的顺序
22. X, y = shuffle(X, y, random_state=42)
23. y_true = y.copy()
24.
25. # 只保留前50个样本的目标变量，其余519个样本设置为未标记
26. y[50:] = -1
27.
28. # 创建一个基础分类器
29. base_clf = SVC(probability=True, gamma=0.001, random_state=42)
30. self_trn_clf = SelfTrainingClassifier(base_clf, threshold=0.7)
31. self_trn_clf.fit(X,y)
32.
33. print("1 基础分类器   : \n", self_trn_clf.base_estimator_, "\n")
34. print("2 类别标签值   : \n", self_trn_clf.classes_, "\n")
35. print("3 最终样本标签: \n", self_trn_clf.transduction_, "\n")
36. #print("样本标记次数: \n", self_trn_clf.labeled_iter_, "\n")
37. print("4 分类迭代次数: \n", self_trn_clf.n_iter_, "\n")
38. stopCode = self_trn_clf.termination_condition_
39. print("5 分类终止原因: \n", getStopReason(stopCode ), "\n")
40.
```

运行后，输出结果如下（在Python自带的IDLE环境下）：

```
1.  1 基础分类器   :
2.   SVC(gamma=0.001, probability=True, random_state=42)
3.
4.  2 类别标签值   :
5.   [0 1]
6.
```

```
7.   3 最终样本标签:
8.   [ 1 0 0 1 1 0 0 0 1 1 1 0 1 0 1 0 1 0 1 1 1 0 0 1 0 1
9.    1 1 1 1 0 1 1 1 1 1 0 1 0 1 1 0 1 1 1 1 1 1
10.   1 1 0 0 1-1 1 1 1 0 1 1 1 0 0 1 1 1 0 0 1 1 0 0
11.   1 0 0 1 1 0 1 1 0 1 1 0 0 0 0 0 1 1 1 0 1 1 1
12.   0 0 1 0 0 1 0 0 1 1 0 1 1 0 1 1 0 1 0 1 1 1 0
13.   0 1 1 0 1 0 0 1 1 0 0 0 1 0 0 1 1 1 0 1 0 1 1
14.   0 1 0 0 0 1 0 1 0 1 1 0 0 0 1 1 1 1 1 0 1 1 1
15.   1 0 1 1 1 1 1 0 1 1 1 1 1 1 0 0 0 1 1 0 1 0 1
16.   1 1 1 0 1 1 0 1 1 0 0 1 0 0 1 1 1 0 1 1 1 1 0 1
17.   1 1 1 0 1 0 0 1 1 0 1 1 1 1 0 1 1 1 0 0 1 0 0
18.   1 1 0 1 0 1 0 1 0 1 0 0 1 1 0 1 0 0 0 1 0 1 0
19.   0 1 0 1 1 1 1 1 0 1 1 0 1 0 1 1 1 1 1 1 1 0
20.   1 1 1 0 1 0 0 1 1-1 1 0 0 1 1 0 1 0 0 1 1 1 0
21.   1 1 0 1 1 0 1 1 0 1 0 1 1 0 0 1 1 0 1 0 0 1 0 0
22.   1 0 0 0 0 1 1 0 0 1 0 0 0 0 1 1 1 1 1 1 1 0
23.   0 1 1 0 1 1 0 0 1 0 1 1 0 0 1 0 1 0 1 1 1 1 1 1
24.   0 1 0 0 1 1 1 1 1 0 0 1 1 0 0 0 1 0 0 1 0 0
25.   0 1 1 1 1 1 1 1 0 1 1 1 0 1 1 0 1 0 0 1 1
26.   0 1 0 0 1 1 0 1 1 0 0 0 1 1 1 0 1 0 0 1 1 1 0
27.   0 1 0 0 1 1 1 0 1 0 0 0 1 1 1 1 1 0 0 1 0-1 1
28.   1 1 1 1 1 1 0 0 0 0 1 1 1 0 1 0 1 1 1 1 0
29.   0 0 1 1 0 1 0 0 0 0 1 1 0 0 0 1 1 0 0 0 1 1 0
30.   1 1 1 1 0 0 1 1 1 1 1 1 1 0 1 1 1 1 1 1 0 0
31.   0 1 1 1 0 0 1 0 0 1 0 1 1 1 1 0 1]
32.
33.   4 分类迭代次数:
34.   6
35.
36.   5 分类终止原因:
37.   已经不能再生成新的标签。
```

在上面的结果中，在"3 最终样本标签："这个输出中可以看到有些值是-1，表示这个样本从来没有被标记过（不符合标记的条件）。